21世纪经济学管理学系列教材

运筹学高级教程

ADVANCED OPERATIONS RESEARCH

主编　龙子泉

WUHAN UNIVERSITY PRESS
武汉大学出版社

21世纪经济学管理学系列教材

编委会

顾问

谭崇台 郭吴新 李崇淮 许俊千 刘光杰

主任

周茂荣

副主任

谭力文 简新华 黄 宪

委员（按姓氏笔画为序）

王元璋 王永海 甘碧群 张秀生 严清华

何 耀 周茂荣 赵锡斌 郭熙保 徐绪松

黄 宪 简新华 谭力文 熊元斌 廖 洪

颜鹏飞 魏华林

总　序

一个学科的发展，物质条件保障固不可少，但更重要的是软件设施。软件设施体现在三个方面：一是科学合理的学科专业结构，二是能洞悉学科前沿的优秀的师资队伍，三是作为知识载体和传播媒介的优秀教材。一本好的教材，能反映该学科领域的学术水平和科研成就，能引导学生沿着正确的学术方向步入所向往的科学殿堂。作为一名教师，除了要做好教学工作外，另一个重要的职能就是，总结自己钻研专业的心得和教学中积累的经验，以不断了解学科发展动向，提高自己的科研和教学能力。

正是从上述思路出发，武汉大学出版社准备组织一批教师在两三年内编写出一套《21 世纪经济学管理学系列教材》，同时出版一批高质量的学术专著，并已和武汉大学经济与管理学院达成共识，签订了出版合作协议，这是一件振奋人心的大事。

我相信，这一计划一定会圆满地实现。第一，合院以前的武汉大学经济学院和管理学院已分别出版了不少优秀教材和专著，其中一些已由教育部通过专家评估确定为全国高校通用教材，并多次获得国家级和省部级奖励，在国内外学术界产生了重大影响，对如何编写教材和专著的工作取得了丰富的经验。第二，近几年来，一批优秀中青年教师已脱颖而出，他们不断提高教学质量，勤奋刻苦地从事科研工作，已在全国重要出版社，包括武汉大学出版社，出版了一大批质量较高的专著。第三，这套教材必将受到读者的欢迎。时下，不少国外教材陆续被翻译出版，在传播新知识方面发挥了一定的作用，但在如何联系中国实际，建立清晰体系，贴近我们习惯的思维逻辑，发扬传统的文风等方面，中国学者有自己的优势。

《21 世纪经济学管理学系列教材》将分期分批问世，武汉大学经济与管理学院教师将积极地参与这一具有重大意义的学术事业，精益求精地不断提高写作质量。系列丛书的出版，说明武汉大学出版社的同志们具有远大的目光，认识到，系列教材和专著的问世带来的不只是经济效益，更重要的是巨大的社会效益。作为武汉大学出版社的一位多年的合作者，对这种精神，我感到十分钦佩。

谭崇台

2001 年秋于珞珈山

前　言

运筹学的研究对象是人类对各种资源的运用及筹划活动，其目的在于了解这些活动的基本规律，以使资源得到最优利用。它广泛应用分析、实验和量化的方法为管理决策提供科学依据，是管理决策者进行科学决策和民主决策的重要辅助工具。自 20 世纪 50 年代以来，运筹学的研究与实践取得了长足的进步，在工程技术、经济管理、军事科学以及国民经济的其他诸多方面都有着广泛的应用。作为一门决策科学，运筹学已成为管理科学、系统科学、工程管理等专业的专业基础课和主干课程。

本书是在参考国内外同类教材与相关文献资料的基础上编写完成的。在内容和体系安排上，既体现了管理科学与工程学科的基本要求，也充分考虑到编者所在学校的学科特色，同时还体现了编者近些年在教学与科研上的一些心得体会。在原理方法的叙述上，力求做到既简明精练，又保留较为清晰的推演，同时安排了一定数量的理论联系实际的应用。

本书是作为管理工程类专业的研究生教材编写的，同时也可以作为管理工程类专业高年级本科生的选修课或其他相关专业研究生课程的教材或教学参考书。基于此，本书的读者假定为已经历过本科阶段的基础运筹学学习，掌握线性规划、整数规划、动态规划、决策论、对策论等运筹学的基础知识。

本书的主要内容作为研究生“高等运筹学”的教案在校内使用多年，其中一部分汇聚了本课程的合作老师方德斌教授、陆菊春副教授、高宝俊副教授的智慧，在此谨表谢意。

本书的出版得到了武汉大学研究生院教材建设资助项目的支持，武汉大学出版社范绪泉、陈红为本书的出版做了耐心和细致的编审工作，在此一并表示感谢。

由于编者水平有限，书中不妥和错误之处在所难免，敬请读者批评指正。

编　者

2014 年 6 月于珞珈山

目　录

第一章　非线性规划理论

生产管理中很多问题的运行过程是以非线性形式运行的，如生产成本往往是生产量的非线性函数，产品的需求量是其价格的非线性函数等。这样，我们在建立一个决策问题的数学模型时，目标函数或者约束条件常常会出现非线性形式。当一个规划问题的目标函数或约束条件中至少一个表现为非线性函数时，该问题就称为**非线性规划问题**。通常情况下，非线性规划的求解工作非常困难，到目前为止，也没有一个求解所有形式的非线性规划问题的通用方法。但随着计算机技术的迅速发展，非线性规划理论和方法得到了越来越广泛的应用。

本章将讨论非线性规划问题及其数学模型的一般形式、非线性规划问题解的性质、非线性规划最优性条件等内容。

第一节　非线性规划问题及其数学模型

一、问题的提出

例1.1　某工厂的甲乙两个分厂位于河流的同一侧（见图1-1），到河岸的垂直距离分别为 a 和 b，两垂足 A、B 间的距离为 d，如何选择码头地址 C，才能使得连接两个分厂与码头的铁路专用线里程最短？

设码头所在地 C 距 A 点 x_1 公里，距 B 点 x_2 公里。则铁路专用线的总里程为：

$$f = \sqrt{x_1^2 + a^2} + \sqrt{x_2^2 + b^2}$$

且满足条件：

$$x_1 + x_2 = d$$
$$x_1 \geqslant 0$$
$$x_2 \geqslant 0$$

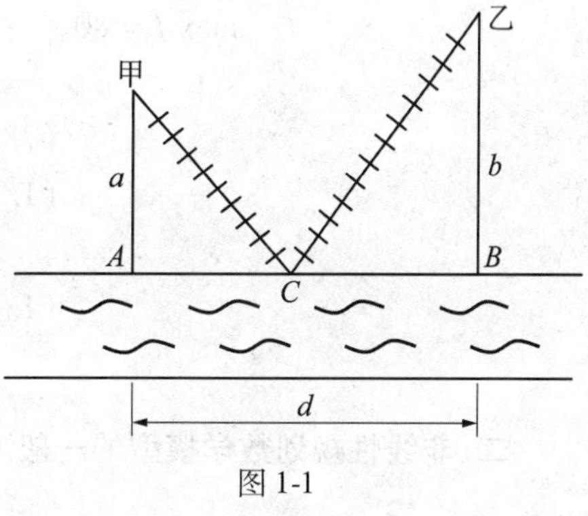

图 1-1

因此，问题转化为求 x_1, x_2，且满足

$$\min f = \sqrt{x_1^2 + a^2} + \sqrt{x_2^2 + b^2}$$

s. t.

$$x_1 + x_2 = d$$
$$x_1, x_2 \geqslant 0$$

上式称为上述问题的数学模型，显然模型中目标函数为非线性函数。

例 1.2　某公司计划生产两种类型的旅行包,即标准包和高档包。生产过程为:切割并印染原材料、缝合、成型、检查和包装。生产标准包和高档包在各过程中的单位用时以及各过程的总用时等数据如表 1-1 所示。根据市场调查,这两种旅行包的需求量是市场价格的函数,具体的关系如下:

$$x_1 = 2250 - 15p_1$$
$$x_2 = 1500 - 5p_2$$

其中,x_1 和 x_2 分别为标准包和高档包的需求量,p_1 和 p_2 分别为标准包和高档包的市场价格。

此外,生产标准包和高档包的单位成本分别是 70 元/个和 150 元/个,问公司应该如何安排生产使获得的利润最大?

表 1-1

单位用时(h/个) 产品 / 过程	标准包	高档包	总时间(h)
切割并印染	7/10	1	630
缝合	1/2	5/6	600
成型	1	2/3	700
检查和包装	1/10	1/4	135

显然,问题的目标是使公司利润最大,依题意,问题的利润可描述如下:

$$\begin{aligned} f &= p_1x_1 + p_2x_2 - 70x_1 - 150x_2 \\ &= 80x_1 - (1/15)x_1^2 + 150x_2 - (1/5)x_2^2 \end{aligned}$$

考虑各个过程的时间限制,得到该问题的数学模型如下:

$$\max f = 80x_1 - (1/15)x_1^2 + 150x_2 - (1/5)x_2^2$$

s. t.

$$\begin{aligned} (7/10)\ x_1 + x_2 &\leqslant 630 \\ (1/2)\ \ x_1 + (5/6)x_2 &\leqslant 600 \\ x_1 + (2/3)x_2 &\leqslant 700 \\ (1/10)\ x_1 + (1/4)x_2 &\leqslant 135 \\ x_1, x_2 &\geqslant 0 \end{aligned}$$

二、非线性规划数学模型的一般形式

根据非线性规划的定义结合上述两个例子的具体形式,这里给出非线性规划模型的一般形式,即

$$\min f(\boldsymbol{x})$$

s. t.

$$h_i(\boldsymbol{x}) = 0, i = 1, 2, \cdots, m; \tag{1-1}$$

$$g_j(\boldsymbol{x}) \geqslant 0, j = 1,2,\cdots,l$$

其中，$\boldsymbol{x} = (x_1, x_2, \cdots, x_n)^{\mathrm{T}}$ 是 n 维欧式空间 E^n 中的向量（点）；$f(\boldsymbol{x})$ 为目标函数，$h_i(\boldsymbol{x}) = 0$ $(i = 1,2,\cdots,m)$，$g_j(\boldsymbol{x}) \geqslant 0 (j = 1,2,\cdots,l)$ 为约束条件。

对于极大化目标函数的非线性规划问题，可通过对目标函数取负值再极小化的处理方法，得到一般形式的非线性规划问题。

此外，由于 $g_j(\boldsymbol{x}) \leqslant 0$ 等价于 $-g_j(\boldsymbol{x}) \geqslant 0$ 以及 $h_i(\boldsymbol{x}) = 0$ 等价于 $h_i(\boldsymbol{x}) \geqslant 0$ 和 $-h_i(\boldsymbol{x}) \geqslant 0$，因此，非线性规划问题的一般形式也可简化成如下形式：

$$\begin{aligned} &\min f(\boldsymbol{x}) \\ &\text{s. t.} \\ &g_i(\boldsymbol{x}) \geqslant 0, i = 1,2,\cdots,l \end{aligned} \tag{1-2}$$

对于上述非线性规划，满足所有约束条件的点称为**可行点**，全体可行点组成的集合 $\mathbf{R}$ 称为**可行域**，即

$$\mathbf{R} = \{\boldsymbol{x} \mid g_i(\boldsymbol{x}) \geqslant 0, i = 1,2,\cdots,l\}$$

若存在 $\boldsymbol{x}^* = (x_1^*, x_2^*, \cdots, x_n^*)^{\mathrm{T}} \in \mathbf{R}$ 使 $f(\boldsymbol{x})$ 最小，则称 $\boldsymbol{x}^*$ 为该非线性规划的最优解，$f(\boldsymbol{x}^*)$ 为最优值。

三、非线性规划图解

与线性规划问题一样，对于二维的非线性规划问题，也可以通过图解的方法得到其最优解。

例 1.3　图示下列非线性规划的最优解

$$\begin{aligned} &\min f(\boldsymbol{x}) = (x_1 - 3)^2 + (x_2 - 3)^2 \\ &\text{s. t.} \\ &\quad \boldsymbol{x}_1 + \boldsymbol{x}_2 \leqslant 3 \\ &\quad \boldsymbol{x}_1 \leqslant 2 \\ &\quad \boldsymbol{x}_2 \leqslant 2 \\ &\quad \boldsymbol{x}_1 \geqslant 0 \\ &\quad \boldsymbol{x}_2 \geqslant 0 \end{aligned}$$

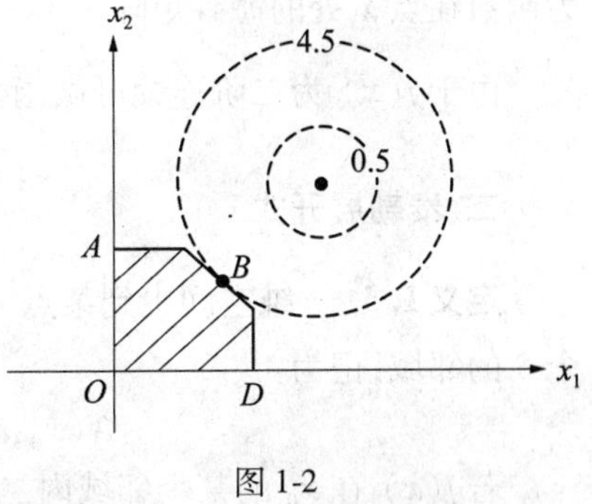

图 1-2

首先，画出问题的可行域，如图 1-2 中的阴影部分所示。然后，令 $f(\boldsymbol{x}) = c$，当 c 分别等于 0.5 和 4.5 时，可得到两条目标函数等值线，如图 1-2 中虚线所示。当 $c = 0.5$ 时，目标函数等值线上的点均不在可行域的范围内，因此这些点不是最优解。当 $c > 4.5$ 时，目标函数等值线切入到可行域的内部，虽然目标函数等值线与可行域相交的这些点均为可行解，但不是最优解，因为存在 $c = 4.5$，目标函数等值线与可行域的边界相切，显然，切点 B 是可行域中使目标函数值最小的点，因此，B 点所代表的坐标 $(3/2, 3/2)^{\mathrm{T}}$ 为该问题的最优解。

在上述非线性规划问题中，若 $f(\boldsymbol{x}) = (x_1 - 1)^2 + (x_2 - 1)^2$，则问题的最优解为 $(1, 1)^{\mathrm{T}}$，该点在可行域的内部。因此，对于非线性规划问题来说，最优解可能在可行域的边界上，也可能是可行域内部的某一点。

第二节　非线性规划的数学基础

一、梯度与海森矩阵

定义 1.1　设 $f(\boldsymbol{x})=f(x_1,x_2,\cdots,x_n)$ 为 E^n 上的可微函数,称

$$\nabla f(\boldsymbol{x})=\left(\frac{\partial f(\boldsymbol{x})}{\partial x_1},\frac{\partial f(\boldsymbol{x})}{\partial x_2},\cdots,\frac{\partial f(\boldsymbol{x})}{\partial x_n}\right)^{\mathrm{T}}$$

为函数在点 $\boldsymbol{x}$ 处的梯度。

梯度的几何意义在于,梯度方向为 $f(\boldsymbol{x})$ 的等值面(等值线)在点 $\boldsymbol{x}$ 处的法线方向,$f(\boldsymbol{x})$ 在点 $\boldsymbol{x}$ 处沿梯度方向有最快的上升趋势。

定义 1.2　设 $f(\boldsymbol{x})$ 为 E^n 上的二阶连续可微函数,则称

$$H(\boldsymbol{x})=\begin{pmatrix}\frac{\partial^2 f(\boldsymbol{x})}{\partial x_1^2} & \frac{\partial^2 f(\boldsymbol{x})}{\partial x_1\partial x_2} & \cdots & \frac{\partial^2 f(\boldsymbol{x})}{\partial x_1\partial x_n}\\ \frac{\partial^2 f(\boldsymbol{x})}{\partial x_2\partial x_1} & \frac{\partial^2 f(\boldsymbol{x})}{\partial^2 x_2} & \cdots & \frac{\partial^2 f(\boldsymbol{x})}{\partial x_2\partial x_n}\\ \vdots & \vdots & & \vdots\\ \frac{\partial^2 f(\boldsymbol{x})}{\partial x_n\partial x_1} & \frac{\partial^2 f(\boldsymbol{x})}{\partial x_n\partial x_2} & \cdots & \frac{\partial^2 f(\boldsymbol{x})}{\partial^2 x_n}\end{pmatrix}$$

为函数在点 $\boldsymbol{x}$ 处的海森矩阵。

由于 $f(\boldsymbol{x})$ 为二阶连续可微函数,故有 $\frac{\partial^2 f(\boldsymbol{x})}{\partial x_i\partial x_j}=\frac{\partial^2 f(\boldsymbol{x})}{\partial x_j\partial x_i}$,于是 $H(\boldsymbol{x})$ 为对称矩阵。

二、泰勒展开式

定义 1.3　n 维空间中到某点 $\boldsymbol{x}_0$ 的距离小于某个正数 δ 的所有点的集合,叫做 $\boldsymbol{x}_0$ 的一个 δ 的邻域,记为:

$$N(\boldsymbol{x}_0,\delta)=\{\boldsymbol{x}\mid \|\boldsymbol{x}-\boldsymbol{x}_0\|<\delta\}$$

若 $f(\boldsymbol{x})$ 在 $\boldsymbol{x}_0$ 的某个邻域内二阶连续可微,则对于该邻域内任何点 $\boldsymbol{x}$,有

$$f(\boldsymbol{x})=f(\boldsymbol{x}_0)+\nabla f(\boldsymbol{x}_0)^{\mathrm{T}}(\boldsymbol{x}-\boldsymbol{x}_0)+\frac{1}{2}(\boldsymbol{x}-\boldsymbol{x}_0)^{\mathrm{T}}H(\boldsymbol{x}_0)(\boldsymbol{x}-\boldsymbol{x}_0)+o(\|\boldsymbol{x}-\boldsymbol{x}_0\|^2)$$

三、二次型的正定性

定义 1.4　设 $A=(a_{ij})_{n\times n}$ 为 n 阶对称阵,$\boldsymbol{z}$ 为 E^n 中任意非零列向量,对于二次型 $\boldsymbol{z}^{\mathrm{T}}A\boldsymbol{z}$,

(1) 当 $\boldsymbol{z}^{\mathrm{T}}A\boldsymbol{z}>0$,称二次型正定,$A$ 为正定阵;

(2) 当 $\boldsymbol{z}^{\mathrm{T}}A\boldsymbol{z}\geqslant 0$,称二次型为半正定,$A$ 为半正定阵;

(3) 当 $\boldsymbol{z}^{\mathrm{T}}A\boldsymbol{z}<0$,称二次型负定,$A$ 为负定阵;

(4) 当 $\boldsymbol{z}^{\mathrm{T}}A\boldsymbol{z}\leqslant 0$,称二次型为半负定,$A$ 为半负定阵;

对于矩阵 A 的正(负)定性,可用如下线性代数的知识进行判别:

(1)A 阵为正定阵的充要条件是:A 的各阶主子式恒为正;

(2)A 阵为负定阵的充要条件是:A 的各阶主子式正负相间。

四、凸集与凸函数

1. 凸集

定义 1.5　设 K 是 n 维欧氏空间的一个点集,若任意两点 $\boldsymbol{x}^{(1)} \in K, \boldsymbol{x}^{(2)} \in K$ 均有 $\boldsymbol{x} = \alpha\boldsymbol{x}^{(1)} + (1-\alpha)\boldsymbol{x}^{(2)} \in K (0 \leqslant \alpha \leqslant 1)$,则称 K 为凸集。

2. 凸函数的定义

定义 1.6　对于一元函数 $f(x)$,任取 $x_1, x_2 \in [a,b]$ 及任意 $\alpha \in [0,1]$ 恒有:

$$f(\alpha x_1 + (1-\alpha)x_2) \leqslant \alpha f(x_1) + (1-\alpha)f(x_2)$$

则称 $f(x)$ 为 $[a,b]$ 上的一元凸函数。

从图形上看,某区间上的一元凸函数是指在该区间上处处下凸的函数,如图 1-3 所示。

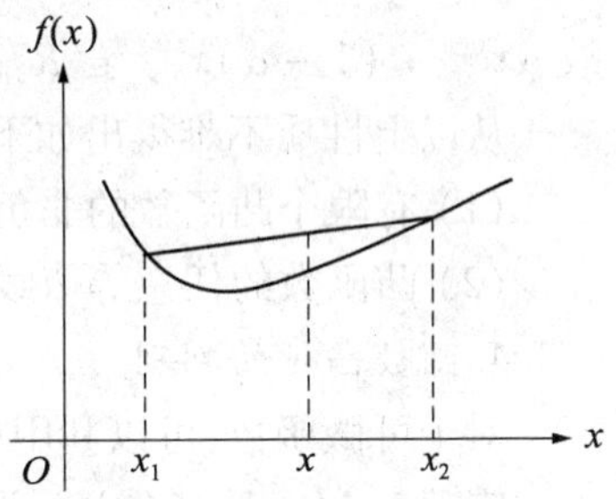

图 1-3

凸函数的定义可解释为:介于 x_1, x_2 之间的任意一点 $x = \alpha x_1 + (1-\alpha)x_2$ 所对应的函数值不大于 x_1, x_2 对应函数值的线性插值。

推广到多元的情形,可类似定义多元凸函数。

定义 1.7　设 $f(\boldsymbol{x})$ 为定义在 n 维空间 E^n 的某个凸集 R 上的函数,如果对于 R 中任意两点 $\boldsymbol{x}^{(1)}, \boldsymbol{x}^{(2)}$ 以及任意实数及任意 $\alpha(0 < \alpha < 1)$,恒有:

$$f(\alpha\boldsymbol{x}^{(1)} + (1-\alpha)\boldsymbol{x}^{(2)}) \leqslant \alpha f(\boldsymbol{x}^{(1)}) + (1-\alpha)f(\boldsymbol{x}^{(2)})$$

则称 $f(\boldsymbol{x})$ 为凸集 R 上的凸函数。

若对于 $\alpha(0 < \alpha < 1)$ 和 $\boldsymbol{x}^{(1)} \neq \boldsymbol{x}^{(2)}$ 恒有:

$$f(\alpha\boldsymbol{x}^{(1)} + (1-\alpha)\boldsymbol{x}^{(2)}) < \alpha f(\boldsymbol{x}^{(1)}) + (1-\alpha)f(\boldsymbol{x}^{(2)})$$

则称 $f(\boldsymbol{x})$ 为凸集 R 上的严格凸函数。

此外,若将上述关于凸函数定义中两个不等式中的不等号改为"$\geqslant$"和"$>$",则分别称 $f(\boldsymbol{x})$ 为凸集 R 上的凹函数和严格凹函数。

3. 凸函数的性质

凸函数具有如下性质:

性质 1.1　若 $f(\boldsymbol{x})$ 为凸函数,则 $-f(\boldsymbol{x})$ 必为凹函数,反之亦然。

性质 1.2　若 $f(\boldsymbol{x})$ 为凸集 R 上的凸函数,则对于任意非负实数 α,函数 $\alpha f(\boldsymbol{x})$ 也为凸集 R 上的凸函数。

性质 1.3　若 $f(\boldsymbol{x}), g(\boldsymbol{x})$ 均为凸集 R 上的凸函数,k_1 和 k_2 为两个非负常数,则 $h(\boldsymbol{x}) = k_1 f(\boldsymbol{x}) + k_2 g(\boldsymbol{x})$ 也为凸集 R 上的凸函数;

证　由定义 1.7 知,$\forall \boldsymbol{x}^{(1)}, \boldsymbol{x}^{(2)} \in R$ 及 $\alpha(0 < \alpha < 1)$,有

$$f(\alpha\boldsymbol{x}^{(1)} + (1-\alpha)\boldsymbol{x}^{(2)}) \leqslant \alpha f(\boldsymbol{x}^{(1)}) + (1-\alpha)f(\boldsymbol{x}^{(2)})$$

$$g(\alpha\boldsymbol{x}^{(1)} + (1-\alpha)\boldsymbol{x}^{(2)}) \leqslant \alpha g(\boldsymbol{x}^{(1)}) + (1-\alpha)g(\boldsymbol{x}^{(2)})$$

以 k_1, k_2 分别乘以以上两式,再相加得到

$$
\begin{aligned}
h(\boldsymbol{x}) = k_1 f(\boldsymbol{x}) + k_2 g(\boldsymbol{x}) &\leqslant k_1 \alpha f(\boldsymbol{x}^{(1)}) + k_1(1-\alpha) f(\boldsymbol{x}^{(2)}) \\
&\quad + k_2 \alpha g(\boldsymbol{x}^{(1)}) + k_2(1-\alpha) g(\boldsymbol{x}^{(2)}) \\
&= \alpha h(\boldsymbol{x}^{(1)}) + (1-\alpha) h(\boldsymbol{x}^{(2)})
\end{aligned}
$$

故 $h(\boldsymbol{x}) = k_1 f(\boldsymbol{x}) + k_2 g(\boldsymbol{x})$ 为 R 上的凸函数。

性质 1.4 若 $f(\boldsymbol{x})$ 为凸集 R 上的凸函数,γ 为任意常数,则点集

$$
R_\gamma = \{\boldsymbol{x} \mid \boldsymbol{x} \in R, f(\boldsymbol{x}) \leqslant \gamma\}
$$

为凸集。R_γ 称为 γ 的水平集。

证 $\forall \boldsymbol{x}^{(1)}, \boldsymbol{x}^{(2)} \in R_\gamma \subset R$ 及 $\alpha(0 < \alpha < 1)$,有 $\alpha \boldsymbol{x}^{(1)} + (1-\alpha)\boldsymbol{x}^{(2)} \in R$。由于 $f(\boldsymbol{x}^{(1)}) \leqslant \gamma$,及 $f(\boldsymbol{x}^{(2)}) \leqslant \gamma$,由定义 1.7 得到

$$
\begin{aligned}
f(\alpha \boldsymbol{x}^{(1)} + (1-\alpha)\boldsymbol{x}^{(2)}) &\leqslant \alpha f(\boldsymbol{x}^{(1)}) + (1-\alpha) f(\boldsymbol{x}^{(2)}) \\
&\leqslant \alpha\gamma + (1-\alpha)\gamma = \gamma
\end{aligned}
$$

故 $\alpha \boldsymbol{x}^{(1)} + (1-\alpha)\boldsymbol{x}^{(2)} \in R_\gamma$,即 R_γ 为凸集。

从以上性质不难得出如下结论:

(1) 有限个凸函数的非负线性组合也是凸函数;

(2) 凸函数的任意等值线内区域与凸可行域所交部分为凸集。

4. 函数凸性的判别

对于可微函数,可以利用如下两个判别定理来判定一个函数是否为凸函数。

定理 1.1(一阶条件) 设 R 是 n 维欧式空间上的开凸集,$f(\boldsymbol{x})$ 在 R 上具有一阶连续偏导数,则 $f(\boldsymbol{x})$ 为 R 上的凸函数的充分必要条件是,对于任意两个不同点 $\boldsymbol{x}^{(1)} \in R$ 和 $\boldsymbol{x}^{(2)} \in R$,恒有

$$
f(\boldsymbol{x}^{(2)}) \geqslant f(\boldsymbol{x}^{(1)}) + \nabla f(\boldsymbol{x}^{(1)})^{\mathrm{T}}(\boldsymbol{x}^{(2)} - \boldsymbol{x}^{(1)})
$$

证(必要性) 若 $f(\boldsymbol{x})$ 为凸集 R 上的凸函数,则对于任意 $\alpha(0 < \alpha < 1)$,有 $\boldsymbol{x} = \alpha \boldsymbol{x}^{(2)} + (1-\alpha)\boldsymbol{x}^{(1)}$,使下式成立,即

$$
f(\boldsymbol{x}) \leqslant \alpha f(\boldsymbol{x}^{(2)}) + (1-\alpha) f(\boldsymbol{x}^{(1)})
$$

即

$$
\frac{f(\boldsymbol{x}) - f(\boldsymbol{x}^{(1)})}{\alpha} \leqslant f(\boldsymbol{x}^{(2)}) - f(\boldsymbol{x}^{(1)}) \tag{1-3}
$$

令 $\alpha \to +0$,上式左端取极限有

$$
\begin{aligned}
\lim_{\alpha \to 0} \frac{f(\boldsymbol{x}) - f(\boldsymbol{x}^{(1)})}{\alpha} &= \lim_{\alpha \to 0} \frac{f(\boldsymbol{x}^{(1)} + \alpha(\boldsymbol{x}^{(2)} - \boldsymbol{x}^{(1)})) - f(\boldsymbol{x}^{(1)})}{\alpha} \\
&= \nabla f(\boldsymbol{x}^{(1)})^{\mathrm{T}}(\boldsymbol{x}^{(2)} - \boldsymbol{x}^{(1)})
\end{aligned}
$$

故式(1-3) 可写为

$$
\nabla f(\boldsymbol{x}^{(1)})^{\mathrm{T}}(\boldsymbol{x}^{(2)} - \boldsymbol{x}^{(1)}) \leqslant f(\boldsymbol{x}^{(2)}) - f(\boldsymbol{x}^{(1)})
$$

即

$$
f(\boldsymbol{x}^{(2)}) \geqslant f(\boldsymbol{x}^{(1)}) + \nabla f(\boldsymbol{x}^{(1)})^{\mathrm{T}}(\boldsymbol{x}^{(2)} - \boldsymbol{x}^{(1)})
$$

(充分性) $\forall \boldsymbol{x}^{(1)}, \boldsymbol{x}^{(2)} \in R$,令 $\boldsymbol{x} = \alpha \boldsymbol{x}^{(1)} + (1-\alpha)\boldsymbol{x}^{(2)} \quad (0 < \alpha < 1)$。因为 R 为凸集,故 $\boldsymbol{x} \in R$。

所以有

$$f(\boldsymbol{x}^{(1)}) \geqslant f(\boldsymbol{x}) + \nabla f(\boldsymbol{x})^{\mathrm{T}}(\boldsymbol{x}^{(1)} - \boldsymbol{x})$$

$$f(\boldsymbol{x}^{(2)}) \geqslant f(\boldsymbol{x}) + \nabla f(\boldsymbol{x})^{\mathrm{T}}(\boldsymbol{x}^{(2)} - \boldsymbol{x})$$

用 $\alpha, 1-\alpha$ 分别乘以以上两式,再相加得到

$$\begin{aligned}\alpha f(\boldsymbol{x}^{(1)}) + (1-\alpha) f(\boldsymbol{x}^{(2)}) &\geqslant f(\boldsymbol{x}) + \nabla f(\boldsymbol{x})^{\mathrm{T}}(\alpha(\boldsymbol{x}^{(1)} - \boldsymbol{x}) + (1-\alpha)(\boldsymbol{x}^{(2)} - \boldsymbol{x}))\\ &= f(\boldsymbol{x}) + \nabla f(\boldsymbol{x})^{\mathrm{T}}(\alpha \boldsymbol{x}^{(1)} + (1-\alpha)\boldsymbol{x}^{(2)} - \boldsymbol{x})\\ &= f(\boldsymbol{x}) + \nabla f(\boldsymbol{x})^{\mathrm{T}}(\boldsymbol{x} - \boldsymbol{x}) = f(\boldsymbol{x})\end{aligned}$$

即 $f(\boldsymbol{x})$ 为凸集 R 上的凸函数。

定理 1.2(二阶条件)　设 R 是 n 维欧式空间上的某一开凸集,$f(\boldsymbol{x})$ 在 R 上具有二阶连续偏导数,则 $f(\boldsymbol{x})$ 为 R 上的凸函数的充分必要条件是:$f(\boldsymbol{x})$ 的海森矩阵 $H(\boldsymbol{x})$ 在 R 上处处半正定。

证(必要性)　设 $\boldsymbol{x} \in R$,由于 R 为开凸集,故对任意非零向量 $\boldsymbol{z} \in E^n$,存在 $\alpha_1 > 0$,当 $\alpha \in (0, \alpha_1)$ 时,有 $\boldsymbol{x} + \alpha \boldsymbol{z} \in R$。现已知 $f(\boldsymbol{x})$ 是 R 上的凸函数,由一阶条件可得到

$$f(\boldsymbol{x} + \alpha \boldsymbol{z}) \geqslant f(\boldsymbol{x}) + \nabla f(\boldsymbol{x})^{\mathrm{T}} \alpha \boldsymbol{z} \tag{1-4}$$

作二阶泰勒展开有

$$f(\boldsymbol{x} + \alpha \boldsymbol{z}) = f(\boldsymbol{x}) + \nabla f(\boldsymbol{x})^{\mathrm{T}} \alpha \boldsymbol{z} + \frac{1}{2}(\alpha \boldsymbol{z})^{\mathrm{T}} H(\boldsymbol{x}) \alpha \boldsymbol{z} + o(\alpha^2)$$

其中,$\lim\limits_{\alpha \to 0} \dfrac{o(\alpha^2)}{\alpha^2} = 0$。

由式(1-4)可知

$$f(\boldsymbol{x} + \alpha \boldsymbol{z}) - [f(\boldsymbol{x}) + \nabla f(\boldsymbol{x})^{\mathrm{T}} \alpha \boldsymbol{z}] \geqslant 0$$

故必有

$$\frac{1}{2}(\alpha \boldsymbol{z})^{\mathrm{T}} H(\boldsymbol{x}) \alpha \boldsymbol{z} = \frac{1}{2} \alpha^2 \boldsymbol{z}^{\mathrm{T}} H(\boldsymbol{x}) \boldsymbol{z} \geqslant 0$$

即 $H(\boldsymbol{x})$ 为半正定矩阵。

(充分性)设 $\boldsymbol{x} \in R$,且 $H(\boldsymbol{x})$ 在 R 上半正定,现 $\forall \boldsymbol{x}^{(1)} \in R$,由泰勒展开式有

$$\begin{aligned}f(\boldsymbol{x}) = f(\boldsymbol{x}^{(1)}) &+ \nabla f(\boldsymbol{x}^{(1)})^{\mathrm{T}}(\boldsymbol{x} - \boldsymbol{x}^{(1)})\\ &+ \frac{1}{2}(\boldsymbol{x} - \boldsymbol{x}^{(1)})^{\mathrm{T}} H(\boldsymbol{x} + \alpha(\boldsymbol{x} - \boldsymbol{x}^{(1)}))(\boldsymbol{x} - \boldsymbol{x}^{(1)})\end{aligned}$$

其中,$0 < \alpha < 1$,因 R 为凸集,故 $\boldsymbol{x} + \alpha(\boldsymbol{x} - \boldsymbol{x}^{(1)}) \in R$,由 $H(\boldsymbol{x})$ 在 R 上半正定可知,

$$\frac{1}{2}(\boldsymbol{x} - \boldsymbol{x}^{(1)})^{\mathrm{T}} H(\boldsymbol{x} + \alpha(\boldsymbol{x} - \boldsymbol{x}^{(1)}))(\boldsymbol{x} - \boldsymbol{x}^{(1)}) \geqslant 0$$

从而

$$f(\boldsymbol{x}) \geqslant f(\boldsymbol{x}^{(1)}) + \nabla f(\boldsymbol{x}^{(1)})^{\mathrm{T}}(\boldsymbol{x} - \boldsymbol{x}^{(1)})$$

由一阶条件可知,$f(\boldsymbol{x})$ 为 R 上的凸函数。

例 1.4　判定 $f(\boldsymbol{x}) = \frac{3}{2}x_1^2 + \frac{1}{2}x_2^2 - x_1x_2 - 2x_1$ 在 E^n 上的凸性。

解

$$\frac{\partial f}{\partial x_1} = 3x_1 - x_2 - 2,\quad \frac{\partial f}{\partial x_2} = x_2 - x_1$$

$$\frac{\partial^2 f}{\partial x_1^2} = 3,\quad \frac{\partial^2 f}{\partial x_2^2} = 1,\quad \frac{\partial^2 f}{\partial x_1 \partial x_2} = \frac{\partial^2 f}{\partial x_2 \partial x_1} = -1$$

得到

$$H(\boldsymbol{x}) = \begin{pmatrix} 3 & -1 \\ -1 & 1 \end{pmatrix}$$

显然海森矩阵正定,因此,$f(\boldsymbol{x})$ 为严格凸函数。

5. 凸函数的极值

定理 1.3　若 $f(\boldsymbol{x})$ 为定义在凸集 R 上的凸函数,则它的任意极小点就是它在 R 上的最小点(全局极小点),而且它的极小点形成一个凸集。

证　假设 $\boldsymbol{x}^*$ 是 $f(\boldsymbol{x})$ 在 R 上的局部极小点,但不是全局极小点,则必有 $\boldsymbol{x}^{**} \in R$,使

$$f(\boldsymbol{x}^{**}) \leqslant f(\boldsymbol{x}^*)$$

对于任意 $\alpha \in (0,1)$,令

$$\boldsymbol{x} = \alpha\boldsymbol{x}^* + (1-\alpha)\boldsymbol{x}^{**}$$

则 $\boldsymbol{x} \in R$。由 $f(\boldsymbol{x})$ 的凸性可知

$$\begin{aligned} f(\boldsymbol{x}) &\leqslant \alpha f(\boldsymbol{x}^*) + (1-\alpha)f(\boldsymbol{x}^{**}) \\ &< \alpha f(\boldsymbol{x}^*) + (1-\alpha)f(\boldsymbol{x}^*) = f(\boldsymbol{x}^*) \end{aligned}$$

由 $\alpha \in (0,1)$ 的任意性可知,当 $\alpha \in (0,1)$ 且充分接近 1 时,由 $\alpha\boldsymbol{x}^* + (1-\alpha)\boldsymbol{x}^{**}$ 决定的 $\boldsymbol{x}$ 便充分接近 $\boldsymbol{x}^*$,且仍然使上式成立。这与 $\boldsymbol{x}^*$ 为局部极小点相矛盾,故 $\boldsymbol{x}^*$ 为全局极小点。

设 $\gamma = f(\boldsymbol{x}^*)$,由凸函数的性质可知

$$R_\gamma = \{\boldsymbol{x} \mid \boldsymbol{x} \in R, f(\boldsymbol{x}) \leqslant \gamma\}$$

是凸集。此时有

$$R_\gamma = \{\boldsymbol{x} \mid \boldsymbol{x} \in R, f(\boldsymbol{x}) = f(\boldsymbol{x}^*)\}$$

R_γ 正好是 $f(\boldsymbol{x})$ 在 R 上所有极小点的集合。

定理 1.4　若 $f(\boldsymbol{x})$ 为定义在凸集 R 上的可微凸函数,若存在点 $\boldsymbol{x}^* \in R$,使得对于所有的 $\boldsymbol{x} \in R$ 有

$$\nabla f(\boldsymbol{x}^*)^{\mathrm{T}}(\boldsymbol{x} - \boldsymbol{x}^*) \geqslant 0$$

则 $\boldsymbol{x}^*$ 为 $f(\boldsymbol{x})$ 在 R 上的最小点(全局极小点)。

证　由于 $f(\boldsymbol{x})$ 为定义在凸集 R 上的可微凸函数,所以有

$$f(\boldsymbol{x}) \geqslant f(\boldsymbol{x}^*) + \nabla f(\boldsymbol{x}^*)^{\mathrm{T}}(\boldsymbol{x} - \boldsymbol{x}^*)$$

因此，对于所有 $x \in R$，当$\nabla f(x^*)^{\mathrm{T}}(x-x^*) \geqslant 0$有

$$f(x) \geqslant f(x^*)$$

所以x^*为全局极小点。

一个极为重要的情形是，当点x^*是R的内点时，$\nabla f(x^*)^{\mathrm{T}}(x-x^*) \geqslant 0$对于任意$x-x^*$都成立，这就意味着$\nabla f(x^*)^{\mathrm{T}}(x-x^*) \geqslant 0$可以改为$\nabla f(x^*)=\mathbf{0}$。

以上两个定理说明，定义在凸集上的凸函数的平稳点，就是其全局极小点。全局极小点并不一定是唯一的，但若为严格凸函数，则其全局极小点就是唯一的了。

第三节　非线性规划问题解的性质

一、局部最优解与全局最优解

由线性规划问题理论可知，若线性规划问题的最优解存在，该最优解一定是全局最优解，且一定可以在可行域的某个顶点上得到。与线性规划不同，非线性规划问题的最优解有局部最优解与全局最优解之分，而且最优解可以在其可行域的任意点上得到。

定义 1.8　对于非线性规划 $\min f=f(x)$，$g_i(x) \geqslant 0(i=1,2,\cdots,l)$，设$x_0 \in R$（$R$为非线性规划问题的可行域），如果存在$\delta>0$使得对于任何$x \in N(x_0,\delta) \cap R$均有$f(x_0) \leqslant f(x)$，则称$x_0$为非线性规划问题在$R$上的一个局部最优解。若$x_0 \neq x$时，$f(x_0)<f(x)$严格成立，称$x_0$为严格局部最优解。

定义 1.9　对于非线性规划 $\min f=f(x)$，$g_i(x) \geqslant 0(i=1,2,\cdots,l)$，设$x_0 \in R$，对于任何$x \in R$均有$f(x_0) \leqslant f(x)$，则称$x_0$为非线性规划问题在$R$上的一个全局最优解。若$x_0 \neq x$时，$f(x_0)<f(x)$严格成立，称$x_0$为严格全局最优解。

二、凸规划

函数的局部极小点（局部最优解）并不一定是其全局极小点（全局最优解），而最优化的目的往往是求全局最优解。由于定义在凸集上的凸函数在求解极值方面具有良好的性质，而实际应用中许多问题的目标函数又可归结为凸函数，因而研究具有凸函数的数学规划问题具有重要意义。

定义 1.10　如果一个数学规划问题的可行域R为凸集，目标函数为极小化，且为R上的凸函数，则称该规划问题为凸规划。

定理 1.5　对于非线性规划

$$\min f(x),\quad x \in R$$
$$R=\{x \mid g_i(x) \geqslant 0,\quad i=1,2,\cdots,l\}$$

若$f(x)$为R上的凸函数，而$g_i(x)(i=1,2,\cdots,l)$为凹函数（或$-g_i(x)(i=1,2,\cdots,l)$为凸函数），则该规划问题为凸规划。

证　$\forall x^{(1)},x^{(2)} \in R$及$\alpha(0<\alpha<1)$，则$g_i(x^{(1)}) \geqslant 0$，$g_i(x^{(2)}) \geqslant 0$；

又因为 $-g_i(\boldsymbol{x})$ 为凸函数，故

$$-g_i[\alpha\boldsymbol{x}^{(1)}+(1-\alpha)\boldsymbol{x}^{(2)}]\leqslant -\alpha g_i(\boldsymbol{x}^{(1)})-(1-\alpha)g_i(\boldsymbol{x}^{(2)})\leqslant 0$$

即

$$g_i[\alpha\boldsymbol{x}^{(1)}+(1-\alpha)\boldsymbol{x}^{(2)}]\geqslant 0$$

于是，$\alpha\boldsymbol{x}^{(1)}+(1-\alpha)\boldsymbol{x}^{(2)}\in R$，从而 R 为凸集，而 $f(\boldsymbol{x})$ 为 R 上的凸函数，因此该规划问题为凸规划。

此外，对于非线性规划

$$\min f(\boldsymbol{x}),\quad \boldsymbol{x}\in R$$

$$R=\{\boldsymbol{x}\mid h_i(\boldsymbol{x})=0, i=1,2,\cdots,m;\quad g_j(\boldsymbol{x})\geqslant 0,\quad j=1,2,\cdots,l\}$$

若 $f(\boldsymbol{x})$ 为 R 上的凸函数，$g_j(\boldsymbol{x})\,(j=1,2,\cdots,l)$ 为凹函数，$h_i(\boldsymbol{x})=0\,(i=1,2,\cdots,m)$ 为线性函数时，则该规划问题为凸规划。

显然，线性规划也是凸规划。

由凸函数的性质和凸规划的定义可知，凸规划的局部最优解就是全局最优解，且最优解构成一个凸集。若凸规划的目标函数为严格凸函数，且存在极小点，则该极小点为规划问题的唯一全局极小点。

上述结论对数学规划的求解非常有用，一旦判定问题属于凸规划，则当在一个邻域里搜索到局部最优解时，也就搜索到了全局最优解。

例 1.5　判断下列非线性规划问题是否为凸规划

$$\begin{aligned}&\min f(\boldsymbol{x})=x_1^2+x_2^2-4x_1+4\\&\text{s.t.}\\&g_1(\boldsymbol{x})=x_1-x_2+2\geqslant 0\\&g_2(\boldsymbol{x})=-x_1^2+x_2-1\geqslant 0\\&g_3(\boldsymbol{x})=x_1\geqslant 0\\&g_4(\boldsymbol{x})=x_2\geqslant 0\end{aligned}$$

首先，可用图解法获得问题的最优解（如图 1-4 所示）。

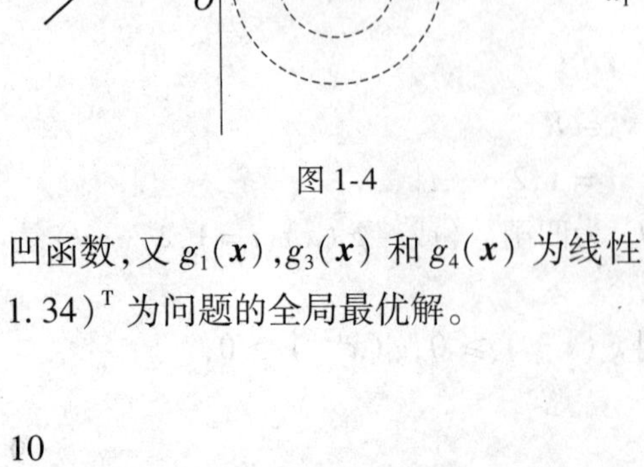

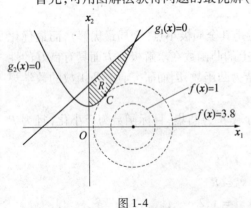

图 1-4

图 1-4 中，C 点所代表的坐标 $\boldsymbol{x}^*=(0.58,1.34)^{\mathrm{T}}$ 为问题的最优解。

其次，目标函数 $f(\boldsymbol{x})$ 以及约束条件 $g_2(\boldsymbol{x})$ 的海森矩阵如下：

$$H_f(\boldsymbol{x})=\begin{pmatrix}2&0\\0&2\end{pmatrix}$$

$$H_{g_2}(\boldsymbol{x})=\begin{pmatrix}-2&0\\0&0\end{pmatrix}$$

其中，$H_f(\boldsymbol{x})$ 为正定矩阵，故 $f(\boldsymbol{x})$ 为 R 上的严格凸函数；$H_{g_2}(\boldsymbol{x})$ 为半负定，故 $g_2(\boldsymbol{x})$ 为凹函数，又 $g_1(\boldsymbol{x})$，$g_3(\boldsymbol{x})$ 和 $g_4(\boldsymbol{x})$ 为线性函数，因此该规划问题为凸规划，$\boldsymbol{x}^*=(0.58,1.34)^{\mathrm{T}}$ 为问题的全局最优解。

三、非线性规划问题最优性条件

1. 无约束问题的最优性条件

当一个优化问题没有约束条件时,此问题可称为无约束的最优化问题,即求一个多元函数的极值问题。无约束的最优化问题的形式可描述为

$$\min f(\boldsymbol{x}), \boldsymbol{x} \in E^n$$

关于无约束最优化问题的最优性条件在本章第二节已基本涉及,以下以定理的形式给出结论。

定理1.6(一阶必要条件)　若$f(\boldsymbol{x})$在E^n中的某个区域R上一阶可微,若$\boldsymbol{x}^*$为R的内点,且为无约束优化问题的局部最优解,则

$$\nabla f(\boldsymbol{x}^*) = \boldsymbol{0}$$

定理1.7(二阶充分条件)　若$f(\boldsymbol{x})$在E^n中的某个区域R上二阶可微,若$\boldsymbol{x}^*$为R的内点,如果函数$f(\boldsymbol{x})$在$\boldsymbol{x}^*$处满足

$$\nabla f(\boldsymbol{x}^*) = \boldsymbol{0} \quad 且 \quad H(\boldsymbol{x}^*) \text{ 正定}$$

则$\boldsymbol{x}^*$为无约束问题的严格局部最优解。

定理1.8　若$f(\boldsymbol{x})$在E^n中的某个区域R上二阶可微,若$\boldsymbol{x}^*$为R的内点,且为局部极小点,则有

$$\nabla f(\boldsymbol{x}^*) = \boldsymbol{0} \quad 且 \quad H(\boldsymbol{x}^*) \text{ 半正定}$$

例1.6　用无约束问题的最优性条件求解下列问题。

$$\min f(\boldsymbol{x}) = 100(x_2 - x_1^2)^2 + (1 - x_1)^2$$

解:计算函数的梯度,并令其等于0,即

$$\nabla f(\boldsymbol{x}) = \begin{pmatrix} -400x_1(x_2 - x_1^2) - 2(1 - x_1) \\ 200(x_2 - x_1^2) \end{pmatrix} = \begin{pmatrix} 0 \\ 0 \end{pmatrix}$$

解该非线性方程组得到$\boldsymbol{x}^* = (1,1)^{\mathrm{T}}$,且函数在该点的海森矩阵为

$$H(\boldsymbol{x}^*) = \begin{pmatrix} 802 & -400 \\ -400 & 200 \end{pmatrix}$$

显然,海森矩阵是正定矩阵,由定理1.7可知,$\boldsymbol{x}^* = (1,1)^{\mathrm{T}}$为问题的极小点。

用最优性条件求解无约束最优化问题有时是非常困难的,甚至是不可能的,往往需要用数值解法求解。

2. 有约束的非线性规划问题最优性条件

实际应用中遇到的大多数优化问题是有约束的,即其变量的取值要受到很多限制,通常情况下,带有约束的非线性优化问题,称为非线性规划问题。其具体形式如下:

$$\min f(\boldsymbol{x})$$

$$\text{s.t.}$$

$$g_i(\boldsymbol{x}) \geqslant 0, \quad i = 1,2,\cdots,l$$

(1) 起作用约束和不起作用约束

设 $\boldsymbol{x}^{(0)}$ 是上述非线性规划的一个可行解,则 $\boldsymbol{x}^{(0)}$ 必满足所有约束条件,但 $\boldsymbol{x}^{(0)}$ 满足某一约束条件 $g_i(\boldsymbol{x}) \geqslant 0$ 有两种可能:

①$g_i(\boldsymbol{x}^{(0)}) > 0$; ②$g_i(\boldsymbol{x}^{(0)}) = 0$。

对于①,存在充分小的 λ,仍能使 $g_i(\boldsymbol{x}^{(0)} + \lambda \boldsymbol{d}) > 0$,其中 $\boldsymbol{d}$ 为一个方向。

对于②,$\boldsymbol{x}^{(0)}$ 在 $g_i(\boldsymbol{x})$ 的边界上,它的移动要受到限制,因此有如下定义:

定义 1.11　若 $\boldsymbol{x}^{(0)}$ 为上述非线性规划问题的一个可行解,如果 $g_i(\boldsymbol{x}^{(0)}) > 0$,则称 $g_i(\boldsymbol{x}) \geqslant 0$ 为 $\boldsymbol{x}^{(0)}$ 点的**不起作用约束条件**;如果 $g_i(\boldsymbol{x}^{(0)}) = 0$,则称 $g_i(\boldsymbol{x}) \geqslant 0$ 为 $\boldsymbol{x}^{(0)}$ 点的**起作用约束条件**。

(2) 可行方向

定义 1.12　设 $\boldsymbol{x}^{(0)}$ 为非线性规划 $\min f(\boldsymbol{x}), \boldsymbol{x} \in R = \{\boldsymbol{x} \mid g_i(\boldsymbol{x}) \geqslant 0, i = 1, 2, \cdots, l\}$ 的一个可行解,对于某一方向 $\boldsymbol{d}$,若存在 $\lambda_0 > 0$,使得对任意 $\lambda \in [0, \lambda_0]$ 均有

$$\boldsymbol{x}^{(0)} + \lambda \boldsymbol{d} \in R$$

则称 $\boldsymbol{d}$ 为 $\boldsymbol{x}^{(0)}$ 点的一个**可行方向**。

可行方向的性质:设 $g_i(\boldsymbol{x})$ 具有一阶连续偏导数,若 $\boldsymbol{d}$ 为可行点 $\boldsymbol{x}^{(0)}$ 的一个可行方向,$g_i(\boldsymbol{x}) \geqslant 0$ 为 $\boldsymbol{x}^{(0)}$ 的任一起作用约束条件,则必有

$$\nabla g_i(\boldsymbol{x}^{(0)})^{\mathrm{T}} \boldsymbol{d} \geqslant 0, \quad i \in I$$

其中,I 为 $\boldsymbol{x}^{(0)}$ 点所有起作用约束的下标集。

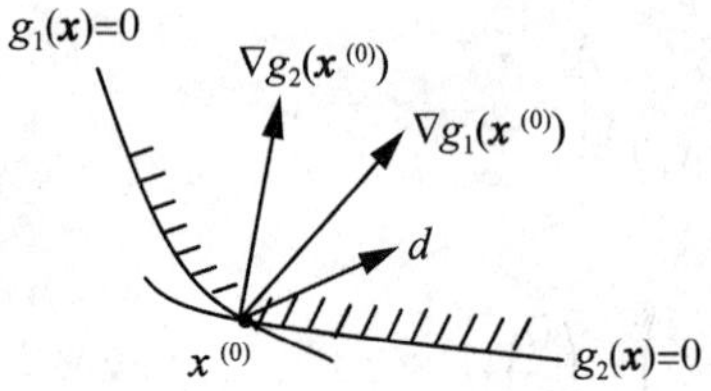

图 1-5

该性质的几何意义如图 1-5 所示。图 1-5 中,$\boldsymbol{x}^{(0)}$ 处有两个起作用约束条件 $g_1(\boldsymbol{x}) \geqslant 0$ 和 $g_2(\boldsymbol{x}) \geqslant 0$,$\boldsymbol{d}$ 显然是一个可行方向,该可行方向与所有起作用约束条件在 $\boldsymbol{x}^{(0)}$ 点的梯度的夹角小于 90°。因此有

$$\nabla g_i(\boldsymbol{x}^{(0)})^{\mathrm{T}} \boldsymbol{d} = \|\nabla g_i(\boldsymbol{x}^{(0)})\| \, \|\boldsymbol{d}\| \cos\alpha > 0, \quad i \in I$$

反过来,若 $\boldsymbol{d}$ 满足

$$\nabla g_i(\boldsymbol{x}^{(0)})^{\mathrm{T}} \boldsymbol{d} \geqslant 0, \quad i \in I$$

则 $\boldsymbol{d}$ 为 $\boldsymbol{x}^{(0)}$ 的一个可行方向。

分析起作用约束条件在 $\boldsymbol{x}^{(0)}$ 点的泰勒展开式:

$$\begin{aligned} g_i(\boldsymbol{x}^{(0)} + \lambda \boldsymbol{d}) &= g_i(\boldsymbol{x}^{(0)}) + \nabla g_i(\boldsymbol{x}^{(0)})(\boldsymbol{x}^{(0)} + \lambda \boldsymbol{d} - \boldsymbol{x}^{(0)}) + o(\lambda) \\ &= g_i(\boldsymbol{x}^{(0)}) + \lambda \nabla g_i(\boldsymbol{x}^{(0)}) \boldsymbol{d} + o(\lambda) \end{aligned}$$

只要 λ 足够小,就能保证

$$g_i(\boldsymbol{x}^{(0)} + \lambda \boldsymbol{d}) \geqslant 0$$

即 $\boldsymbol{x}^{(0)} + \lambda \boldsymbol{d} \in R$,故 $\boldsymbol{d}$ 为一可行方向。

(3) 下降方向

定义 1.13　设 $\boldsymbol{x}^{(0)}$ 为非线性规划 $\min f(\boldsymbol{x}), \boldsymbol{x} \in R, R = \{\boldsymbol{x} \mid g_i(\boldsymbol{x}) \geqslant 0, i = 1, 2, \cdots, l\}$ 的一个可行解,对于 $\boldsymbol{x}^{(0)}$ 点的任一方向 $\boldsymbol{d}$,若存在 $\lambda_0 > 0$,使得对任意 $\lambda \in [0, \lambda_0]$ 均有

$$f(\boldsymbol{x}^{(0)}+\lambda\boldsymbol{d})<f(\boldsymbol{x}^{(0)})$$

则称 $\boldsymbol{d}$ 为 $\boldsymbol{x}^{(0)}$ 点的一个下降方向。

事实上，由目标函数 $f(\boldsymbol{x})$ 在 $\boldsymbol{x}^{(0)}$ 点的泰勒展开式可推出，当 $\nabla f(\boldsymbol{x}^{(0)})^{\mathrm{T}}\boldsymbol{d}<0$ 时，$\boldsymbol{d}$ 为 $\boldsymbol{x}^{(0)}$ 点的一个下降方向。具体如下：

$$\begin{aligned}f(\boldsymbol{x}^{(0)}+\lambda\boldsymbol{d})&=f(\boldsymbol{x}^{(0)})+\nabla f(\boldsymbol{x}^{(0)})^{\mathrm{T}}(\boldsymbol{x}^{(0)}+\lambda\boldsymbol{d}-\boldsymbol{x}^{(0)})+o(\lambda)\\&=f(\boldsymbol{x}^{(0)})+\lambda\,\nabla f(\boldsymbol{x}^{(0)})^{\mathrm{T}}\boldsymbol{d}+o(\lambda)\end{aligned}$$

当 λ 充分小时，若 $\nabla f(\boldsymbol{x}^{(0)})^{\mathrm{T}}\boldsymbol{d}<0$，则 $f(\boldsymbol{x}^{(0)}+\lambda\boldsymbol{d})<f(\boldsymbol{x}^{(0)})$，即 $\boldsymbol{d}$ 为一下降方向。

(4) 可行下降方向

定义 1.14　若 $\boldsymbol{d}$ 为 $\boldsymbol{x}^{(0)}$ 的一个可行方向，又是 $\boldsymbol{x}^{(0)}$ 的下降方向，则称 $\boldsymbol{d}$ 为 $\boldsymbol{x}^{(0)}$ 的可行下降方向。

显然，若 $\boldsymbol{d}$ 为 $\boldsymbol{x}^{(0)}$ 的一个可行下降方向，则 $\boldsymbol{x}^{(0)}$ 不是极小点；若 $\boldsymbol{x}^{(0)}$ 是极小点，则 $\boldsymbol{x}^{(0)}$ 处不存在可行下降方向。

定理 1.9　设 $\boldsymbol{x}^*$ 为非线性规划问题 $\min f(\boldsymbol{x}),\boldsymbol{x}\in R,R=\{\boldsymbol{x}\mid g_i(\boldsymbol{x})\geqslant 0,i=1,2,\cdots,l\}$ 的一个局部极小点，$f(\boldsymbol{x})$ 在 $\boldsymbol{x}^*$ 处可微，且

$$g_i(\boldsymbol{x})\text{ 在 }\boldsymbol{x}^*\text{ 处可微},i\in I$$
$$g_i(\boldsymbol{x})\text{ 在 }\boldsymbol{x}^*\text{ 处连续},i\notin I$$

则 $\boldsymbol{x}^*$ 点不存在可行下降方向，即不存在方向 $\boldsymbol{d}$ 同时满足

$$\nabla f(\boldsymbol{x}^*)^{\mathrm{T}}\boldsymbol{d}<0$$

$$\nabla g_i(\boldsymbol{x}^*)^{\mathrm{T}}\boldsymbol{d}>0\quad i\in I$$

(5) 最优性条件(库恩 - 塔克条件)

设 $\boldsymbol{x}^*$ 为非线性规划 $\min f(\boldsymbol{x}),\boldsymbol{x}\in R,R=\{\boldsymbol{x}\mid g_i(\boldsymbol{x})\geqslant 0,i=1,2,\cdots,l\}$ 的极小点，其在 R 中的位置有两种情况，即可能位于可行域的内部，也可能处于可行域的边界上。

① 若 $\boldsymbol{x}^*$ 位于可行域 R 的内部，此时，问题可以看做是一个个无约束问题，$\boldsymbol{x}^*$ 必满足条件

$$\nabla f(\boldsymbol{x}^*)=0$$

② $\boldsymbol{x}^*$ 处于可行域 R 的边界上。

首先，不失一般性，设 $\boldsymbol{x}^*$ 位于第一个约束条件形成的可行域边界上，即第一个约束条件是 $\boldsymbol{x}^*$ 点的起作用约束，这样 $g_1(\boldsymbol{x}^*)=0$，则 $-\nabla f(\boldsymbol{x}^*)$ 与 $\nabla g_1(\boldsymbol{x}^*)$ 方向必相反且在同一条直线上，否则一定存在可行下降方向。

图 1-6 中，点 $\boldsymbol{x}$ 处在 $g_1(\boldsymbol{x})\geqslant 0$ 的边界上，虽然 $-\nabla f(\boldsymbol{x}^*)$ 与 $\nabla g_1(\boldsymbol{x}^*)$ 方向相反但不在同一条直线上，因此存在一个方向 $\boldsymbol{d}$ 与 $-\nabla f(\boldsymbol{x}^*)$ 及 $\nabla g_1(\boldsymbol{x}^*)$ 的夹角均小于 90°，这

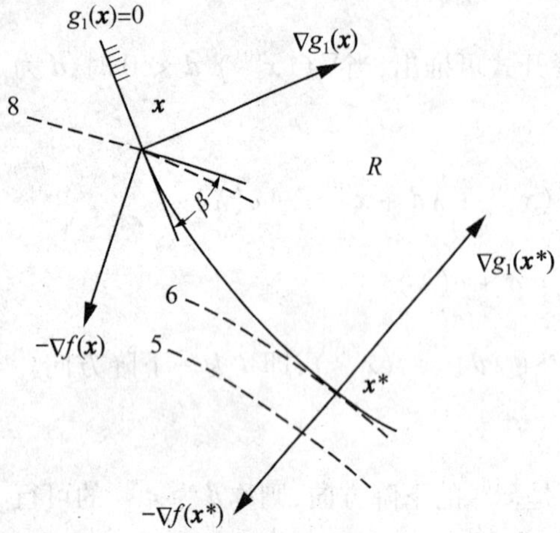

图 1-6

样有

$$\nabla g_1(\boldsymbol{x})^{\mathrm{T}}\boldsymbol{d} > 0$$

$$-\nabla f(\boldsymbol{x})^{\mathrm{T}}\boldsymbol{d} > 0 \Rightarrow \nabla f(\boldsymbol{x})^{\mathrm{T}}\boldsymbol{d} < 0$$

即 $\boldsymbol{d}$ 为可行下降方向,故 $\boldsymbol{x}$ 不是极小点。

而点 $\boldsymbol{x}^*$ 同样处在 $g_1(\boldsymbol{x}) \geqslant 0$ 的边界上,但 $-\nabla f(\boldsymbol{x}^*)$ 与 $\nabla g_1(\boldsymbol{x}^*)$ 不仅方向相反,而且在同一条直线上,因此不存在一个方向 $\boldsymbol{d}$ 同时满足

$$\nabla g_1(\boldsymbol{x}^*)^{\mathrm{T}}\boldsymbol{d} > 0$$

$$\nabla f(\boldsymbol{x}^*)^{\mathrm{T}}\boldsymbol{d} < 0$$

故 $\boldsymbol{x}^*$ 是极小点。

此种情况相当于下式成立时 $\boldsymbol{x}^*$ 是极小点,即

$$-\nabla f(\boldsymbol{x}^*) + \gamma_1 \nabla g_1(\boldsymbol{x}^*) = 0$$

即 $\boldsymbol{x}^*$ 是极小点的条件是,存在非负实数 γ_1,使下式成立

$$\nabla f(\boldsymbol{x}^*) - \gamma_1 \nabla g_1(\boldsymbol{x}^*) = 0$$

其次,设 $\boldsymbol{x}^*$ 位于两个起作用约束条件的交点,如处于 $g_1(\boldsymbol{x}) = 0$ 与 $g_2(\boldsymbol{x}) = 0$ 的交点,则 $\nabla f(\boldsymbol{x}^*)$ 必处于 $\nabla g_1(\boldsymbol{x}^*)$ 与 $\nabla g_2(\boldsymbol{x}^*)$ 的夹角之内。否则,在 $\boldsymbol{x}^*$ 点必有可行下降方向,它就不会是极小点。也就是说,在这种情况下存在非负实数 γ_1, γ_2,使

$$\nabla f(\boldsymbol{x}^*) - \gamma_1 \nabla g_1(\boldsymbol{x}^*) - \gamma_2 \nabla g_2(\boldsymbol{x}^*) = \boldsymbol{0}$$

图 1-7(a) 中,$\boldsymbol{x}^*$ 处目标函数的梯度 $\nabla f(\boldsymbol{x}^*)$ 处于两个起作用约束条件的梯度 $\nabla g_1(\boldsymbol{x}^*)$ 与 $\nabla g_2(\boldsymbol{x}^*)$ 的夹角之内,此时,不存在方向 $\boldsymbol{d}$ 同时满足 $\nabla g_1(\boldsymbol{x}^*)^{\mathrm{T}}\boldsymbol{d} > 0$, $\nabla g_2(\boldsymbol{x}^*)^{\mathrm{T}}\boldsymbol{d} > 0$ 以及 $\nabla f(\boldsymbol{x}^*)^{\mathrm{T}}\boldsymbol{d} < 0$,所以 $\boldsymbol{x}^*$ 为极小点。这种情况相当于存在非负实数 γ_1, γ_2,使

$$\nabla f(\boldsymbol{x}^*) = \gamma_1 \nabla g_1(\boldsymbol{x}^*) + \gamma_2 \nabla g_2(\boldsymbol{x}^*)$$

图 1-7(b) 中,由于 $\boldsymbol{x}^*$ 处目标函数的梯度 $\nabla f(\boldsymbol{x}^*)$ 不在两个起作用约束条件的梯度 $\nabla g_1(\boldsymbol{x}^*)$ 与 $\nabla g_2(\boldsymbol{x}^*)$ 的夹角之内,此时,存在可行下降方向 $\boldsymbol{d}$ 同时满足 $\nabla g_1(\boldsymbol{x}^*)^{\mathrm{T}}\boldsymbol{d} > 0$, $\nabla g_2(\boldsymbol{x}^*)^{\mathrm{T}}\boldsymbol{d} > 0$ 以及 $\nabla f(\boldsymbol{x}^*)^{\mathrm{T}}\boldsymbol{d} < 0$,所以 $\boldsymbol{x}^*$ 不是极小点。

最后,若 $\boldsymbol{x}*$ 处有多个起作用约束条件,$\boldsymbol{x}^*$ 为极小点的条件为

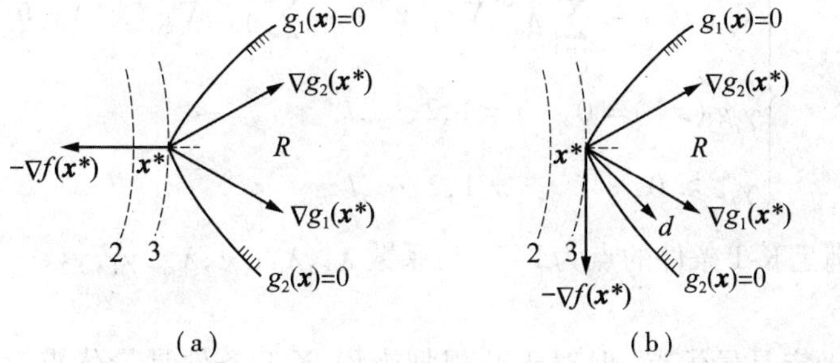

图 1-7

$$\nabla f(\boldsymbol{x}^*) - \sum_{i \in I} \gamma_i \nabla g_i(\boldsymbol{x}^*) = \boldsymbol{0}$$

对于 $\boldsymbol{x}^*$ 处的不起作用约束条件，也可以用下式表示，即

$$\begin{cases} \gamma_i g_i(\boldsymbol{x}^*) = 0 \\ \gamma_i \geqslant 0 \end{cases}$$

当 $g_i(\boldsymbol{x}^*) = 0$ 时，γ_i 可不为 0，当 $g_i(\boldsymbol{x}^*) > 0$ 时，必有 $\gamma_i = 0$。

综上所述，非线性规划的最优性条件可用如下定理描述。

定理 1.10　设 $\boldsymbol{x}^*$ 为非线性规划问题 $\min f(\boldsymbol{x}), \boldsymbol{x} \in R, R = \{\boldsymbol{x} \mid g_i(\boldsymbol{x}) \geqslant 0, i = 1,2,\cdots,l\}$ 的一个局部极小点，且 $\boldsymbol{x}^*$ 处各起作用约束条件的梯度线性无关，则存在 $\boldsymbol{\gamma}^* = (\gamma_1^*, \gamma_2^*, \cdots, \gamma_l^*)^{\mathrm{T}}$ 使下述条件成立

$$\begin{cases} \nabla f(\boldsymbol{x}^*) - \sum_{i=1}^{l} \gamma_i^* \nabla g_i(\boldsymbol{x}^*) = \boldsymbol{0} \\ \gamma_i^* g_i(\boldsymbol{x}^*) = 0, \quad i = 1,2,\cdots,l \\ \gamma_i^* \geqslant 0, \quad i = 1,2,\cdots,l \end{cases}$$

定理 1.10 就是有约束的非线性规划问题的最优性条件，也就是著名的**库恩 - 塔克 (Kuhn-Tucker) 条件**，简称 *K-T* 条件。库恩 - 塔克条件是非线性规划领域中最重要的理论成果之一，是确定某点为最优点的必要条件。只要是最优点，就必须满足这个条件。

对于有等式约束条件的非线性规划问题

$$\begin{aligned} &\min f(\boldsymbol{x}) \\ &\text{s.t.} \\ &h_i(\boldsymbol{x}) = 0, i = 1,2,\cdots,m \\ &g_j(\boldsymbol{x}) \geqslant 0, j = 1,2,\cdots,l \end{aligned}$$

库恩 - 塔克条件的具体形式如下

$$\begin{cases}\nabla f(\boldsymbol{x}^*) - \sum_{i=1}^{m} \lambda_i^* \nabla h_i(\boldsymbol{x}^*) - \sum_{j=1}^{l} \gamma_j^* \nabla g_j(\boldsymbol{x}^*) = \boldsymbol{0} \\ \gamma_j g_j(\boldsymbol{x}^*) = 0, \quad j = 1,2,\cdots,l \\ \gamma_j^* \geqslant 0, \qquad j = 1,2,\cdots,l\end{cases}$$

这里,称满足K-T条件的点为K-T点,系数$\lambda_1,\lambda_2,\cdots,\lambda_m,\gamma_1,\gamma_2,\cdots,\gamma_l$为广义拉格朗日乘子。

K-T点不一定是最优点,但对于凸规划来说,K-T条件是最优点存在的充分必要条件。

例1.7　用库恩-塔克条件求解下列非线性规划问题

$$\begin{aligned}&\min f(\boldsymbol{x}) = x_1^2 + (x_2 + 1)^2 + 8 \\ &\text{s. t.} \\ &g_1(\boldsymbol{x}) = x_1^2 - x_2^2 \geqslant 0 \\ &g_2(\boldsymbol{x}) = x_1 \geqslant 0\end{aligned}$$

解:

$$\nabla f(\boldsymbol{x}) = \begin{pmatrix} 2x_1 \\ 2x_2 + 2 \end{pmatrix}, \quad \nabla g_1(\boldsymbol{x}) = \begin{pmatrix} 2x_1 \\ -2x_2 \end{pmatrix}, \quad \nabla g_2(\boldsymbol{x}) = \begin{pmatrix} 1 \\ 0 \end{pmatrix}$$

则问题的K-T条件为

$$\begin{cases}\begin{pmatrix} 2x_1 \\ 2x_2 + 2 \end{pmatrix} - \gamma_1 \begin{pmatrix} 2x_1 \\ -2x_2 \end{pmatrix} - \gamma_2 \begin{pmatrix} 1 \\ 0 \end{pmatrix} = \begin{pmatrix} 0 \\ 0 \end{pmatrix} \\ \gamma_1(x_1^2 - x_2^2) = 0 \\ \gamma_2 x_1 = 0 \\ \gamma_1, \gamma_2 \geqslant 0\end{cases}$$

即

$$\begin{cases}2x_1 - 2\gamma_1 x_1 - \gamma_2 = 0 \\ 2x_2 + 2 + 2\gamma_1 x_2 = 0 \\ \gamma_1(x_1^2 - x_2^2) = 0 \\ \gamma_2 x_1 = 0 \\ \gamma_1, \gamma_2 \geqslant 0\end{cases}$$

当$\gamma_1 \neq 0, \gamma_2 \neq 0$时,无解。

当$\gamma_1 \neq 0, \gamma_2 = 0$时,解得$\gamma_1 = 1, x_1 = \frac{1}{2}, x_2 = -\frac{1}{2}$。

当$\gamma_1 = 0, \gamma_2 \neq 0$时,无解。

当$\gamma_1 = 0, \gamma_2 = 0$时,$x_1 = 0, x_2 = -1$,但不满足条件$x_1^2 - x_2^2 \geqslant 0$。

又通过图示可知,该非线性规划问题为凸规划,因此其最优解为$x_1 = \frac{1}{2}, x_2 = -\frac{1}{2}$。

习题一

1. 试判断下列函数的凸性。

(1) $f(\boldsymbol{x})=3x_1^2-4x_1x_2+x_2^2$

(2) $f(\boldsymbol{x})=x_1^2-10x_1-x_1x_2-4x_2+x_2^2+12$

(3) $f(\boldsymbol{x})=\mathrm{e}^{x_1}+x_2^2+1$

2. 试判断下列非线性规划是否为凸规划。

(1) $\min f(\boldsymbol{x})=x_1+2x_2$

s. t.

$x_1^2+x_2^2\leqslant 9$

$x_2\geqslant 0$

(2) $\min f(\boldsymbol{x})=2x_1^2+x_2^2+x_3^2-x_1x_2$

s. t.

$x_1^2+x_2^2\leqslant 4$

$5x_1^2+x_3=10$

$x_1,x_2,x_3\geqslant 0$

3. 根据无约束极值问题最优性条件求解下列问题。

(1) $\min f(\boldsymbol{x})=\frac{1}{2}x_1^2+\frac{1}{3}x_2^2$

(2) $\min f(\boldsymbol{x})=2x_1^2-2x_1x_2+x_2^2+2x_1-2x_2$

4. 分析非线性规划

$$\min f(\boldsymbol{x})=(x_1-2)^2+(x_2-3)^2$$

s. t.

$$x_1^2+(x_2-2)^2\geqslant 4$$

$$x_2\leqslant 2$$

$$x_1,x_2\geqslant 0$$

在下列各点的可行下降方向：(a) $\boldsymbol{x}^{(1)}=(0,0)^{\mathrm{T}}$，(b) $\boldsymbol{x}^{(2)}=(2,2)^{\mathrm{T}}$，(c) $\boldsymbol{x}^{(3)}=(3,2)^{\mathrm{T}}$，(d) $\boldsymbol{x}^{(4)}=(0,2)^{\mathrm{T}}$。

5. 写出下列非线性规划问题的 Kuhn-Tucker 条件，并求解。

(1) $\min f(\boldsymbol{x})=-\ln(x_1+x_2)$

s. t.

$x_1+2x_2\leqslant 5$

$x_1,x_2\geqslant 0$

(2) $\min f(\boldsymbol{x})=x_1^2+x_2$

s. t.

$$x_1^2+x_2^2-9=0$$
$$1-x_1^2-x_2^2\leqslant 0$$
$$1-x_1^2-x_2\geqslant 0$$

6. 试找出下列非线性规划

$$\max f(\boldsymbol{x})=x_1$$
$$\text{s. t.}$$
$$x_2-2+(x_1-1)^3\leqslant 0$$
$$(x_1-1)^3-x_2+2\leqslant 0$$
$$x_1,x_2\geqslant 0$$

的极大点,然后写出其 Kuhn-Tucker 条件,并判断该极大点是否满足问题的 Kuhn-Tucker 条件。

第二章　非线性规划问题的求解方法

第一章讨论了非线性规划的最优性条件，以此为基础，举例说明了应用最优性条件求解非线性规划问题。但在实际应用中，用最优性条件求解非线性规划问题是非常困难的，通常用数值求解方法求解非线性规划问题，而用数值解法中的迭代算法求解非线性规划问题是实际应用中的主要方法。本章将首先介绍下降迭代算法的基本思想与步骤，然后重点叙述常用的非线性规划数值解法。

第一节　下降迭代算法

一、下降迭代算法的基本思想

对于非线性规划问题的目标函数 $f(\boldsymbol{x})$，给定一个初始值 $\boldsymbol{x}^{(0)}$，按照某种规则得到 $\boldsymbol{x}^{(1)}$，使得 $f(\boldsymbol{x}^{(1)}) < f(\boldsymbol{x}^{(0)})$，按同样规则得到 $\boldsymbol{x}^{(2)}$，使得 $f(\boldsymbol{x}^{(2)}) < f(\boldsymbol{x}^{(1)})$，…，依次类推可得到一个解序列 $\{\boldsymbol{x}^{(k)}\}$，当该解序列为有穷点序列时，其最后一点为非线性规划问题的最优解；当该解序列为无穷序列时，若存在极限点 $\boldsymbol{x}^*$，则该极限点为非线性规划问题的最优解。这种由某种规则所得到的解序列 $\{\boldsymbol{x}^{(k)}\}$ 使目标函数 $f(\boldsymbol{x})$ 逐步减小的算法称为下降迭代算法。

记 $\Delta\boldsymbol{x}^{(k)} = \boldsymbol{x}^{(k+1)} - \boldsymbol{x}^{(k)}$，令 $\Delta\boldsymbol{x}^{(k)} = \lambda_k\boldsymbol{p}^{(k)}$，得 $\boldsymbol{x}^{(k+1)} = \boldsymbol{x}^{(k)} + \Delta\boldsymbol{x}^{(k)} = \boldsymbol{x}^{(k+1)} + \lambda_k\boldsymbol{p}^{(k)}$，其中，$\boldsymbol{p}^{(k)}$ 为与 $\Delta\boldsymbol{x}^{(k)}$ 同方向的向量，称为搜索方向，λ_k 称为步长（$\lambda_k > 0$）。

下降迭代算法的关键在于构造每一步的搜索方向和确定步长，各算法的不同之处主要在于确定搜索方向 $\boldsymbol{p}^{(k)}$ 的方法不同，对于无约束的问题，搜索方向应为下降方向，对于有约束的非线性规划问题，搜索方向应为可行下降方向。

二、下降迭代算法的步骤

下降迭代算法的一般步骤为：

第一步：选定初始点 $\boldsymbol{x}^{(0)}$，并令 $k = 0$；

第二步：确定搜索方向 $\boldsymbol{p}^{(k)}$；

第三步：从 $\boldsymbol{x}^{(k)}$ 出发，沿 $\boldsymbol{p}^{(k)}$ 求步长 λ_k，使 $f(\boldsymbol{x}^{(k)} + \lambda_k\boldsymbol{p}^{(k)}) < f(\boldsymbol{x}^{(k)})$，从而得到 $\boldsymbol{x}^{(k+1)} = \boldsymbol{x}^{(k)} + \lambda_k\boldsymbol{p}^{(k)}$；

第四步：判断新点 $\boldsymbol{x}^{(k+1)}$ 是否为极小点或近似极小点，若是，停止迭代，否则令 $k := k + 1$ 转第二步；

上述步骤的第三步中，步长 λ_k 通过求如下极小化问题获得，即

$$\lambda_k : \min_{\lambda} f(\boldsymbol{x}^{(k)} + \lambda \boldsymbol{p}^{(k)})$$

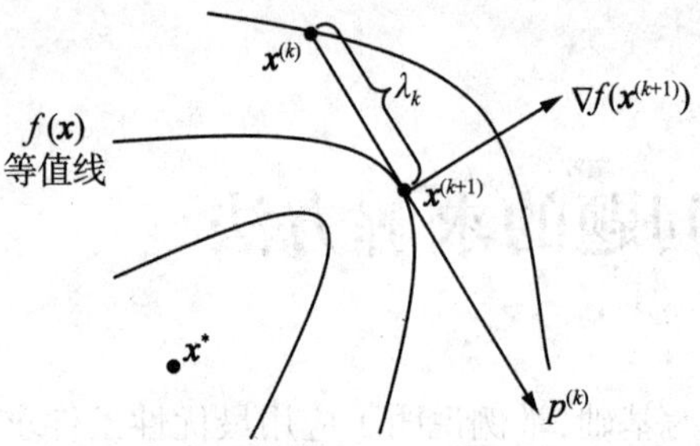

图 2-1　迭代示意图

上述方法确定的步长 λ_k 称为最优步长，最优步长的求解过程称为一维搜索，具体过程可通过图 2-1 来描述。

图2-1 中，$\boldsymbol{p}^{(k)}$ 是 $\boldsymbol{x}^{(k)}$ 的一个下降方向，从 $\boldsymbol{x}^{(k)}$ 出发，沿 $\boldsymbol{p}^{(k)}$ 前进 λ_k，到达 $\boldsymbol{x}^{(k+1)} = \boldsymbol{x}^{(k)} + \lambda_k \boldsymbol{p}^{(k)}$，使 $f(\boldsymbol{x}^{(k)} + \lambda_k \boldsymbol{p}^{(k)})$ 在 $\boldsymbol{p}^{(k)}$ 方向上取得最小值。

一维搜索的最优步长 λ_k 有一个重要性质：在搜索方向 $\boldsymbol{p}^{(k)}$ 上搜索到的最优点 $\boldsymbol{x}^{(k+1)} = \boldsymbol{x}^{(k)} + \lambda_k \boldsymbol{p}^{(k)}$ 处的目标函数的梯度 $\nabla f(\boldsymbol{x}^{(k+1)})$ 与搜索方向 $\boldsymbol{p}^{(k)}$ 正交，该性质可用如下定理来表述。

定理 2.1　设 $f(\boldsymbol{x})$ 一阶连续可导，若 $\boldsymbol{x}^{(k+1)}$ 按如下规则产生：

$$\begin{cases} \lambda_k : \min\limits_{\lambda} f(\boldsymbol{x}^{(k)} + \lambda \boldsymbol{p}^{(k)}) \\ \boldsymbol{x}^{(k+1)} = \boldsymbol{x}^{(k)} + \lambda_k \boldsymbol{p}^{(k)} \end{cases}$$

则有

$$\nabla f(\boldsymbol{x}^{(k+1)}) \cdot \boldsymbol{p}^{(k)} = 0$$

证　设 $\varphi(\lambda) = f(\boldsymbol{x}^{(k)} + \lambda \boldsymbol{p}^{(k)})$，令 $\varphi'(\lambda) = 0$，即

$$\frac{\mathrm{d}f(\boldsymbol{x}^{(k)} + \lambda \boldsymbol{p}^{(k)})}{\mathrm{d}\lambda} = 0 \Rightarrow \nabla f(\boldsymbol{x}^{(k)} + \lambda \boldsymbol{p}^{(k)})^{\mathrm{T}} \boldsymbol{p}^{(k)} = 0$$

可求出 λ_k，使

$$\nabla f(\boldsymbol{x}^{(k)} + \lambda_k \boldsymbol{p}^{(k)}) \cdot \boldsymbol{p}^{(k)} = 0 \Rightarrow \nabla f(\boldsymbol{x}^{(k+1)}) \cdot \boldsymbol{p}^{(k)} = 0$$

即 $\nabla f(\boldsymbol{x}^{(k+1)})$ 与搜索方向 $\boldsymbol{p}^{(k)}$ 正交。

三、收敛性与计算终止条件

1. 收敛性与收敛速度

迭代算法所产生的解序列必须具有这样的性质：序列中的某一点就是极小点 $\boldsymbol{x}^*$，或者解序列收敛于极小点 $\boldsymbol{x}^*$，即满足

$$\lim_{k \to \infty} \| \boldsymbol{x}^{(k)} - \boldsymbol{x}^* \| = 0$$

在求解非线性规划问题时，通常迭代点序列收敛于全局最优解相当困难。若仅初始点充分靠近极小点产生的迭代序列才能收敛到 $\boldsymbol{x}^*$ 的算法，称为局部收敛算法；若对于任意初始点产生的迭代序列都能收敛到 $\boldsymbol{x}^*$ 的算法，称为全局收敛算法。

判断算法的好坏，不仅要看是否收敛，还要看收敛速度。这里给出理论收敛性和收敛速度的概念。

定义 2.1　由算法产生的迭代序列 $\{\boldsymbol{x}^{(k)}\}$ 收敛于 $\boldsymbol{x}^*$，即 $\lim\limits_{k \to \infty} \| \boldsymbol{x}^{(k)} - \boldsymbol{x}^* \| = 0$，若

$$\lim_{k\to\infty}\frac{\|x^{(k+1)}-x^*\|}{\|x^{(k)}-x^*\|}=\beta$$

存在,则

(1) 当 $\beta=0$ 时,称 $\{x^{(k)}\}$ 超线性收敛;

(2) 当 $0<\beta<1$ 时,称 $\{x^{(k)}\}$ 线性收敛;

(3) 当 $\beta=1$ 时,称 $\{x^{(k)}\}$ 为次线性收敛;

定义 2.2　若存在实数 $\alpha>0$,有

$$\lim_{k\to\infty}\frac{\|x^{(k+1)}-x^*\|}{\|x^{(k)}-x^*\|^{\alpha}}=\beta$$

则称算法是 α 阶收敛,或称算法所产生的迭代序列 $\{x^{(k)}\}$ 具有 α 阶收敛速度。当 $\alpha=1$ 时,称算法为一阶收敛;当 $\alpha=2$ 时,称算法为二阶收敛;当 $1<\alpha<2$ 时,称算法为超线性收敛。一般来说,当 $\alpha>1$ 时,都是好算法。

2. 计算终止条件

关于迭代是否终止,应根据相邻两次迭代计算的结果而定,一般有以下几种:

(1) 绝对误差准则

$$\|x^{(k+1)}-x^{(k)}\|<\varepsilon_1$$

$$\|f(x^{(k+1)})-f(x^{(k)})\|<\varepsilon_2$$

(2) 相对误差准则

$$\frac{\|x^{(k+1)}-x^{(k)}\|}{\|x^{(k)}\|}<\varepsilon_3$$

$$\frac{|f(x^{(k+1)})-f(x^{(k)})|}{|f(x^{(k)})|}<\varepsilon_4$$

(3) 目标函数梯度足够小准则

$$\|\nabla f(x^{(k)})\|<\varepsilon_5$$

其中,$\varepsilon_1,\varepsilon_2,\varepsilon_3,\varepsilon_4,\varepsilon_5$ 为足够小的正数。

第二节　一维搜索方法

一、概述

一维搜索法是沿某一直线方向寻求目标函数极小点的方法。由于高维问题也可以通过一系列逐次搜索来实现其极小点的搜索过程,因此一维搜索是所有非线性规划迭代算法都要遇到的共同问题。从理论上讲,一维优化问题的求解可以通过求导来实现,但对于许多问题来说,求导计算并不容易,且不便于计算机解决,因此主要是通过数值方法求近似解。这类方法通常有两类:区间收缩法(如 Fibonacci 法和 0.618 法)和函数逼近法(如切线法等)。

定义 2.3　设 $f(x)$ 是定义在区间 $[a,b]$ 上的一元函数,x^* 是 $f(x)$ 在 $[a,b]$ 上的全局极小点,如果 $f(x)$ 在 $[a,x^*]$ 上严格单调下降,在 $[x^*,b]$ 上严格单调上升,则称 $f(x)$ 是

$[a,b]$ 上的单峰函数。

定义 2.4　设 $f(x)$ 是定义在区间 $[a,b]$ 上的一元函数，x^* 是 $f(x)$ 在 $[a,b]$ 上的全局极小点，如果存在 $x_1,x_2 \in [a,b]$，使 $x_1 < x^* < x_2$，则称 $[x_1,x_2]$ 为 $f(x)$ 的一个搜索区间。

对于单峰函数：

① 取 $x_1 < x_2 < x_3$，若 $f(x_1) > f(x_2)$，$f(x_2) < f(x_3)$，则 $[x_1,x_3]$ 就构成 $f(x)$ 的一个搜索区间；

② 若 $f(x)$ 一阶可导，取 $x_1 < x_2$；若 $f'(x_1) < 0$，$f'(x_2) > 0$，则 $[x_1,x_2]$ 就构成 $f(x)$ 的一个搜索区间；

二、Fibonacci 法

1. 搜索原理

Fibonacci 法是一种区间收缩方法，也称分数法，适用于单峰函数。

若序列 $\{F_n\}$ 满足关系：

$$F_0 = F_1 = 1$$

$$F_n = F_{n-1} + F_{n-2}, n = 2,3,\cdots$$

则称 $\{F_n\}$ 为 Fibonacci 数列，F_n 称为第 n 个 Fibonacci 数，称相邻两个 Fibonacci 数之比 F_{n-1}/F_n 为 Fibonacci 分数。Fibonacci 数列如表 2-1 所示。

表 2-1

n	0	1	2	3	4	5	6	7	8	9	10	11	…
F_n	1	1	2	3	5	8	13	21	34	55	89	144	…

Fibonacci 法的搜索原理是：在区间 $[a,b]$ 上任取两个关于 $[a,b]$ 对称的点 x_1 和 x_2（$x_1 < x_2$），计算 $f(x_1)$ 和 $f(x_2)$，并比较大小。对于单峰函数，若 $f(x_1) < f(x_2)$，则 $[a,x_2]$ 为新的搜索区间；若 $f(x_1) > f(x_2)$，则 $[x_1,b]$ 为新的搜索区间。逐次实验，随着搜索区间的缩小，可使其逼近极小点 x^*。

若希望经过 n 次迭代后，能够搜索到近似最优解，Fibonacci 法的做法是：首先将初始区间分为 F_n 段，则区间长度的第一次缩短率为

$$\frac{F_{n-1}}{F_n}$$

以后各次缩短率分别为

$$\frac{F_{n-2}}{F_{n-1}},\frac{F_{n-3}}{F_{n-2}},\cdots,\frac{F_1}{F_2}$$

第一次和第二次的缩短过程如图 2-2 所示。

图 2-2 中，第一次区间收缩取值为

$$x_1 = b_0 - \frac{F_{n-1}}{F_n}(b_0 - a_0),\quad x_1' = a_0 + \frac{F_{n-1}}{F_n}(b_0 - a_0)$$

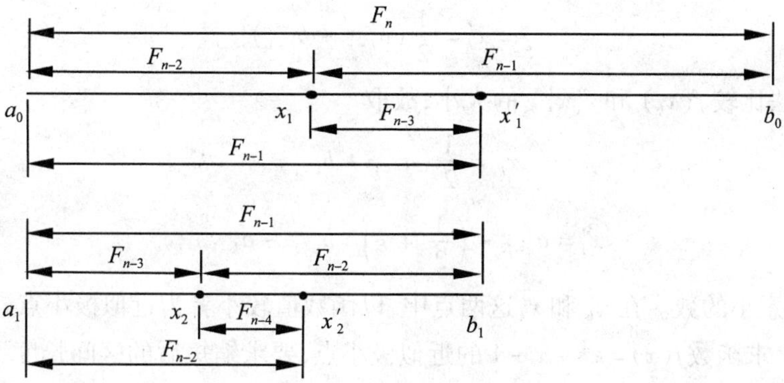

图 2-2

若$f(x_1) < f(x'_1)$，则$[a_1, x'_1]$为第一次搜索后得到的新的搜索区间。

在此基础上，令$a_1 = a_0, b_1 = x'_1$，第二次区间收缩取值为

$$x_2 = b_1 - \frac{F_{n-2}}{F_{n-1}}(b_1 - a_1), \quad x'_2 = a_1 + \frac{F_{n-2}}{F_{n-1}}(b_1 - a_1) = x_1$$

由以上讨论可知，搜索n次后，缩短后的区间长度与原区间长度之比为$1/F_n$。

设搜索精度为搜索点与最优解之间的距离不超过$\delta > 0$，若希望在n次搜索后到达搜索精度，这就要求最后的区间长度不能超过δ，只要n足够大，就能保证

$$\frac{1}{F_n} \leqslant \delta$$

从而满足精度要求。

2. 搜索步骤

设$f(x)$为单峰函数，初始搜索区间为$[a_0, b_0]$，则 Fibonacci 法的搜索步骤如下：

(1) 由计算精度δ，根据下式确定F_n以及搜索次数n，即

$$F_n \geqslant \frac{1}{\delta}$$

(2) 根据 Fibonacci 分数确定两个搜索点的位置，并令$k = 1$，即

$$x_k = b_{k-1} - \frac{F_{n-1}}{F_n}(b_{k-1} - a_{k-1}), \quad x'_k = a_{k-1} + \frac{F_{n-1}}{F_n}(b_{k-1} - a_{k-1})$$

(3) 计算两个搜索点的函数值，有

若$f(x_k) < f(x'_k)$，则令$a_k = a_{k-1}$，$b_k = x'_k$，$x'_{k+1} = x_k$，并令

$$x_{k+1} = b_k - \frac{F_{n-k}}{F_{n-k+1}}(b_k - a_k)$$

若$f(x_k) > f(x'_k)$，则令$a_k = x_k$，$b_k = b_{k-1}$，$x_{k+1} = x'_k$，并令

$$x'_{k+1} = a_k + \frac{F_{n-k}}{F_{n-k+1}}(b_k - a_k)$$

其中，$k = 1, 2, \cdots, n-1$。

(4) 当 $k=n-1$ 时,有

$$x_k=x'_k=\frac{1}{2}(a_{k-1}+b_{k-1})$$

此时无法比较 $f(x_k)$ 和 $f(x'_k)$ 的大小,故取

$$x_k=\frac{1}{2}(a_{k-1}+b_{k-1})$$

$$x'_k=a_{k-1}+\left(\frac{1}{2}+\varepsilon\right)(b_{k-1}-a_{k-1})$$

其中,ε 为任意小的数。在 x_k 和 x'_k 这两点中,以函数值较小者为近似极小点。

例 2.1　求函数 $f(x)=x^2+x+1$ 的近似极小点,要求缩短后的区间长度不大于 $[-2,2]$ 的 0.08 倍。

解　由 $F_n\geqslant\frac{1}{\delta}=\frac{1}{0.08}=12.5\Rightarrow n=6$,　$a_0=-2$,　$b_0=2$

$$x_1=b_0-\frac{F_5}{F_6}(b_0-a_0)=-0.4615,x'_1=a_0+\frac{F_5}{F_6}(b_0-a_0)=0.4615$$

$$f(x_1)=0.7515<f(x'_1)=1.6746,\text{故 } a_1=-2,b_1=x'_1=0.4615;$$

$$x_2=b_1-\frac{F_4}{F_5}(b_1-a_1)=-1.0769,x'_2=x_1=-0.4615$$

$$f(x_2)=1.0829>f(x'_2)=0.7515,\text{故 } a_2=x_2=-1.0769,b_2=b_1=0.4615;$$

$$x_3=x'_2=-0.4615,x'_3=a_2+\frac{F_3}{F_4}(b_2-a_2)=-0.1539$$

$$f(x_3)=0.7515<f(x'_3)=0.8698,\text{故 } a_3=a_2=-1.0769,b_3=x'_3=-0.1539;$$

$$x_4=b_3-\frac{F_2}{F_3}(b_3-a_3)=-0.7693,x'_4=x_3=-0.4615$$

$$f(x_4)=0.8225>f(x'_4)=0.7515,\text{故 } a_4=x_4=-0.7693,b_4=b_3=-0.1539;$$

$$x_5=x'_4=-0.4615,x'_5=a_4+\left(\frac{1}{2}+\varepsilon\right)(b_4-a_4)=-0.4554$$

$$f(x_5)=0.7515<f(x'_5)=0.7520,\varepsilon=0.01,\text{故 } a_5=x_5=-4615,b_5=b_4=-0.1539;$$

又 $b_5-a_5=-0.1539-(-0.4615)=0.3076$,缩短率 $=\frac{0.3076}{4}=0.077<0.08$。所以近似极小值取为 0.7515,近似极小点为 $x^*=-0.4615$。

三、0.618 法

1. 基本思想

Fibonacci 法缩短搜索区间时,每次缩短率都不同,依次为 $\frac{F_{n-1}}{F_n},\frac{F_{n-2}}{F_{n-1}},\cdots,\frac{F_1}{F_2}$。该数列按分子下标可分为奇数项 $\frac{F_{2k-1}}{F_{2k}}$ 和偶数项 $\frac{F_{2k}}{F_{2k+1}}$,可以证明这两个数列收敛于同一个极限,即黄金分割数。

设当 $k \to \infty$ 时,奇数项 $\frac{F_{2k-1}}{F_{2k}} \to \mu_1$,偶数项 $\frac{F_{2k}}{F_{2k+1}} \to \mu_2$,由于

$$\frac{F_{2k-1}}{F_{2k}} = \frac{F_{2k-1}}{F_{2k-1} + F_{2k-2}} = \frac{1}{1 + F_{2k-2}/F_{2k-1}}$$

故

$$\lim_{k\to\infty} \frac{F_{2k-1}}{F_{2k}} = \frac{1}{1 + \mu_2} = \mu_1$$

同理有

$$\frac{1}{1 + \mu_1} = \mu_2$$

因此有

$$\mu_1 = \mu_2 = \frac{\sqrt{5} - 1}{2} \approx 0.618$$

0.618 法的基本思想就是:每次搜索区间的缩短率取相同的数值,即 0.618,由于 0.618 为黄金分割数,因此,0.618 法也称为黄金分割法。

2. 搜索步骤

黄金分割法与 Fibonacci 法的迭代步骤基本相同,但实现起来更为方便。当分割次数不多时效果更好。其具体步骤如下:

(1) 确定初始搜索区间 $[a,b]$,给定精度要求 $\varepsilon > 0$。

(2) 确定两个搜索点的位置及其对应的函数值,即

$$x_2 = a + 0.618(b - a) \quad 及 \quad f_2 = f(x_2)$$
$$x_1 = b - 0.618(b - a) \quad 及 \quad f_1 = f(x_1)$$

(3) 若 $|x_2 - x_1| < \varepsilon$,则近似极小点取 $x^* = (x_1 + x_2)/2$,计算停止,否则转(4);

(4) 若 $f_1 < f_2$,则令 $b = x_2, x_2 = x_1, f_2 = f_1$,转(2),否则转(5);

(5) 令 $a = x_1, x_1 = x_2, f_1 = f_2$,转(2)。

读者可用黄金分割法求解例 2.1。

值得注意的是:0.618 只是黄金分割数 $(\sqrt{5} - 1)/2$ 的一个近似值,因此,0.618 法是一种近似黄金分割法,每次迭代都会带来一定的舍入误差,当分割次数太多时,计算会失真,经验表明,黄金分割的次数一般应限制在 11 次以内。

四、切线法

1. 基本思想

切线法是一种函数逼近法,其基本思想是:在一个猜测点附近用二阶泰勒展开式 $\varphi(x)$ 近似代替目标函数 $f(x)$,用 $\varphi(x)$ 的极小点作为 $f(x)$ 的估计值,逐步迭代去逼近最优点。

令

$$\varphi(x) = f(x_k) + f'(x_k)(x - x_k) + \frac{1}{2}f''(x_k)(x - x_k)^2$$

由 $\varphi'(x)=f'(x_k)+f''(x_k)(x-x_k)=0$，求出 $\varphi(x)$ 的驻点，记为 x_{k+1}，则

$$x_{k+1}=x_k-\frac{f'(x_k)}{f''(x_k)} \tag{2-1}$$

以 x_{k+1} 作为 $f(x)$ 在 x_k 附近极小点的新估计。

2. 迭代步骤

(1) 给定初始点 x_1 及精度 $\varepsilon>0$，并令 $k=1$。

(2) 计算 $f'(x_k)$ 及 $f''(x_k)$，若 $\|f'(x_k)\|<\varepsilon$，则迭代停止，输出 $x^*=x_k$，否则转下一步；

(3) 令 $x_{k+1}=x_k-\dfrac{f'(x_k)}{f''(x_k)}$，$k:=k+1$，转(2)。

切线法具有二阶局部收敛性，收敛速度快，当初始点靠近最优点的时候，可以很快迭代到足够精度。但该方法不具有全局收敛性，当初始点离最优点较远时，可能迭代不收敛。

例 2.2　用切线法求下列单峰函数的极小点，$\varepsilon=0.01$

$$f(x)=\int_0^x \arctan(t)\,dt$$

解：

$$f'(x)=\arctan x,\ f''(x)=\frac{1}{1+x^2}$$

因此，迭代公式为

$$x_{k+1}=x_k-(1+x_k^2)\arctan x_k$$

分别取 $x_0=1.2$ 和 $x_0=1.5$，用上式迭代，结果分别列于表 2-2 和表 2-3。

表 2-2

k	x_k	$f'(x_k)$
0	1.2	0.87605
1	−0.93758	−0.75319
2	0.47716	0.44566
3	−0.6965	−0.069
4	0.00023	0.00023

表 2-3

k	x_k	$f'(x_k)$
0	1.5	0.9828
1	1.6941	−1.0375
2	2.3211	1.16400
3	−5.1141	−1.37769
4	32.2957	1.53984

计算结果表明，当初始点为 $x_0=1.2$ 时，迭代收敛。当初始点为 $x_0=1.5$ 时，迭代不收敛。

第三节　无约束最优化问题的求解

由实际问题抽象出来的数学模型一般都有约束条件，但有些有约束的规划问题可以转化成无约束的最优化问题。求解无约束优化问题的方法一般分为直接法和解析法，所谓直接法是指在迭代的过程中只需用到目标函数的数值，不需要了解目标函数的解析性质，而解析法则需要用到函数的一阶或二阶导数。

一、梯度法（最速下降法）

1. 梯度法的基本思想

从某点 $\boldsymbol{x}^{(k)}$ 出发，在该点选择一个方向 $\boldsymbol{p}^{(k)}$ 使目标函数沿该方向下降最快，达到下一个点 $\boldsymbol{x}^{(k+1)}$ 使 $\boldsymbol{x}^{(k+1)}=\boldsymbol{x}^{(k)}+\lambda_k\boldsymbol{p}^{(k)}$，且满足 $f(\boldsymbol{x}^{(k+1)})<f(\boldsymbol{x}^{(k)})$，逐步趋向极小点，并满足精度 $\|\nabla f(\boldsymbol{x}^{(k+1)})\|<\varepsilon$ 或 $\|f(\boldsymbol{x}^{(k+1)})-f(\boldsymbol{x}^{(k)})\|<\varepsilon$。由于梯度法要用到一阶和二阶导数，故梯度法实际上是一种解析法。

2. 基本原理

设 $f(\boldsymbol{x})$ 具有一阶连续偏导数，且有极小点 $\boldsymbol{x}^*$，以 $\boldsymbol{x}^{(k)}$ 表示 $\boldsymbol{x}^*$ 的第 k 次近似，为寻找第 $k+1$ 次近似 $\boldsymbol{x}^{(k+1)}$，令 $\boldsymbol{x}^{(k+1)}=\boldsymbol{x}^{(k)}+\lambda_k\boldsymbol{p}^{(k)}$。

（1）选择方向 $\boldsymbol{p}^{(k)}$

从对函数 $f(\boldsymbol{x})$ 在点 $\boldsymbol{x}^{(k+1)}=\boldsymbol{x}^{(k)}+\lambda_k\boldsymbol{p}^{(k)}$ 处的泰勒展开式的分析可知，在 $\boldsymbol{x}^{(k)}$ 的 δ 邻域中，$f(\boldsymbol{x})$ 沿点 $\boldsymbol{x}^{(k)}$ 梯度的负方向即 $\boldsymbol{p}^{(k)}=-\nabla f(\boldsymbol{x}^{(k)})$ 下降最快，因此梯度法的迭代方向取

$$\boldsymbol{p}^{(k)}=-\nabla f(\boldsymbol{x}^{(k)})$$

（2）确定步长 λ_k

① 微分法。将 $\boldsymbol{x}^{(k+1)}=\boldsymbol{x}^{(k)}+\lambda_k\boldsymbol{p}^{(k)}$ 代入 $f(\boldsymbol{x})$，考查关于 λ 的一维极值问题

$$\min_{\lambda} f(\boldsymbol{x}^{(k)}-\lambda\nabla f(\boldsymbol{x}^{(k)})) \tag{2-2}$$

令 $\frac{\mathrm{d}f}{\mathrm{d}\lambda}=0$，求解出最优步长 λ_k。

② 展开法。对函数 $f(\boldsymbol{x})$ 在点 $\boldsymbol{x}^{(k)}$ 处做二阶泰勒展开，并将 $\boldsymbol{x}^{(k+1)}=\boldsymbol{x}^{(k)}+\lambda_k\boldsymbol{p}^{(k)}$ 代入得到

$$f(\boldsymbol{x}^{(k)}-\lambda\nabla f(\boldsymbol{x}^{(k)}))\approx f(\boldsymbol{x}^{(k)})-\lambda\nabla f(\boldsymbol{x}^{(k)})^{\mathrm{T}}\nabla f(\boldsymbol{x}^{(k)})$$

$$+\frac{1}{2}\lambda^2\nabla f(\boldsymbol{x}^{(k)})^{\mathrm{T}}H(\boldsymbol{x}^{(k)})\nabla f(\boldsymbol{x}^{(k)})$$

令
$$\frac{\mathrm{d}f}{\mathrm{d}\lambda}\approx-\nabla f(\boldsymbol{x}^{(k)})^{\mathrm{T}}\nabla f(\boldsymbol{x}^{(k)})+\lambda\nabla f(\boldsymbol{x}^{(k)})^{\mathrm{T}}H(\boldsymbol{x}^{(k)})\nabla f(\boldsymbol{x}^{(k)})=0$$

得到近似最优步长

$$\lambda_k = \frac{\nabla f(\boldsymbol{x}^{(k)})^{\mathrm{T}} \nabla f(\boldsymbol{x}^{(k)})}{\nabla f(\boldsymbol{x}^{(k)})^{\mathrm{T}} H(\boldsymbol{x}^{(k)}) \nabla f(\boldsymbol{x}^{(k)})}$$

③ 搜索法。将 $\boldsymbol{x}^{(k+1)} = \boldsymbol{x}^{(k)} + \lambda_k \boldsymbol{p}^{(k)}$ 代入 $f(\boldsymbol{x})$，考查关于 λ 的一维极值问题（式(2-2)），用 Fibonacci 法、黄金分割法或其他一维搜索方法，求得近似最优步长 λ_k。

3. 计算步骤

梯度法的计算步骤如下：

(1) 选择初始点 $\boldsymbol{x}^{(0)}$ 及计算精度 ε，并令 $k = 0$；

(2) 计算 $\nabla f(\boldsymbol{x}^{(k)})$，若 $\| \nabla f(\boldsymbol{x}^{(k)}) \| < \varepsilon$，则 $\boldsymbol{x}^{(k)}$ 为近似极小点，否则转下一步；

(3) 计算最佳步长 λ_k，计算 $\boldsymbol{x}^{(k+1)} = \boldsymbol{x}^{(k)} - \lambda_k \nabla f(\boldsymbol{x}^{(k)})$，令 $k := k + 1$，转(2)。

例 2.3　用梯度法求解下列问题的极小点，设初始点为 $\boldsymbol{x}^{(0)} = (0,0)^{\mathrm{T}}$，$\varepsilon = 0.1$，

$$f(\boldsymbol{x}) = (x_1 - 1)^2 + (x_2 - 1)^2$$

解：

$$\nabla f(\boldsymbol{x}) = (2(x_1 - 1), 2(x_2 - 1))^{\mathrm{T}}$$

$$\nabla f(\boldsymbol{x}^{(0)}) = (-2, -2)^{\mathrm{T}}$$

由于

$$\| \nabla f(\boldsymbol{x}^{(0)}) \| = \sqrt{(-2)^2 + (-2)^2} = \sqrt{8} > \varepsilon$$

需要继续迭代

$$H(\boldsymbol{x}^{(0)}) = \begin{pmatrix} 2 & 0 \\ 0 & 2 \end{pmatrix}$$

因 $f(\boldsymbol{x})$ 为二次函数，故得最优步长

$$\lambda_0 = \frac{(2,2)\begin{pmatrix} 2 \\ 2 \end{pmatrix}}{(2,2)\begin{pmatrix} 2 & 0 \\ 0 & 2 \end{pmatrix}\begin{pmatrix} 2 \\ 2 \end{pmatrix}} = \frac{1}{2}$$

从而得到

$$\boldsymbol{x}^{(1)} = \boldsymbol{x}^{(0)} - \lambda_0 \nabla f(\boldsymbol{x}^{(0)}) = \begin{pmatrix} 0 \\ 0 \end{pmatrix} - \frac{1}{2}\begin{pmatrix} -2 \\ -2 \end{pmatrix} = \begin{pmatrix} 1 \\ 1 \end{pmatrix}$$

$$\nabla f(\boldsymbol{x}^{(1)}) = (0,0)^{\mathrm{T}}$$

由于

$$\| \nabla f(\boldsymbol{x}^{(1)}) \| = 0 < \varepsilon$$

故 $\boldsymbol{x}^{(1)} = (1,1)^{\mathrm{T}}$ 即为极小点。

例 2.4　用梯度法求解下列问题的极小点，设初始点为 $\boldsymbol{x}^{(0)} = (3,2)^{\mathrm{T}}$，$\varepsilon = 10^{-3}$，

$$f(\boldsymbol{x}) = \frac{1}{3}x_1^2 + \frac{1}{2}x_2^2$$

解:
$$\nabla f(\boldsymbol{x}^{(0)}) = \left(\frac{2}{3}x_1, x_2\right)^{\mathrm{T}} = (2,2)^{\mathrm{T}}$$

由于
$$\| \nabla f(\boldsymbol{x}^{(0)}) \| = \sqrt{2^2 + 2^2} = \sqrt{8} > \varepsilon$$

需要继续迭代

$$H(\boldsymbol{x}^{(0)}) = \begin{pmatrix} \frac{2}{3} & 0 \\ 0 & 1 \end{pmatrix}$$

因 $f(\boldsymbol{x})$ 为二次函数,故得最优步长

$$\lambda_0 = \frac{(2,2)\begin{pmatrix} 2 \\ 2 \end{pmatrix}}{(2,2)\begin{pmatrix} 2/3 & 0 \\ 0 & 1 \end{pmatrix}\begin{pmatrix} 2 \\ 2 \end{pmatrix}} = \frac{6}{5}$$

从而得到

$$\boldsymbol{x}^{(1)} = \boldsymbol{x}^{(0)} - \lambda_0 \nabla f(\boldsymbol{x}^{(0)}) = (3/5, -2/5)^{\mathrm{T}}$$

由于

$$\nabla f(\boldsymbol{x}^{(1)}) = (2/5, -2/5)^{\mathrm{T}}, \| \nabla f(\boldsymbol{x}^{(1)}) \| = 0.32 > \varepsilon$$

继续迭代有:
$$\boldsymbol{x}^{(k)} = (3/5^k, (-1)^k 2/5^k)^{\mathrm{T}}$$

$$\nabla f(\boldsymbol{x}^{(1)}) = \left(\frac{2}{5^k}, (-1)^k \frac{2}{5^k}\right)^{\mathrm{T}}, \quad \| \nabla f(\boldsymbol{x}^{(k)}) \| = \frac{2\sqrt{2}}{5^k}$$

当 $k = 6$ 时, $\| \nabla f(\boldsymbol{x}^{(k)}) \| < \varepsilon$,因此,$f(\boldsymbol{x})$ 的近似极小点为:

$$\boldsymbol{x}^* = \left(\frac{3}{5^6}, \frac{2}{5^6}\right)^{\mathrm{T}}$$

从名称上看,最速下降法(梯度法)似乎是一种理想的极小化方法,但事实上,$\boldsymbol{x}$ 处的负梯度方向只是在 $\boldsymbol{x}$ 点附近才具有最速下降性。对于整个极小化过程来说,最速下降法对于不同的问题会有不同的收敛速度。由例 2.3 可知,如果目标函数为一族同心圆(或同心球面),则任意初始点的负梯度方向均指向圆心,此时沿最速下降方向一步即可到达极小点。通常情况下,梯度法搜索极小点的过程是一个直角锯齿状路径,最初几步目标函数值下降较快,但在接近极小点时,收敛速度趋于缓慢,特别是当目标函数等值线为较为扁平的椭圆时,收敛速度就更慢。该结论可以用例 2.4 的计算结果来验证,具体如表 2-4 所示。

表 2-4

序号	点	$x_1^{(k)}$	$x_2^{(k)}$	$\|x^{(k)}-x^{(k-1)}\|$	$\nabla f(x^{(k)})$	$f(x)$
0	$x^{(0)}$	3	2	—	$(2,2)^{\mathrm{T}}$	0.5
1	$x^{(1)}$	0.6	-0.4	3.39411	$(2/5,-2/5)^{\mathrm{T}}$	0.2
2	$x^{(2)}$	0.12	0.08	0.67882	$(2/25,2/25)^{\mathrm{T}}$	0.08
3	$x^{(3)}$	0.024	-0.016	0.13577	$(2/5^3,-2/5^3)^{\mathrm{T}}$	0.00032
4	$x^{(4)}$	0.0048	0.0032	0.02715	$(2/5^4,2/5^4)^{\mathrm{T}}$	1.28×10^{-5}
5	$x^{(5)}$	0.00096	-0.00064	0.00543	$(2/5^5,-2/5^5)^{\mathrm{T}}$	5.12×10^{-7}
6	$x^{(6)}$	0.00019	0.000128	0.00109	$(2/5^6,2/5^6)^{\mathrm{T}}$	2.05×10^{-8}

从表 2-4 可以看出,第一步和第二步两点间的距离较大,目标函数下降较快,后几步相邻两点间的距离非常近,目标函数下降缓慢。梯度法的优点是对初始点的要求不高,且开始时收敛速度较快,因此,常常将梯度法和其他方法联合起来使用,在前面使用梯度法,而在极小点附近,则使用其他收敛速度较快的方法。此外,从表 2-4 中各点的梯度可知,$\nabla f(x^{(k-1)})^{\mathrm{T}}\nabla f(x^{(k)})=0$,因此相邻两次迭代的方向正交。

二、牛顿法

牛顿法的基本思想是:在目标函数 $f(x)$ 具有二阶连续偏导数的条件下,用一个二次函数 $\varphi(x)$ 近似代替目标函数,求该二次函数的极小点,作为 $f(x)$ 的近似极小点。具体如下:

设 $x^{(k)}$ 为 $f(x)$ 极小点的第 k 次近似,将 $f(x)$ 在 $x^{(k)}$ 点做泰勒展开,并略去高于二次的项,得到

$$f(x)\approx\varphi(x)=f(x^{(k)})+\nabla f(x^{(k)})^{\mathrm{T}}(x-x^{(k)})$$

$$+\frac{1}{2}(x-x^{(k)})^{\mathrm{T}}H(x^{(k)})(x-x^{(k)})$$

若 $H(x^{(k)})$ 正定,则 $\varphi(x)$ 存在唯一全局极小点,对 $\varphi(x)$ 求梯度,并令 $\nabla\varphi(x)=0$,得到 $\varphi(x)$ 的极小点

$$\bar{x}=x^{(k)}-H(x^{(k)})^{-1}\nabla f(x^{(k)})$$

以该极小点作为 $f(x)$ 的第 $k+1$ 次近似,就可得到牛顿法的迭代公式

$$x^{(k+1)}=x^{(k)}-H(x^{(k)})^{-1}\nabla f(x^{(k)})$$

牛顿法的计算步骤如下:

(1) 选择初始点 $x^{(0)}$ 及计算精度 ε,并令 $k=0$;

(2) 计算 $\nabla f(x^{(k)})$,若 $\|\nabla f(x^{(k)})\|<\varepsilon$,则 $x^{(k)}$ 为近似极小点,否则转下一步;

(3) 计算 $\boldsymbol{H}_k = H(\boldsymbol{x}^{(k)})$,并求 $H(\boldsymbol{x}^{(k)})^{-1}$;

(4) 计算 $\boldsymbol{x}^{(k+1)} = \boldsymbol{x}^{(k)} - H(\boldsymbol{x}^{(k)})^{-1}\nabla f(\boldsymbol{x}^{(k)})$,令 $k:=k+1$,转(2)。

例 2.5　用牛顿法求解下列问题的极小点,设初始点为 $\boldsymbol{x}^{(0)}=(1,1)^{\mathrm{T}}$,$\varepsilon=10^{-3}$,

$$\min f(\boldsymbol{x}) = x_1^2 + 2x_2^2 - 4x_1 - 2x_1x_2$$

解:

$$\nabla f(\boldsymbol{x}) = (2x_1 - 2x_2 - 4, 4x_2 - 2x_1)^{\mathrm{T}}$$

$$H(\boldsymbol{x}) = \begin{pmatrix} 2 & -2 \\ -2 & 4 \end{pmatrix}, H(\boldsymbol{x}^{(0)}) = \begin{pmatrix} 1 & 1/2 \\ 1/2 & 1/2 \end{pmatrix}$$

$$\nabla f(\boldsymbol{x}^{(0)}) = (-4,2)^{\mathrm{T}}, \|\nabla f(\boldsymbol{x}^{(0)})\| = \sqrt{20} > \varepsilon$$

$$\boldsymbol{x}^{(1)} = \boldsymbol{x}^{(0)} - H(\boldsymbol{x}^{(0)})^{-1}\nabla f(\boldsymbol{x}^{(0)}) = (4,2)^{\mathrm{T}}$$

$$\nabla f(\boldsymbol{x}^{(1)}) = (0,0)^{\mathrm{T}}, \|\nabla f(\boldsymbol{x}^{(0)})\| = 0 < \varepsilon$$

故 $\boldsymbol{x}^{(1)} = (4,2)^{\mathrm{T}}$ 就是 $f(\boldsymbol{x})$ 的极小点。

从例 2.5 的迭代过程可以看出,牛顿法的收敛速度比较快,特别是对于正定二次函数,牛顿法只需要迭代一步就可得到极小点。但牛顿法对初始点的要求较高,若初始点离最优解太远,则牛顿法并不能保证其收敛,甚至也不是下降方向。因此,牛顿法常常与梯度法结合使用,开始时用梯度法,接近极小点后再用牛顿法,可得到比较好的效果。

另外,从牛顿法的迭代公式 $\boldsymbol{x}^{(k+1)} = \boldsymbol{x}^{(k)} - H(\boldsymbol{x}^{(k)})^{-1}\nabla f(\boldsymbol{x}^{(k)})$ 看,牛顿法实际上是以 $-H(\boldsymbol{x}^{(k)})^{-1}\nabla f(\boldsymbol{x}^{(k)})$ 为搜索方向,步长因子 λ_k 为 1 的下降迭代方法,因此,称 $-H(\boldsymbol{x}^{(k)})^{-1}\nabla f(\boldsymbol{x}^{(k)})$ 为牛顿方向。

三、广义牛顿法

为了避免牛顿法中由于步长原因不收敛或步长原因使牛顿方向可能不是下降方向的缺点,人们提出了对步长确定方法的改进,即保留牛顿方向为搜索方向,而 λ_k 取最优步长,即求下列问题的极小点

$$\lambda_k:\min_{\lambda} f(\boldsymbol{x}^{(k)} - \lambda H(\boldsymbol{x}^{(k)})^{-1}\nabla f(\boldsymbol{x}^{(k)}))$$

广义牛顿法的计算步骤如下:

(1) 选择初始点 $\boldsymbol{x}^{(0)}$ 及计算精度 ε,并令 $k=0$;

(2) 计算 $\nabla f(\boldsymbol{x}^{(k)})$,若 $\|\nabla f(\boldsymbol{x}^{(k)})\| < \varepsilon$,则 $\boldsymbol{x}^{(k)}$ 为近似极小点,否则转下一步;

(3) 计算 $\boldsymbol{H}_k = H(\boldsymbol{x}^{(k)})$,并求 $H(\boldsymbol{x}^{(k)})^{-1}$;

(4) 确定步长 λ_k,使 $\lambda_k:\min\limits_{\lambda} f(\boldsymbol{x}^{(k)} - \lambda H(\boldsymbol{x}^{(k)})^{-1}\nabla f(\boldsymbol{x}^{(k)}))$;

(5) 计算 $\boldsymbol{x}^{(k+1)} = \boldsymbol{x}^{(k)} - \lambda_k H(\boldsymbol{x}^{(k)})^{-1}\nabla f(\boldsymbol{x}^{(k)})$,令 $k:=k+1$,转(2)。

例 2.6　用牛顿法求解下列问题的极小点，设初始点为 $\boldsymbol{x}^{(0)}=(0,0)^{\mathrm{T}}$，$\varepsilon=10^{-3}$

$$\min f(\boldsymbol{x})=2x_1^2+x_2^2+2x_1x_2+x_1-x_2$$

解：

$$\nabla f(\boldsymbol{x})=(4x_1+2x_2+1,2x_2+2x_1-1)^{\mathrm{T}}$$

$$H(\boldsymbol{x})=\begin{pmatrix}4&2\\2&2\end{pmatrix},H(\boldsymbol{x}^{(0)})^{-1}=\begin{pmatrix}1/2&-1/2\\-1/2&1\end{pmatrix}$$

$$\nabla f(\boldsymbol{x}^{(0)})=(1,-1)^{\mathrm{T}},\|\nabla f(\boldsymbol{x}^{(0)})\|=\sqrt{2}>\varepsilon$$

因而牛顿方向为

$$\boldsymbol{p}^{(k)}=-H(\boldsymbol{x}^{(0)})^{-1}\nabla f(\boldsymbol{x}^{(0)})=(-1,3/2)^{\mathrm{T}}$$

确定最优步长，即求下列关于 λ 的一元函数的极小点

$$\min\varphi(\lambda)=\boldsymbol{x}^{(0)}-\lambda H(\boldsymbol{x}^{(0)})^{-1}\nabla f(\boldsymbol{x}^{(0)})$$

$$=\frac{5}{4}\lambda^2-\frac{5}{2}\lambda$$

令 $\varphi'(\lambda)=0$，得到 $\lambda_0=1$。

这样，有

$$\boldsymbol{x}^{(1)}=\boldsymbol{x}^{(0)}-\lambda_0 H(\boldsymbol{x}^{(0)})^{-1}\nabla f(\boldsymbol{x}^{(0)})$$

$$=\begin{pmatrix}0\\0\end{pmatrix}-1\times\begin{pmatrix}-1\\3/2\end{pmatrix}=\begin{pmatrix}-1\\3/2\end{pmatrix}$$

而

$$\nabla f(\boldsymbol{x}^{(1)})=(0,0)^{\mathrm{T}},\|\nabla f(\boldsymbol{x}^{(1)})\|=0<\varepsilon$$

故极小点为

$$\boldsymbol{x}^*=\boldsymbol{x}^{(1)}=(-1,3/2)^{\mathrm{T}}$$

四、变尺度法

1. 基本原理

梯度法计算简单，但收敛速度较慢。牛顿法或广义牛顿法收敛速度快，但每次计算都要计算目标函数的海森矩阵及其逆阵，计算量大。因此，可以设想构造一种算法，既保持牛顿法的收敛速度，又能避免海森矩阵及其逆阵的计算。变尺度法就是为达到此目的而提出的，它是求解中小规模无约束优化问题的一种有效方法。

设 $f(\boldsymbol{x})$ 具有连续二阶偏导数，$\boldsymbol{x}^{(k+1)}$ 为 $f(\boldsymbol{x})$ 极小点的第 $k+1$ 次近似，在该点作二阶泰勒展开式有

$$f(\boldsymbol{x})\approx f(\boldsymbol{x}^{(k+1)})+\nabla f(\boldsymbol{x}^{(k+1)})^{\mathrm{T}}(\boldsymbol{x}-\boldsymbol{x}^{(k+1)})$$
$$+\frac{1}{2}(\boldsymbol{x}-\boldsymbol{x}^{(k+1)})^{\mathrm{T}}H(\boldsymbol{x}^{(k+1)})(\boldsymbol{x}-\boldsymbol{x}^{(k+1)})$$

其梯度为

$$\nabla f(\boldsymbol{x}) \approx \nabla f(\boldsymbol{x}^{(k+1)})^{\mathrm{T}} + H(\boldsymbol{x}^{(k+1)})(\boldsymbol{x} - \boldsymbol{x}^{(k+1)})$$

令 $\boldsymbol{x} = \boldsymbol{x}^{(k)}$,有

$$\nabla f(\boldsymbol{x}^{(k)}) \approx \nabla f(\boldsymbol{x}^{(k+1)})^{\mathrm{T}} + H(\boldsymbol{x}^{(k+1)})(\boldsymbol{x}^{(k)} - \boldsymbol{x}^{(k+1)})$$

$$\begin{cases}\Delta\boldsymbol{x}^{(k)} = \boldsymbol{x}^{(k+1)} - \boldsymbol{x}^{(k)} \\ \Delta\boldsymbol{g}^{(k)} = \nabla f(\boldsymbol{x}^{(k+1)}) - \nabla f(\boldsymbol{x}^{(k)})\end{cases}$$

有

$$\Delta\boldsymbol{g}^{(k)} \approx H(\boldsymbol{x}^{(k+1)})\Delta\boldsymbol{x}^{(k)}$$

设 $H(\boldsymbol{x})$ 可逆,则

$$\Delta\boldsymbol{x}^{(k)} \approx H(\boldsymbol{x}^{k+1)})^{-1}\Delta\boldsymbol{g}^{(k)}$$

这样,计算出 $\Delta\boldsymbol{x}^{(k)}$ 和 $\Delta\boldsymbol{g}^{(k)}$ 后,可根据上式来估计 $\boldsymbol{x}^{(k+1)}$ 处的海森矩阵的逆阵。因此,要求 $H(\boldsymbol{x}^{(k+1)})$ 的逆阵的第 $k+1$ 次近似矩阵 $\overline{\boldsymbol{H}}^{(k+1)}$ 满足关系式

$$\Delta\boldsymbol{x}^{(k)} = \overline{H}^{(k+1)}\Delta\boldsymbol{g}^{(k)} \tag{2-3}$$

上式称为拟牛顿条件。

若 $\overline{\boldsymbol{H}}^{(k)}$ 为已知,可由下式求 $\overline{\boldsymbol{H}}^{(k+1)}$(设 $\overline{\boldsymbol{H}}^{(k)}$ 及 $\overline{\boldsymbol{H}}^{(k+1)}$ 都是对称正定矩阵)

$$\overline{\boldsymbol{H}}^{(k+1)} = \overline{\boldsymbol{H}}^{(k)} + \Delta\overline{\boldsymbol{H}}^{(k)} \tag{2-4}$$

可以认为,$\overline{\boldsymbol{H}}^{(k+1)}$ 是 $\overline{\boldsymbol{H}}^{(k)}$ 通过校正得到的,式(2-4)中的 $\Delta\overline{\boldsymbol{H}}^{(k)}$ 称为第 k 次校正矩阵。$\overline{\boldsymbol{H}}^{(k+1)}$ 应满足拟牛顿条件,即

$$\Delta\boldsymbol{x}^{(k)} = (\overline{\boldsymbol{H}}^{(k)} + \Delta\overline{\boldsymbol{H}}^{(k)})\Delta\boldsymbol{g}^{(k)}$$

或

$$\Delta\overline{\boldsymbol{H}}^{(k)}\Delta\boldsymbol{g}^{(k)} = \Delta\boldsymbol{x}^{(k)} - \overline{\boldsymbol{H}}^{(k)}\Delta\boldsymbol{g}^{(k)} \tag{2-5}$$

令

$$\Delta\overline{\boldsymbol{H}}^{(k)} = \Delta\boldsymbol{x}^{(k)}(\boldsymbol{Q}^{(k)})^{\mathrm{T}} - \overline{\boldsymbol{H}}^{(k)}\Delta\boldsymbol{g}^{(k)}(\boldsymbol{w}^{(k)})^{\mathrm{T}} \tag{2-6}$$

其中,$\boldsymbol{Q}^{(k)}$ 和 $\boldsymbol{w}^{(k)}$ 为待定向量。

将式(2-6)代入式(2-5)左端,有

$$\Delta\boldsymbol{x}^{(k)}(\boldsymbol{Q}^{(k)})^{\mathrm{T}}\Delta\boldsymbol{g}^{(k)} - \overline{\boldsymbol{H}}^{(k)}\Delta\boldsymbol{g}^{(k)}(\boldsymbol{w}^{(k)})^{\mathrm{T}}\Delta\boldsymbol{g}^{(k)} = \Delta\boldsymbol{x}^{(k)} - \overline{\boldsymbol{H}}^{(k)}\Delta\boldsymbol{g}^{(k)}$$

因此有下式成立

$$(\boldsymbol{Q}^{(k)})^{\mathrm{T}}\Delta\boldsymbol{g}^{(k)} = (\boldsymbol{w}^{(k)})^{\mathrm{T}}\Delta\boldsymbol{g}^{(k)} = 1 \tag{2-7}$$

$\Delta\overline{\boldsymbol{H}}^{(k)}$ 应为对称阵,在式(2-6)中可取

$$\begin{cases}\boldsymbol{Q}^{(k)} = \eta_k\Delta\boldsymbol{x}^{(k)} \\ \boldsymbol{w}^{(k)} = \xi_k\overline{\boldsymbol{H}}^{(k)}\Delta\boldsymbol{g}^{(k)}\end{cases} \tag{2-8}$$

其中,η_k 和 ξ_k 为待定系数。

将式(2-8)代入式(2-6),得

$$\Delta\overline{\boldsymbol{H}}^{(k)} = \eta_k\Delta\boldsymbol{x}^{(k)}(\Delta\boldsymbol{x}^{(k)})^{\mathrm{T}} - \xi_k\overline{\boldsymbol{H}}^{(k)}\Delta\boldsymbol{g}^{(k)}(\Delta\boldsymbol{g}^{(k)})^{\mathrm{T}}(\overline{\boldsymbol{H}}^{(k)})^{\mathrm{T}}$$

因此 $\Delta\overline{\boldsymbol{H}}^{(k)}$ 为对称阵。

将式(2-8)代入式(2-7),得

$$\begin{cases}\eta_k=\dfrac{1}{(\Delta\boldsymbol{x}^{(k)})^{\mathrm{T}}\Delta\boldsymbol{g}^{(k)}}=\dfrac{1}{(\Delta\boldsymbol{g}^{(k)})^{\mathrm{T}}\Delta\boldsymbol{x}^{(k)}}\\ \xi_k=\dfrac{1}{(\Delta\boldsymbol{g}^{(k)})^{\mathrm{T}}\overline{\boldsymbol{H}}^{(k)}\Delta\boldsymbol{g}^{(k)}}\end{cases}\tag{2-9}$$

将式(2-9)代入式(2-8),再代入式(2-6),得

$$\Delta\overline{\boldsymbol{H}}^{(k)}=\frac{\Delta\boldsymbol{x}^{(k)}(\Delta\boldsymbol{x}^{(k)})^{\mathrm{T}}}{(\Delta\boldsymbol{g}^{(k)})^{\mathrm{T}}\Delta\boldsymbol{x}^{(k)}}-\frac{\overline{\boldsymbol{H}}^{(k)}\Delta\boldsymbol{g}^{(k)}(\Delta\boldsymbol{g}^{(k)})^{\mathrm{T}}\overline{\boldsymbol{H}}^{(k)}}{(\Delta\boldsymbol{g}^{(k)})^{\mathrm{T}}\overline{\boldsymbol{H}}^{(k)}\Delta\boldsymbol{g}^{(k)}}$$

再将上式代入式(2-4),得

$$\overline{\boldsymbol{H}}^{(k+1)}=\overline{\boldsymbol{H}}^{(k)}+\frac{\Delta\boldsymbol{x}^{(k)}(\Delta\boldsymbol{x}^{(k)})^{\mathrm{T}}}{(\Delta\boldsymbol{g}^{(k)})^{\mathrm{T}}\Delta\boldsymbol{x}^{(k)}}-\frac{\overline{\boldsymbol{H}}^{(k)}\Delta\boldsymbol{g}^{(k)}(\Delta\boldsymbol{g}^{(k)})^{\mathrm{T}}\overline{\boldsymbol{H}}^{(k)}}{(\Delta\boldsymbol{g}^{(k)})^{\mathrm{T}}\overline{\boldsymbol{H}}^{(k)}\Delta\boldsymbol{g}^{(k)}}\tag{2-10}$$

已知 $\overline{\boldsymbol{H}}^{(0)}$(可取单位阵 $\boldsymbol{I}$),即可得到 $\overline{\boldsymbol{H}}^{(1)},\overline{\boldsymbol{H}}^{(2)},\cdots$ 上述矩阵称为尺度矩阵。所谓变尺度法就是指在整个迭代过程中尺度矩阵是在不断变化的,变尺度法也称拟牛顿法。

2. 计算步骤

(1) 选择初始点 $\boldsymbol{x}^{(0)}$ 及计算精度 ε,并令 $k=0$;

(2) 计算 $\nabla f(\boldsymbol{x}^{(0)})$,若 $\|\nabla f(\boldsymbol{x}^{(0)})\|<\varepsilon$,则 $\boldsymbol{x}^{(0)}$ 为近似极小点,

否则,取 $\overline{\boldsymbol{H}}^{(0)}=\boldsymbol{I},\boldsymbol{p}^{(0)}=-\overline{\boldsymbol{H}}^{(0)}\nabla f(\boldsymbol{x}^{(0)})$,求最优步长 λ_k:

$$\lambda_0:\min_{\lambda}f(\boldsymbol{x}^{(0)}-\lambda\overline{\boldsymbol{H}}^{(0)}\nabla f(\boldsymbol{x}^{(0)}))$$

计算 $\boldsymbol{x}^{(1)}=\boldsymbol{x}^{(0)}+\lambda_0\boldsymbol{p}^{(0)}$;

令 $k=1$,转(3)。

(3) 计算 $\nabla f(\boldsymbol{x}^{(k)})$,若 $\|\nabla f(\boldsymbol{x}^{(k)})\|<\varepsilon$,则 $\boldsymbol{x}^{(k)}$ 为近似极小点,否则转下一步;

(4) 按式(2-10)求 $\overline{\boldsymbol{H}}^{(k)}$,取 $\boldsymbol{p}^{(k)}=-\overline{\boldsymbol{H}}^{(k)}\nabla f(\boldsymbol{x}^{(k)})$,求最优步长:

$$\lambda_k:\min_{\lambda}f(\boldsymbol{x}^{(k)}-\lambda\overline{\boldsymbol{H}}^{(k)}\nabla f(\boldsymbol{x}^{(k)}))$$

计算 $\boldsymbol{x}^{(k+1)}=\boldsymbol{x}^{(k)}+\lambda_k\boldsymbol{p}^{(k)}$;

令 $k:=k+1$,转(3)。

上述方法是1959年由Davidon最先提出的,1963年Fletcher和Powell作了改进,故又称为DFP法。DFP法只是变尺度法的一种,如果用其他方法构造尺度矩阵,就会形成不同的变尺度法。

例2.6　用变尺度法求解下列问题的极小点,设初始点为 $\boldsymbol{x}^{(0)}=(0,0)^{\mathrm{T}},\varepsilon=10^{-3}$

$$\min f(\boldsymbol{x})=\frac{3}{2}x_1^2+\frac{1}{2}x_2^2-x_1x_2-2x_1$$

解：

$$\nabla f(\boldsymbol{x})=(3x_1-x_2-2,x_2-x_1)^{\mathrm{T}}$$

具体计算过程见表 2-5。

表 2-5

k	$(\boldsymbol{x}^{(k)})^{\mathrm{T}}$	$\nabla f(\boldsymbol{x}^{(k)})^{\mathrm{T}}$	$\\|\nabla f(\boldsymbol{x}^{(k)})\\|$	$\overline{\boldsymbol{H}}^{(k)}$	$(\boldsymbol{p}^{(k)})^{\mathrm{T}}$	λ_k
0	(0,0)	(-2,0)	2	$\begin{pmatrix}1&0\\0&1\end{pmatrix}$	(2,0)	$\frac{1}{3}$
1	(2/3,0)	(0, -2/3)	2/3	$\begin{pmatrix}3&-1\\-1&4/3\end{pmatrix}$	(2/9,2/3)	3/2
2	(1,1)	(0,0)	0	—		

五、共轭方向法

共轭方向法最初是为求解目标函数为二次函数的问题而设计的一类方法。其特点是：方法中的搜索方向是与二次函数系数矩阵有关的所谓共轭方向。用这类方法求解 n 元正定二次函数极小问题时，最多进行 n 次一维搜索即可求得极小点。而可微二次函数在极小点附近的性态近似于二次函数，因此这类方法也能用于求可微的非二次函数的无约束极小问题。

1. 共轭方向与共轭方向法

定义 2.5　设 $\boldsymbol{x},\boldsymbol{y}$ 是 n 维欧式空间中的两个向量，若有 $\boldsymbol{x}^{\mathrm{T}}\boldsymbol{y}=0$，则称 $\boldsymbol{x}$ 与 $\boldsymbol{y}$ 正交，或称 $\boldsymbol{x}$ 与 $\boldsymbol{y}$ 是两个正交的向量。又设 $\boldsymbol{A}$ 是一个 n 阶对称正定矩阵，若有 $\boldsymbol{x}^{\mathrm{T}}\boldsymbol{A}\boldsymbol{y}=0$，则称向量 $\boldsymbol{x}$ 与 $\boldsymbol{y}$ 关于 $\boldsymbol{A}$ 共轭正交，简称关于 $\boldsymbol{A}$ 共轭。

例 2.7　已知向量 $\boldsymbol{x}=(1,0)^{\mathrm{T}},\boldsymbol{y}=(-1/3,2/3)^{\mathrm{T}},\boldsymbol{A}=\begin{pmatrix}2&1\\1&2\end{pmatrix}$。

则　$\boldsymbol{x}^{\mathrm{T}}\boldsymbol{A}\boldsymbol{y}=0$，因此 $\boldsymbol{x}$ 与 $\boldsymbol{y}$ 是关于 $\boldsymbol{A}$ 共轭的，但它们不是正交的，因为 $\boldsymbol{x}^{\mathrm{T}}\boldsymbol{y}\neq 0$。

而向量 $(1,0)^{\mathrm{T}}$ 和 $(0,1)^{\mathrm{T}}$ 显然是正交的，但它们不是关于 $\boldsymbol{A}$ 共轭的。

而向量 $(1,-1)^{\mathrm{T}}$ 和 $(-1,1)^{\mathrm{T}}$ 既是正交的，又是关于 $\boldsymbol{A}$ 共轭的。

定义 2.6　设一组非零向量 $\boldsymbol{p}^{(1)},\boldsymbol{p}^{(2)},\cdots,\boldsymbol{p}^{(n)}\in E^n$，$\boldsymbol{A}$ 为 n 阶对称正定矩阵，若下式成立：$(\boldsymbol{p}^{(i)})^{\mathrm{T}}\boldsymbol{A}\boldsymbol{p}^{(j)},(i\neq j,i,j=1,2,\cdots,n)$，则称向量组 $\boldsymbol{p}^{(1)},\boldsymbol{p}^{(2)},\cdots,\boldsymbol{p}^{(n)}$ 关于 $\boldsymbol{A}$ 共轭，也称它们为一组 $\boldsymbol{A}$ 共轭方向（或称为 $\boldsymbol{A}$ 的 n 个共轭方向）。

考查二维二次函数：

$$f(\boldsymbol{x})=\frac{1}{2}(\boldsymbol{x}-\boldsymbol{x}^{(0)})^{\mathrm{T}}\boldsymbol{A}(\boldsymbol{x}-\boldsymbol{x}^{(0)})\tag{2-11}$$

其中，$\boldsymbol{A}$ 是二阶对称正定矩阵，$\boldsymbol{x}^{(0)}$ 是一个定点。函数 $f(\boldsymbol{x})$ 的等值线

$$\frac{1}{2}(\boldsymbol{x}-\boldsymbol{x}^{(0)})^{\mathrm{T}}\boldsymbol{A}(\boldsymbol{x}-\boldsymbol{x}^{(0)})=C$$

是以 $\boldsymbol{x}^{(0)}$ 为中心的椭圆。

对函数求梯度有

$$\nabla f(\boldsymbol{x})=\boldsymbol{A}(\boldsymbol{x}-\boldsymbol{x}^{(0)})$$

显然有

$$\nabla f(\boldsymbol{x}^{(0)})=A(\boldsymbol{x}^{(0)}-\boldsymbol{x}^{(0)})=\mathbf{0} \tag{2-12}$$

由于 $\boldsymbol{A}$ 正定,因此 $\boldsymbol{x}^{(0)}$ 为 $f(\boldsymbol{x})$ 的极小点。

又设 $\boldsymbol{x}^{(1)}$ 为某等值线上的一点,该等值线在 $\boldsymbol{x}^{(1)}$ 点处的法向量为

$$\nabla f(\boldsymbol{x}^{(1)})=\boldsymbol{A}(\boldsymbol{x}^{(1)}-\boldsymbol{x}^{(0)})=\mathbf{0} \tag{2-13}$$

记

$$\boldsymbol{p}^{(1)}=\boldsymbol{x}^{(1)}-\boldsymbol{x}^{(0)} \tag{2-14}$$

设 $\boldsymbol{p}^{(2)}$ 为该等值线在点 $\boldsymbol{x}^{(1)}$ 处的一个切向量,从几何上看该向量应与法向量正交,即

$$-(\boldsymbol{p}^{(2)})^{\mathrm{T}}\nabla f(\boldsymbol{x}^{(1)})=0 \tag{2-15}$$

综合考虑式(2-13)、式(2-14)及式(2-15)有

$$-(\boldsymbol{p}^{(2)})^{\mathrm{T}}\boldsymbol{A}\boldsymbol{p}^{(1)}=0 \tag{2-16}$$

式(2-16)表明:等值线上一点处的切向量与由该点指向极小点的向量关于 A 共轭(如图 2-3 所示)。

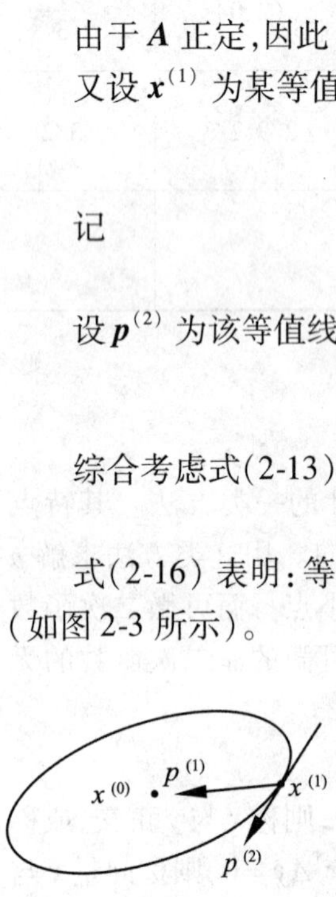

图 2-3

由此可知,极小化由式(2-11)给出的正定二次函数,若依次沿着方向 $\boldsymbol{p}^{(2)}$ 和 $\boldsymbol{p}^{(1)}$ 进行一维搜索,则经过两次迭代必可达到极小点。

对于共轭向量组 $\boldsymbol{p}^{(1)},\boldsymbol{p}^{(2)},\cdots,\boldsymbol{p}^{(n)}$,具有如下重要性质。

定理 2.2　设 $\boldsymbol{A}$ 为对称正定矩阵,$\boldsymbol{p}^{(1)},\boldsymbol{p}^{(2)},\cdots,\boldsymbol{p}^{(n)}$ 是 $\boldsymbol{A}$ 共轭的非零向量组,则 $\boldsymbol{p}^{(1)},\boldsymbol{p}^{(2)},\cdots,\boldsymbol{p}^{(n)}$ 一定线性无关。

证:如果存在一组实数 $\lambda_1,\lambda_2,\cdots,\lambda_n$,使得

$$\lambda_1\boldsymbol{p}^{(1)}+\lambda_2\boldsymbol{p}^{(2)}+\cdots+\lambda_n\boldsymbol{p}^{(n)}=\mathbf{0}$$

那么,对所有 $1\leqslant i\leqslant n$,用$(\boldsymbol{p}^{(i)})^{\mathrm{T}}\boldsymbol{A}$ 左乘上式,并由向量组的共轭性可知

$$\sum_{j=1}^{n}\lambda_j(\boldsymbol{p}^{(i)})^{\mathrm{T}}\boldsymbol{A}\boldsymbol{p}^{(j)}=\lambda_i(\boldsymbol{p}^{(i)})^{\mathrm{T}}\boldsymbol{A}\boldsymbol{p}^{(i)}=0$$

由 $\boldsymbol{A}$ 的正定性可知,$(\boldsymbol{p}^{(i)})^{\mathrm{T}}\boldsymbol{A}\boldsymbol{p}^{(i)}>\mathbf{0}$,所以,必有 $\lambda_1=\lambda_2=\cdots=\lambda_n=0$,由此可知

$$\boldsymbol{p}^{(1)},\boldsymbol{p}^{(2)},\cdots,\boldsymbol{p}^{(n)}$$

是线性无关的。

考查正定二次函数的极小问题:

$$\min_{\boldsymbol{x}\in E^n}f(\boldsymbol{x})=\frac{1}{2}\boldsymbol{x}^{\mathrm{T}}A\boldsymbol{x}+\boldsymbol{b}^{\mathrm{T}}\boldsymbol{x}+c$$

设非零向量 $\boldsymbol{p}^{(0)},\boldsymbol{p}^{(1)},\cdots,\boldsymbol{p}^{(n-1)}$ 为 $\boldsymbol{A}$ 共轭的,任取 $\boldsymbol{x}^{(0)}\in E^n$,再依次取 $\boldsymbol{p}^{(0)},\boldsymbol{p}^{(1)},\cdots,$

$p^{(n-1)}$ 为搜索方向,则下列算法

$$\begin{cases}\min\limits_{\lambda} f(x^{(k)}+\lambda p^{(k)})=f(x^{(k)}+\lambda_k p^{(k)})\\ x^{(k+1)}=x^{(k)}+\lambda_k p^{(k)}\end{cases}$$

所得到的迭代序列 $x^{(1)},x^{(2)},\cdots,x^{(n)}$ 满足:

(1) 若对某个 $k(k=0,1,\cdots,n-1)$,有 $\nabla f(x^{(k)})=0$,则中间迭代点 $x^{(k)}=x^*$;

(2) 若对某个 $k(k=0,1,\cdots,n-1)$,有 $\nabla f(x^{(k)})\neq 0$,则最终迭代点 $x^{(n)}=x^*$;

上述算法称为共轭方向法。

该算法性质表明,若沿着一组非零共轭方向搜索,对于正定二次函数而言,至多做 n 次搜索,必可达到极小点 x^*。

2. 正定二次函数的共轭梯度法

共轭梯度法的基本思想是借助各迭代点 $x^{(k)}$ 处的梯度 $\nabla f(x^{(k)})$ 来生成一组对 A 共轭的方向,并沿着这组方向进行搜索,求出目标函数的极小点。

再次考查正定二次函数的极小问题:

$$\min_{X\in E^n} f(x)=\frac{1}{2}x^{\mathrm{T}}Ax+b^{\mathrm{T}}x+c$$

设 x^* 是 $f(x)$ 的极小点,任取 $x^{(0)}\in E^n$,若非零向量 $p^{(1)},p^{(2)},\cdots,p^{(n)}$ 为 A 共轭的,那么 $x^*-x^{(0)}$ 可唯一地表示为 $p^{(1)},p^{(2)},\cdots,p^{(n)}$ 的线性组合:

$$x^*-x^{(0)}=\lambda_1 p^{(1)}+\lambda_2 p^{(2)}+\cdots+\lambda_n p^{(n)}$$

即

$$x^*=x^{(0)}+\lambda_1 p^{(1)}+\lambda_2 p^{(2)}+\cdots+\lambda_n p^{(n)} \tag{2-17}$$

由此式可知,只要求出 $\lambda_1,\lambda_2,\cdots,\lambda_n$,便可求出 x^*。为此,以 $(p^{(k)})^{\mathrm{T}}A(k=1,2,\cdots,n)$ 左乘式(2-17) 两边,得

$$\begin{aligned}(p^{(k)})^{\mathrm{T}}Ax^* &= (p^{(k)})^{\mathrm{T}}Ax^{(0)}+\sum_{j=1}^{n}\lambda_j(p^{(k)})^{\mathrm{T}}Ap^{(j)}\\ &= (p^{(k)})^{\mathrm{T}}Ax^{(0)}+\lambda_k(p^{(k)})^{\mathrm{T}}Ap^{(k)}\end{aligned}$$

所以有

$$(p^{(k)})^{\mathrm{T}}Ax^*-(p^{(k)})^{\mathrm{T}}Ax^{(0)}=\lambda_k(p^{(k)})^{\mathrm{T}}Ap^{(k)}$$

因为 x^* 是 $f(x)$ 的极小点,所以 $\nabla f(x^*)=Ax^*+b=\mathbf{0}$。对于 $x^{(k)}$,将 $\nabla f(x^k)=Ax^{(k)}+b$ 代入上式,得

$$-(p^{(k)})^{\mathrm{T}}b-(p^{(k)})^{\mathrm{T}}(\nabla f(x^{(k)})-b)=\lambda_k(p^{(k)})^{\mathrm{T}}Ap^{(k)}$$

从而得到

$$\lambda_k=\frac{(p^{(k)})^{\mathrm{T}}\nabla f(x^{(k)})}{(p^{(k)})^{\mathrm{T}}Ap^{(k)}},\quad k=1,2,\cdots,n$$

当$\lambda_1,\lambda_2,\cdots,\lambda_n$求出以后,能够从任何给定的$\boldsymbol{x}^{(0)}$出发,求出

$$\boldsymbol{x}^{(1)}=\boldsymbol{x}^{(0)}+\lambda_1\boldsymbol{p}^{(1)}$$

$$\boldsymbol{x}^{(2)}=\boldsymbol{x}^{(1)}+\lambda_2\boldsymbol{p}^{(2)}=\boldsymbol{x}^{(0)}+\lambda_1\boldsymbol{p}^{(1)}+\lambda_2\boldsymbol{p}^{(2)}$$

$$\cdots$$

$$\boldsymbol{x}^{(n)}=\boldsymbol{x}^{(n-1)}+\lambda_n\boldsymbol{p}^{(n)}=\boldsymbol{x}^{(0)}+\lambda_1\boldsymbol{p}^{(1)}+\lambda_2\boldsymbol{p}^{(2)}+\cdots+\lambda_n\boldsymbol{p}^{(n)}$$

经过n次迭代,便可求出极小点$\boldsymbol{x}^*$。

上述求n元二次函数极小点的方法称为共轭方向法。现在的问题是如何确定共轭方向$\boldsymbol{p}^{(1)},\boldsymbol{p}^{(2)},\cdots,\boldsymbol{p}^{(n)}$。下面介绍一种方法。

设$\boldsymbol{x}^{(0)}$是给定的初始点,并确定$\boldsymbol{p}^{(1)}=e_1=(1,0,0,\cdots,0)^{\mathrm{T}}$,求得

$$\lambda_1:\min_{\lambda}f(\boldsymbol{x}^{(0)}+\lambda\boldsymbol{p}^{(1)})=f(\boldsymbol{x}^{(0)}+\lambda_1\boldsymbol{p}^{(1)})$$

$$\boldsymbol{x}^{(1)}=\boldsymbol{x}^{(0)}+\lambda_1\boldsymbol{p}^{(1)}$$

设$\boldsymbol{p}^{(2)}=\boldsymbol{e}_2+\alpha_1\boldsymbol{p}^{(1)}$,由于$\boldsymbol{p}^{(1)}$和$\boldsymbol{p}^{(2)}$关于$\boldsymbol{A}$共轭,所以

$$(\boldsymbol{p}^{(1)})^{\mathrm{T}}\boldsymbol{A}\boldsymbol{p}^{(2)}=\boldsymbol{e}_1^{\mathrm{T}}\boldsymbol{A}(\boldsymbol{e}_2+\alpha_1\boldsymbol{e}_1)=\boldsymbol{e}_1{}^{\mathrm{T}}\boldsymbol{A}\boldsymbol{e}_2+\alpha_1\boldsymbol{e}_1{}^{\mathrm{T}}\boldsymbol{A}\boldsymbol{e}_1=0$$

由于$\boldsymbol{A}$为对称正定矩阵,上式可转化为

$$a_{12}+\alpha_1a_{11}=0\Rightarrow\alpha_1=-\frac{a_{12}}{a_{11}}$$

于是得到

$$\boldsymbol{p}^{(2)}=\left(-\frac{a_{12}}{a_{11}},1,0,\cdots,0\right)^{\mathrm{T}}$$

从而得到

$$\lambda_2:\min_{\lambda}f(\boldsymbol{x}^{(1)}+\lambda\boldsymbol{p}^{(2)})=f(\boldsymbol{x}^{(1)}+\lambda_2\boldsymbol{p}^{(2)})$$

$$\boldsymbol{x}^{(2)}=\boldsymbol{x}^{(1)}+\lambda_2\boldsymbol{p}^{(1)}$$

以此类推,假设已求出$\boldsymbol{p}^{(1)},\boldsymbol{p}^{(2)},\cdots,\boldsymbol{p}^{(k-1)}$,现在要求$\boldsymbol{p}^{(k)}$,为此,设

$$\boldsymbol{p}^{(k)}=e_k+\alpha_1\boldsymbol{p}^{(1)}+\alpha_2\boldsymbol{p}^{(2)}+\cdots+\alpha_{k-1}\boldsymbol{p}^{(k-1)}\tag{2-18}$$

利用共轭性,对$\boldsymbol{p}^{(j)}(j=1,2,\cdots,k-1)$,有

$$(\boldsymbol{p}^{(j)})^{\mathrm{T}}\boldsymbol{A}\boldsymbol{p}^{(k)}=(\boldsymbol{p}^{(j)})^{\mathrm{T}}\boldsymbol{A}\boldsymbol{e}_k+\alpha_j(\boldsymbol{p}^{(j)})^{\mathrm{T}}\boldsymbol{A}\boldsymbol{p}^{(j)}=0$$

解之,得到

$$\alpha_j=-\frac{(\boldsymbol{p}^{(j)})^{\mathrm{T}}\boldsymbol{A}\boldsymbol{e}_k}{(\boldsymbol{p}^{(j)})^{\mathrm{T}}\boldsymbol{A}\boldsymbol{p}^{(j)}},\quad j=1,2,\cdots,k-1$$

将α_j代入式(2-18),便可得到$\boldsymbol{p}^{(k)}$。显然,这样得到的$\boldsymbol{p}^{(k)}$必然与$\boldsymbol{p}^{(1)},\boldsymbol{p}^{(2)},\cdots,\boldsymbol{p}^{(k-1)}$关于$\boldsymbol{A}$共轭。

共轭方向法的主要步骤如下:

(1) 给定初始点$\boldsymbol{x}^{(0)}$,取$\boldsymbol{p}^{(1)}=\boldsymbol{e}_1$。

(2) 计算

$$\begin{cases}\lambda_1:\min_{\lambda}f(\boldsymbol{x}^{(0)}+\lambda\boldsymbol{p}^{(1)})=f(\boldsymbol{x}^{(0)}+\lambda_1\boldsymbol{p}^{(1)})\\ \boldsymbol{x}^{(1)}=\boldsymbol{x}^{(0)}+\lambda_1\boldsymbol{p}^{(1)}\end{cases}$$

(3) 求出$\boldsymbol{p}^{(1)},\boldsymbol{p}^{(2)},\cdots,\boldsymbol{p}^{(k-1)}$以及$\boldsymbol{x}^{(1)},\boldsymbol{x}^{(2)},\cdots,\boldsymbol{x}^{(k-1)}$后,则

$$\boldsymbol{p}^{(k)}=\boldsymbol{e}_k+\sum_{j=1}^{k-1}\alpha_j\boldsymbol{p}^{(j)},\quad \alpha_j=-\frac{(\boldsymbol{p}^{(j)})^{\mathrm{T}}\boldsymbol{A}\boldsymbol{e}_k}{(\boldsymbol{p}^{(j)})^{\mathrm{T}}\boldsymbol{A}\boldsymbol{p}^{(j)}} \tag{2-19}$$

(4) 计算

$$\begin{cases}\lambda_k:\min\limits_{\lambda} f(\boldsymbol{x}^{(k-1)}+\lambda\boldsymbol{p}^{(k)})=f(\boldsymbol{x}^{(k-1)}+\lambda_k\boldsymbol{p}^{(k)})\\ \boldsymbol{x}^{(k)}=\boldsymbol{x}^{(k-1)}+\lambda_k\boldsymbol{p}^{(k)}\end{cases}$$

(5) 当$k=n$时,$\boldsymbol{x}^*=\boldsymbol{x}^{(n)}$。

例 2.8　用共轭方向法求解下列问题的极小点,设初始点为$\boldsymbol{x}^{(0)}=(0,2)^{\mathrm{T}}$

$$\min f(\boldsymbol{x})=x_1^2+x_2^2-x_1x_2-3x_1$$

解:

$$f(\boldsymbol{x})=\frac{1}{2}(x_1,x_2)\begin{pmatrix}2 & -1\\ -1 & 2\end{pmatrix}\begin{pmatrix}x_1\\ x_2\end{pmatrix}+(-3,0)\begin{pmatrix}x_1\\ x_2\end{pmatrix}$$

因此$f(\boldsymbol{x})$为正定二次函数,其中

$$\boldsymbol{A}=\begin{pmatrix}2 & -1\\ -1 & 2\end{pmatrix},\quad \boldsymbol{b}=(-3,0)^{\mathrm{T}},\quad c=0$$

取$\boldsymbol{p}^{(1)}=\boldsymbol{e}_1=(1,0)^{\mathrm{T}}$,$\boldsymbol{x}^{(1)}=\boldsymbol{x}^{(0)}+\lambda\boldsymbol{p}^{(1)}=(\lambda,2)^{\mathrm{T}}$,由方程组

$$\begin{cases}\lambda_1:\min\limits_{\lambda} f(\boldsymbol{x}^{(0)}+\lambda\boldsymbol{e}_1)\\ \boldsymbol{x}^{(1)}=\boldsymbol{x}^{(0)}+\lambda_1\boldsymbol{p}^{(1)}\end{cases}$$

解得$\lambda_1=1$,于是$\boldsymbol{x}^{(1)}=(1,2)^{\mathrm{T}}$。由于$\boldsymbol{p}^{(2)}=\boldsymbol{e}_2+\alpha_1\boldsymbol{p}^{(1)}$,因此有

$$\alpha_1=-\frac{(\boldsymbol{p}^{(1)})^{\mathrm{T}}\boldsymbol{A}\boldsymbol{e}_2}{(\boldsymbol{p}^{(1)})^{\mathrm{T}}\boldsymbol{A}\boldsymbol{p}^{(1)}}=\frac{1}{2},\quad \boldsymbol{p}^{(2)}=\left(\frac{1}{2},1\right)^{\mathrm{T}}$$

由方程组

$$\begin{cases}\lambda_2:\min\limits_{\lambda} f(\boldsymbol{x}^{(1)}+\lambda\boldsymbol{p}^{(2)})\\ \boldsymbol{x}^{(2)}=\boldsymbol{x}^{(1)}+\lambda_2\boldsymbol{p}^{(2)}\end{cases}$$

解得$\lambda_2=0$,于是$\boldsymbol{x}^*=(1,2)^{\mathrm{T}}$,$f(\boldsymbol{x}^*)=-3$。

对于非二次函数的极小化问题,可通过函数的泰勒展开式运用共轭方向法。但此时目标函数的海森矩阵不再是正定常矩阵等因素,使得搜索方向也不再是共轭方向。一般来说有限次迭代是达不到极小点的,可采用"重新开始"的策略,即每n步作为一轮,下一轮迭代以上一轮最后一点作为初始点。

如果共轭方向法第一步取函数负梯度方向开始迭代,则共轭方向法称为共轭梯度法。共轭方向法的优点是不用求矩阵的逆阵,存储量小,对初始点的要求也不高,收敛速度较快,介于梯度法与牛顿法之间,特别适合求解高维优化问题。缺点是,其收敛速度依赖于精确的一维搜索。

六、直接法

前面介绍的都是求解无约束最优化问题的解析法,这些方法大多依赖于求解函数的导数,当函数的导数不存在或者存在但很难求出时,这些方法使用起来都比较困难。此

时，就需要借助于直接算法，即不用导数的搜索方法。与解析法相比，直接法的收敛速度相对较慢，但由于不需要计算导数，因此迭代起来比较简单，在变量不多的情况下，往往能取得比较好的效果。这里，主要介绍坐标轮换法和步长加速法两种方法。

1. 坐标轮换法

坐标轮换法是 D'Esopo 于 1959 年提出的，又称轴向搜索法，是最基本的一种直接法。其基本原理是将一个 n 维优化问题转化成依次沿 n 个坐标方向反复进行一维搜索，即从初始点 $\boldsymbol{x}^{(0)}$ 出发，轮流沿坐标轴方向搜索最优点。

具体步骤如下：

(1) 给定初始点 $\boldsymbol{x}^{(0)}$ 及允许误差 $\varepsilon > 0$，并令 $k=1$；

(2) 从 $\boldsymbol{x}^{(k-1)}$ 出发，依次沿各坐标轴方向 $\boldsymbol{e}_k$ 进行一维搜索，即

计算最优步长 λ_k：

$$f(\boldsymbol{x}^{(k-1)}+\lambda_k\boldsymbol{e}_k)=\min_{\lambda} f(\boldsymbol{x}^{(k-1)}+\lambda\boldsymbol{e}_k)$$

其中，$\boldsymbol{e}_k$ 为第 k 个分量为 1 的单位向量。

计算 $\boldsymbol{x}^{(k)}$：$\boldsymbol{x}^{(k)}=\boldsymbol{x}^{(k-1)}+\lambda_k\boldsymbol{e}_k$。

(3) 若 $k=n$，则转(4)；否则，令 $k:=k+1$，转(2)；

(4) 若 $\|\boldsymbol{x}^{(k)}-\boldsymbol{x}^{(k-1)}\|<\varepsilon$，则输出 $\boldsymbol{x}^*=\boldsymbol{x}^{(k)}$；否则，令 $\boldsymbol{x}^{(0)}=\boldsymbol{x}^{(k)}$，$k=1$，转(2)；

坐标轮换法搜索效率比较低，收敛速度较慢，但其基本思想简单，计算和编程容易实现，适用于简单的优化问题。

2. 步长加速法

该方法主要由交替实施的两类搜索，即探测搜索和模式搜索组成。探测搜索是沿 n 个坐标轴方向搜索，找出目标函数值下降的方向；模式搜索则沿着有利的下降方向加速移动，两种搜索交替进行，逐步逼近最优点。

在二维的情况下，这两类搜索过程如图 2-4 所示。给定初始点 $\boldsymbol{x}^{(0)}$，沿着坐标方向作两次探测搜索，得到 $\boldsymbol{x}^{(1)}$。然后沿方向 $(\boldsymbol{x}^{(1)}-\boldsymbol{x}^{(0)})$ 作模式搜索，得到 $\boldsymbol{y}^{(1)}$。再从 $\boldsymbol{y}^{(1)}$ 出发沿坐标方向作探测搜索，得到 $\boldsymbol{x}^{(2)}$。下一次模式搜索沿着方向 $(\boldsymbol{x}^{(2)}-\boldsymbol{x}^{(1)})$ 进行，得到 $\boldsymbol{y}^{(2)}$。依次进行，直到满足精度要求的近似点。

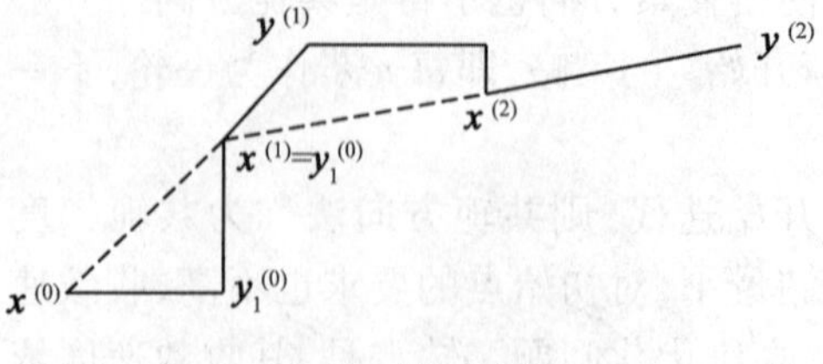

图 2-4

探测搜索的出发点称为基点，搜索的终点是新的参考点。图 2-4 中的 $\boldsymbol{y}^{(1)}$、$\boldsymbol{y}^{(2)}$ 是参考点，点 $\boldsymbol{x}^{(1)}$ 和 $\boldsymbol{x}^{(2)}$ 是基点，初始点 $\boldsymbol{x}^{(0)}$ 既是参考点又是基点。

步长加速法的具体原理与步骤如下：

设 $\boldsymbol{e}_j=(0,0,\cdots,1,0,\cdots,0)^{\mathrm{T}}$，即第 j 个分量为 1 的单位向量，对初始点进行如下搜索。

(1) 给定初始点 $\boldsymbol{x}^{(0)}$，初始步长 λ_1 以及允许误差 $\varepsilon>0$；

(2) 计算 $f(\boldsymbol{x}^{(0)})$ 和 $f(\boldsymbol{x}^{(0)}+\lambda_1\boldsymbol{e}_1)$，如果 $f(\boldsymbol{x}^{(0)}+\lambda_1\boldsymbol{e}_1)<f(\boldsymbol{x}^{(0)})$，则探测成功，置 $\boldsymbol{y}_1^{(0)}$

$=\boldsymbol{x}^{(0)}+\lambda_1\boldsymbol{e}_1$；否则，计算$f(\boldsymbol{x}^{(0)}-\lambda_1\boldsymbol{e}_1)$，如果$f(\boldsymbol{x}^{(0)}-\lambda_1\boldsymbol{e}_1)<f(\boldsymbol{x}^{(0)})$，则探测成功，置$\boldsymbol{y}_1^{(0)}=\boldsymbol{x}^{(0)}-\lambda_1\boldsymbol{e}_1$；

(3) 以$\boldsymbol{y}_1^{(0)}$出发点，沿坐标轴x_2的方向探索，即计算$f(\boldsymbol{y}_1^{(0)}+\lambda_1\boldsymbol{e}_2)$或$f(\boldsymbol{y}_1^{(0)}-\lambda_1\boldsymbol{e}_2)$，如果$f(\boldsymbol{y}_1^{(0)}+\lambda_1\boldsymbol{e}_2)<f(\boldsymbol{x}^{(0)})$，置$\boldsymbol{y}_2^{(0)}=\boldsymbol{y}_1^{(0)}+\lambda_1\boldsymbol{e}_2$；否则，计算$f(\boldsymbol{y}_1^{(0)}-\lambda_1\boldsymbol{e}_2)$，如果$f(\boldsymbol{y}_1^{(0)}-\lambda_1\boldsymbol{e}_2)<f(\boldsymbol{x}^{(0)})$，置$\boldsymbol{y}_2^{(0)}=\boldsymbol{y}_1^{(0)}-\lambda_1\boldsymbol{e}_2$；如果$f(\boldsymbol{y}_1^{(0)}+\lambda_1\boldsymbol{e}_2)>f(\boldsymbol{x}^{(0)})$和$f(\boldsymbol{y}_1^{(0)}-\lambda_1\boldsymbol{e}_2)>f(\boldsymbol{x}^{(0)})$，则置$\boldsymbol{y}_2^{(0)}=\boldsymbol{y}_1^{(0)}$。

(4) 沿每个坐标方向都进行上述搜索，最后达到点$\boldsymbol{y}_n^{(0)}$，置$\boldsymbol{x}^{(1)}=\boldsymbol{y}_n^{(0)}$。转(6)；

(5) 如果最后搜索的$\boldsymbol{y}_n^{(0)}=\boldsymbol{x}^{(0)}$，则搜索失败，可缩小步长，令$\lambda_1=\beta\lambda_1(0<\beta<1)$；从$\boldsymbol{x}^{(0)}$开始重新搜索。

(6) 从$\boldsymbol{x}^{(1)}$出发，沿方向$(\boldsymbol{x}^{(1)}-\boldsymbol{x}^{(0)})$进行模式搜索，得到新的参考点$\boldsymbol{y}^{(1)}$，即

$$\boldsymbol{y}^{(1)}=\boldsymbol{x}^{(1)}+\alpha(\boldsymbol{x}^{(1)}-\boldsymbol{x}^{(0)})$$

令$\boldsymbol{y}_1^{(0)}=\boldsymbol{y}^{(1)}$，通常取$\alpha=1$。

从$\boldsymbol{x}^{(0)}$出发，经过n次探索后得到$\boldsymbol{x}^{(1)}$，可以认为方向$(\boldsymbol{x}^{(1)}-\boldsymbol{x}^{(0)})$是求极小点的有利方向，于是沿着该方向加速到达$\boldsymbol{y}^{(1)}$，故本方法称为步长加速法。

围绕$\boldsymbol{y}_1^{(0)}=\boldsymbol{y}^{(1)}$再进行新一轮探索，得到新的基点$\boldsymbol{x}^{(2)}=\boldsymbol{y}_n^{(1)}$，如果$f(\boldsymbol{x}^{(2)})<f(\boldsymbol{x}^{(1)})$，则进行下一次探索，得

$$\boldsymbol{y}^{(2)}=\boldsymbol{x}^{(2)}+\alpha(\boldsymbol{x}^{(2)}-\boldsymbol{x}^{(1)})$$

取$\alpha=1$，则得到$\boldsymbol{y}_0^{(2)}=2\boldsymbol{x}^{(2)}-\boldsymbol{x}^{(1)}$。围绕$\boldsymbol{y}_0^{(02)}$进行新一轮探索，如此反复，直到有一基点$\boldsymbol{x}^{(k+1)}=\boldsymbol{y}_n^{(k)}$，且$f(\boldsymbol{x}^{(k+1)})>f(\boldsymbol{x}^{(k)})$，此时退回$\boldsymbol{x}^{(k)}$，置$\boldsymbol{x}^{(0)}=\boldsymbol{x}^{(k)}$，缩小$\lambda_k$再探索。当$\lambda_k<\varepsilon$时，迭代停止，以$\boldsymbol{x}^{(k)}$作为最优解。

例 2.9　用直接法求解下列问题的极小点，设初始点为$\boldsymbol{x}^{(0)}=(1,1)^{\mathrm{T}}$

$$\min f(\boldsymbol{x})=3x_1^2+x_2^2-12x_1-8x_2$$

(1) 坐标轮换法

$$f(\boldsymbol{x}^{(0)}+\lambda_1\boldsymbol{e}_1)=\min_{\lambda} f(\boldsymbol{x}^{(0)}+\lambda\boldsymbol{e}_1)=\min_{\lambda} 3\lambda^2-6\lambda-16$$

得$\lambda_1=1$，因此有$\boldsymbol{x}^{(1)}=\boldsymbol{x}^{(0)}+\lambda_1\boldsymbol{e}_1=(2,1)^{\mathrm{T}}$。

又

$$f(\boldsymbol{x}^{(1)}+\lambda_2\boldsymbol{e}_2)=\min_{\lambda} f(\boldsymbol{x}^{(1)}+\lambda\boldsymbol{e}_2)=\min_{\lambda} \lambda^2-6\lambda-19$$

得$\lambda_2=3$，因此有$\boldsymbol{x}^{(2)}=\boldsymbol{x}^{(1)}+\lambda_2\boldsymbol{e}_2=(2,4)^{\mathrm{T}}$。

$$\|\boldsymbol{x}^{(2)}-\boldsymbol{x}^{(1)}\|>\varepsilon,$$

令$\boldsymbol{x}^{(0)}=\boldsymbol{x}^{(2)}=(2,4)^{\mathrm{T}}$，有

$$f(\boldsymbol{x}^{(0)}+\lambda_1\boldsymbol{e}_1)=\min_{\lambda} f(\boldsymbol{x}^{(0)}+\lambda\boldsymbol{e}_1)=\min_{\lambda} 3\lambda^2-28$$

得$\lambda_1=0$，因此有$\boldsymbol{x}^{(1)}=\boldsymbol{x}^{(0)}+\lambda_1\boldsymbol{e}_1=(2,4)^{\mathrm{T}}$。

又

$$f(\boldsymbol{x}^{(1)}+\lambda_2\boldsymbol{e}_2)=\min_{\lambda} f(\boldsymbol{x}^{(1)}+\lambda\boldsymbol{e}_2)=\min_{\lambda} \lambda^2-28$$

得$\lambda_2=0$，因此有$\boldsymbol{x}^{(2)}=\boldsymbol{x}^{(1)}+\lambda_2\boldsymbol{e}_2=(2,4)^{\mathrm{T}}$。

$$\|\boldsymbol{x}^{(2)}-\boldsymbol{x}^{(1)}\|=0<\varepsilon,$$

故 $\boldsymbol{x}^* = \boldsymbol{x}^{(2)} = (2,4)^{\mathrm{T}}$。

(2) 步长加速法

取步长 $\lambda = 0.5, \alpha = 1, \beta = 0.1, \varepsilon = 0.1$

$$f(\boldsymbol{x}^{(0)}) = -16$$
$$f(\boldsymbol{x}^{(0)} + \lambda \boldsymbol{e}_1) = f(1.5,1) = -18.25 < -16$$
$$\boldsymbol{y}_1^{(0)} = \boldsymbol{x}^{(0)} + \lambda \boldsymbol{e}_1 = (1.5,1)^{\mathrm{T}}$$
$$f(\boldsymbol{y}_1^{(0)} + \lambda \boldsymbol{e}_2) = f(1.5,1.5) = -21 < -16$$

这样 $\boldsymbol{y}_2^{(0)} = (1.5,1.5)^{\mathrm{T}} = \boldsymbol{x}^{(1)}$

$$\boldsymbol{y}^{(1)} = \boldsymbol{y}_0^{(1)} = \boldsymbol{x}^{(1)} + \alpha(\boldsymbol{x}^{(1)} - \boldsymbol{x}^{(0)}) = 2\boldsymbol{x}^{(1)} - \boldsymbol{x}^{(0)} = (2,2)^{\mathrm{T}}$$
$$f(\boldsymbol{y}_0^{(1)}) = f(2,2) = -24 < f(\boldsymbol{x}^{(1)}) < -21$$

于是，以 $\boldsymbol{y}^{(1)}$ 为参考点进行新一轮搜索。

$$f(\boldsymbol{y}_0^{(1)} + \lambda \boldsymbol{e}_1) = f(2.5,2) = -23.25 > -24 = f(\boldsymbol{y}_0^{(1)}) \quad \text{(方向探索失败)}$$
$$f(\boldsymbol{y}_0^{(1)} - \lambda \boldsymbol{e}_1) = f(1.5,2) = -23.25 > -24 \quad \text{(方向探索失败)}$$

这样

$$\boldsymbol{y}_1^{(1)} = \boldsymbol{y}_0^{(1)} = (2,2)^{\mathrm{T}}$$
$$f(\boldsymbol{y}_1^{(1)} + \lambda \boldsymbol{e}_2) = f(2,2.5) = -25.75 < -24 \quad \text{(方向探索成功)}$$

所以

$$\boldsymbol{x}^{(2)} = \boldsymbol{y}_2^{(1)} = (2,2.5)^{\mathrm{T}},\ f(\boldsymbol{x}^{(2)}) < -25.75$$
$$\boldsymbol{y}_0^{(2)} = \boldsymbol{y}^{(2)} = \boldsymbol{x}^{(2)} + \alpha(\boldsymbol{x}^{(2)} - \boldsymbol{x}^{(1)}) = 2\boldsymbol{x}^{(2)} - \boldsymbol{x}^{(1)}$$
$$= (4,5)^{\mathrm{T}} - (1.5,1.5)^{\mathrm{T}} = (2.5,3.5)^{\mathrm{T}}$$
$$f(\boldsymbol{y}_0^{(2)}) = f(2.5,3.5) = -27 < f(\boldsymbol{x}^{(2)})$$

然后，以 $\boldsymbol{y}^{(2)}$ 为参考点进行又一轮搜索。

$$f(\boldsymbol{y}_0^{(2)} + \lambda \boldsymbol{e}_1) = f(3,3.5) = -24.75 > -27 \quad \text{(方向探索失败)}$$
$$f(\boldsymbol{y}_0^{(2)} - \lambda \boldsymbol{e}_1) = f(2,3.5) = -27.75 < -27 \quad \text{(方向探索成功)}$$

这样

$$\boldsymbol{y}_1^{(2)} = \boldsymbol{y}_0^{(1)} = (2,4)^{\mathrm{T}}$$
$$f(\boldsymbol{y}_1^{(2)} + \lambda \boldsymbol{e}_2) = f(2,4) = -28 < -27.75 \quad \text{(方向探索成功)}$$

于是

$$\boldsymbol{x}^{(3)} = \boldsymbol{y}_2^{(2)} = (2,4)^{\mathrm{T}},\ f(\boldsymbol{x}^{(3)}) = -28$$
$$\boldsymbol{y}_0^{(3)} = \boldsymbol{y}^{(3)} = 2\boldsymbol{x}^{(3)} - \boldsymbol{x}^{(2)} = (4,8)^{\mathrm{T}} - (2,2.5)^{\mathrm{T}} = (2,5.5)^{\mathrm{T}}$$
$$f(\boldsymbol{y}_0^{(3)}) = f(2,5.5) = -25.75 > f(\boldsymbol{x}^{(3)}) = -28$$

在 $\boldsymbol{y}^{(3)}$ 周围进行搜索，得到

$$f(\boldsymbol{y}_0^{(3)} + \lambda \boldsymbol{e}_1) = f(2.5,3.5) = -25 > -28 \quad \text{(方向探索失败)}$$
$$f(\boldsymbol{y}_0^{(3)} - \lambda \boldsymbol{e}_1) = f(1.5,3.5) = -25 > -28 \quad \text{(方向探索失败)}$$

由点 $\boldsymbol{y}^{(3)}$ 返回 $\boldsymbol{x}^{(3)}$，缩短步长，令 $\lambda = \beta \times 0.5 = 0.05$，由于

$$f(\boldsymbol{x}^{(3)} + \lambda \boldsymbol{e}_1) = f(2.05,4) = -27.9925 > -28$$
$$f(\boldsymbol{x}^{(3)} - \lambda \boldsymbol{e}_1) = f(1.95,4) = -27.9925 > -28$$

$$f(\boldsymbol{x}^{(3)} + \lambda \boldsymbol{e}_2) = f(2, 4.05) = -27.9975 > -28$$

$$f(\boldsymbol{x}^{(3)} - \lambda \boldsymbol{e}_2) = f(2, 3.95) = -27.9975 > -28$$

此时，$\lambda = 0.05 < \varepsilon = 0.1$，因此，$\boldsymbol{x}^* = (2,4)^{\mathrm{T}}$ 为最优解，$f(\boldsymbol{x}^*) = -28$。

第四节　约束最优化问题的求解

有约束的最优化问题的一般形式为

$$\min f(\boldsymbol{x})$$

$$\text{s.t.} \quad g_i(\boldsymbol{x}) \geqslant 0 \quad i = 1, 2, \cdots, l$$

有约束条件的最优化问题通常称为规划问题，其中目标函数和约束条件中的任何一项为非线性的，就称该问题为非线性规划问题，本章讨论的约束最优化问题主要是指非线性规划问题。

非线性规划问题的求解非常困难，现有的求解思路大致可以分为三种类型：(1) 将约束的问题化为无约束的问题；(2) 将非线性问题线性化；(3) 将复杂问题简单化。这里主要介绍两种线性化的方法和两种将约束问题转化为无约束问题的方法。

一、可行方向法

1. 基本思想和基本原理

一般意义上的可行方向法的基本思想是：对于非线性规划问题 $\min f(\boldsymbol{x}), \boldsymbol{x} \in R, R = \{\boldsymbol{x} \mid g_i(\boldsymbol{x}) \geqslant 0, i = 1, 2, \cdots, l\}$，设 $\boldsymbol{x}^{(k)} \in R$，在 $\boldsymbol{x}^{(k)}$ 处确定一个下降方向 $\boldsymbol{d}^{(k)}$，并确定一个步长 λ_k，使

$$\boldsymbol{x}^{(k+1)} = \boldsymbol{x}^{(k)} + \lambda_k \boldsymbol{d}^{(k)} \in R$$

$$f(\boldsymbol{x}^{(k+1)}) < f(\boldsymbol{x}^{(k)})$$

按此法迭代可得到非线性规划问题的一个解序列 $\{\boldsymbol{x}^{(k)}\}$，显然该解序列始终在可行域内，且其目标函数值单调下降，由此，可得到非线性规划问题的最优解。

以上述基本思想为基础，由不同的规则产生的可行方向作为搜索方向形成了不同的可行方向法。通常所说的可行方向法是 Zoutendijk 于 1960 年提出的一种线性化方法，其基本原理如下：

设 $\boldsymbol{x}^{(k)} \in R$ 的起作用约束集为非空，则 $\boldsymbol{x}^{(k)}$ 处的可行下降方向 $\boldsymbol{d}$ 可由下列不等式组确定

$$\begin{cases} \nabla f(\boldsymbol{x}^{(k)})^{\mathrm{T}} \boldsymbol{d} < 0 \\ \nabla g_i(\boldsymbol{x}^{(k)})^{\mathrm{T}} \boldsymbol{d} > 0, \quad i \in I \end{cases}$$

求该不等式组中的 $\boldsymbol{d}$ 等价于下述方程组求方向 $\boldsymbol{d}$ 及实数 η

$$\begin{cases} \nabla f(\boldsymbol{x}^{(k)})^{\mathrm{T}} \boldsymbol{d} \leqslant \eta \\ -\nabla g_i(\boldsymbol{x}^{(k)})^{\mathrm{T}} \boldsymbol{d} \leqslant \eta, i \in I \\ \eta < 0 \end{cases}$$

由于满足上述约束条件的 $\boldsymbol{d}$ 及 η 可能不止一组,可以构造一个规划问题来求其中一组,下列线性规划问题可实现这一目标:

$$\min \eta$$
$$\begin{cases}\nabla f(\boldsymbol{x}^{(k)})^{\mathrm{T}}\boldsymbol{d} \leqslant \eta \\ -\nabla g_i(\boldsymbol{x}^{(k)})^{\mathrm{T}}\boldsymbol{d} \leqslant \eta, \quad i \in I \\ -1 \leqslant d_j \leqslant 1, \qquad j = 1,2,\cdots,n\end{cases}$$

其中,d_j 为 $\boldsymbol{d}$ 的第 j 个分量。

2. 算法步骤

可行方向法的计算步骤如下:

(1) 确定允许误差 $\varepsilon_1,\varepsilon_2$,选择初始点 $\boldsymbol{x}^{(0)} \in R$,并令 $k=0$;

(2) 确定起作用约束下标集 $I(\boldsymbol{x}^{(k)}) = \{i \mid g_i(\boldsymbol{x}^{(k)}) = 0,\ \ 1 \leqslant i \leqslant l\}$

(3) 若 $I(\boldsymbol{x}^{(k)}) = \varnothing$($\varnothing$ 为空集),且 $\|\nabla f(\boldsymbol{x}^{(k)})\|^2 < \varepsilon_1$,则停止计算,得到近似极小点 $\boldsymbol{x}^{(k)}$;

(4) 若 $I(\boldsymbol{x}^{(k)}) = \varnothing$,但 $\|\nabla f(\boldsymbol{x}^{(k)})\|^2 > \varepsilon_1$,则取搜索方向 $\boldsymbol{d}^{(k)} = -\nabla f(\boldsymbol{x}^{(k)})$,转(6);

(5) 若 $I(\boldsymbol{x}^{(k)}) \neq \varnothing$,求解线性规划

$$\min \eta$$
$$\begin{cases}\nabla f(\boldsymbol{x}^{(k)})^{\mathrm{T}}\boldsymbol{d} \leqslant \eta \\ -\nabla g_i(\boldsymbol{x}^{(k)})^{\mathrm{T}}\boldsymbol{d} \leqslant \eta \quad ,i \in I \\ -1 \leqslant d_j \leqslant 1, \qquad j = 1,2,\cdots,n\end{cases}$$

求解得到$(\boldsymbol{d}^{(k)},\eta_k)$,若 $|\eta_k| < \varepsilon_1$,停止迭代,$\boldsymbol{x}^{(k)}$ 为近似极小点,否则以 $\boldsymbol{d}^{(k)}$ 为搜索方向,转下一步;

(6) 解下述一维极值问题确定步长

$$\min_{0<\lambda<\lambda'} f(\boldsymbol{x}^{(k)} + \lambda\boldsymbol{d}^{(k)}),\lambda' = \max\{\lambda \mid g_i(\boldsymbol{x}^{(k)} + \lambda\boldsymbol{d}^{(k)}) \geqslant 0\}$$

(7) 令 $\boldsymbol{x}^{(k+1)} = \boldsymbol{x}^{(k)} + \lambda_k\boldsymbol{d}^{(k)}$,$k:=k+1$,转(2)。

例 2.10　用可行方向法求解下列非线性规划问题,$\varepsilon_1 = \varepsilon_2 = 0.05$。

$$\min f(\boldsymbol{x}) = -4x_1 - 4x_2 + x_1^2 + x_2^2$$
$$\text{s.t.}$$
$$g(\boldsymbol{x}) = -x_1 - 2x_2 + 4 \geqslant 0$$

解:取 $\boldsymbol{x}^{(0)} = (0,0)^{\mathrm{T}}$,则 $f(\boldsymbol{x}^{(0)}) = 0$

$$\nabla f(\boldsymbol{x}) = (2x_1 - 4, 2x_2 - 4)^{\mathrm{T}}, \nabla f(\boldsymbol{x}^{(0)}) = (-4,\ -4)^{\mathrm{T}}$$

$$\nabla g(\boldsymbol{x}) = (-1,\ -2)^{\mathrm{T}}, \nabla g(\boldsymbol{x}^{(0)}) = (-1,\ -2)^{\mathrm{T}}$$

且 $g(\boldsymbol{x}^{(0)}) = 4 > 0$,从而 $I(\boldsymbol{x}^{(0)}) = \varnothing$

由于$\|\nabla f(\boldsymbol{x}^{(0)})\|^2=32>\varepsilon_1$，所以$\boldsymbol{x}^{(0)}$不是极小点。

取$\boldsymbol{d}^{(0)}=-\nabla f(\boldsymbol{x}^{(0)})=(4,4)^{\mathrm{T}}$

$$\boldsymbol{x}^{(1)}=\boldsymbol{x}^{(0)}+\lambda\boldsymbol{d}^{(0)}=\begin{pmatrix}0\\0\end{pmatrix}+\lambda\begin{pmatrix}4\\4\end{pmatrix}=\begin{pmatrix}4\lambda\\4\lambda\end{pmatrix}$$

求下列一元函数的极值，即

$$\min f(\boldsymbol{x}^{(0)}+\lambda\boldsymbol{d}^{(0)})=32\lambda^2-32\lambda$$

得到$\lambda=1/2$

又令
$$g(\boldsymbol{x}^{(0)}+\lambda\boldsymbol{d}^{(0)})=0$$

得到
$$\lambda'=\frac{1}{3}$$

故取$\lambda_0=\lambda'=\dfrac{1}{3}$，因此有

$$\boldsymbol{x}^{(1)}=\left(\frac{4}{3},\frac{4}{3}\right)^{\mathrm{T}},\quad f(\boldsymbol{x}^{(1)})=-\frac{64}{9}$$

$$\nabla f(\boldsymbol{x}^{(1)})=\left(-\frac{4}{3},-\frac{4}{3}\right)^{\mathrm{T}},\quad g(\boldsymbol{x}^{(1)})=0$$

此时$I(\boldsymbol{x}^{(1)})=\{1\}\neq\varnothing$

构造如下线性规划，求$\boldsymbol{d}^{(1)}=(d_1,d_2)^{\mathrm{T}}$

$$\min\ \eta \qquad\qquad\qquad \min\ \eta$$

$$\begin{cases}\left(-\dfrac{4}{3},-\dfrac{4}{3}\right)\begin{pmatrix}d_1\\d_2\end{pmatrix}\leqslant\eta\\ -(-1,-2)\begin{pmatrix}d_1\\d_2\end{pmatrix}\leqslant\eta\\ -1\leqslant d_1\leqslant 1\\ -1\leqslant d_2\leqslant 1\end{cases}\Rightarrow\begin{cases}-\dfrac{4}{3}d_1-\dfrac{4}{3}d_2\leqslant\eta\\ d_1+2d_2\leqslant\eta\\ -1\leqslant d_1\leqslant 1\\ -1\leqslant d_2\leqslant 1\end{cases}$$

解之得
$$\eta=-\frac{4}{10}<0,\ \boldsymbol{d}^{(1)}=(d_1,d_2)^{\mathrm{T}}=(1,0.7)^{\mathrm{T}}$$

由此得到

$$\boldsymbol{x}^{(2)}=\boldsymbol{x}^{(1)}+\lambda\boldsymbol{d}^{(1)}=\left(\frac{4}{3}+\lambda,\frac{4}{3}-0.7\lambda\right)^{\mathrm{T}}$$

求解

$$\min f(\boldsymbol{x}^{(1)}+\lambda\boldsymbol{d}^{(1)})=1.49\lambda^2-0.4\lambda-7.111$$

得到$\lambda=0.134$

因此有$\boldsymbol{x}^{(2)}=(1.467,1.239)^{\mathrm{T}}$；

又$g(\boldsymbol{x}^{(2)})=0.055>0$，所以$\boldsymbol{x}^{(2)}$为可行点。

按此法继续迭代可得$\boldsymbol{x}^*=(1.6,1.2)^{\mathrm{T}}$，$f(\boldsymbol{x}^*)=-7.2$。

二、近似规划法

1. 基本思想与基本原理

近似规划法的基本思想是：将非线性规划问题线性化，通过求解一系列线性规划问题，用它们的解来近似逼近非线性规划的最优解。

近似规划法的要点是：在第 k 次迭代点 $\boldsymbol{x}^{(k)}$ 处，约束条件和目标函数分别用它们的一阶泰勒展开式替代，将非线性规划问题转化为线性规划问题，用这个线性规划问题的解作为非线性规划问题的近似解 $\boldsymbol{x}^{(k+1)}$，使迭代点序列 $\boldsymbol{x}^{(k)}(k=1,2,\cdots)$ 逼近非线性规划问题的最优解 $\boldsymbol{x}^*$。

近似规划法的基本原理如下：

对于非线性规划问题

$$\begin{aligned}&\min f(\boldsymbol{x})\\&\text{s. t.}\\&h_i(\boldsymbol{x})=0,\quad i=1,2,\cdots,m\\&g_j(\boldsymbol{x})\geqslant 0,\quad j=1,2,\cdots,l\end{aligned}$$

若已求解其第 k 次近似解 $\boldsymbol{x}^{(k)}$，在 $\boldsymbol{x}^{(k)}$ 处分别将 $f(\boldsymbol{x})$、$h_i(\boldsymbol{x})$ 和 $g_j(\boldsymbol{x})$ 作线性展开

$$\bar{f}(\boldsymbol{x})\approx f(\boldsymbol{x}^{(k)})+\nabla f(\boldsymbol{x}^{(k)})^{\mathrm{T}}(\boldsymbol{x}-\boldsymbol{x}^{(k)})$$

$$\overline{h_i}(\boldsymbol{x})\approx h_i(\boldsymbol{x}^{(k)})+\nabla h_i(\boldsymbol{x}^{(k)})^{\mathrm{T}}(\boldsymbol{x}-\boldsymbol{x}^{(k)}),\quad i=1,2,\cdots,m$$

$$\overline{g_j}(\boldsymbol{x})\approx g_j(\boldsymbol{x}^{(k)})+\nabla g_j(\boldsymbol{x}^{(k)})^{\mathrm{T}}(\boldsymbol{x}-\boldsymbol{x}^{(k)}),\quad j=1,2,\cdots,l$$

得到问题的近似规划

$$\begin{aligned}&\min f(\boldsymbol{x}^{(k)})+\nabla f(\boldsymbol{x}^{(k)})^{\mathrm{T}}(\boldsymbol{x}-\boldsymbol{x}^{(k)})\\&\text{s. t.}\\&h_i(\boldsymbol{x}^{(k)})+\nabla h_i(\boldsymbol{x}^{(k)})^{\mathrm{T}}(\boldsymbol{x}-\boldsymbol{x}^{(k)})=0,\quad i=1,2,\cdots,m\\&g_j(\boldsymbol{x}^{(k)})+\nabla g_j(\boldsymbol{x}^{(k)})^{\mathrm{T}}(\boldsymbol{x}-\boldsymbol{x}^{(k)})\geqslant 0,\quad j=1,2,\cdots,l\end{aligned}$$

显然，该规划问题为线性规划问题，求解该线性规划问题所得的最优解可作为非线性规划问题的第 $k+1$ 次近似解 $\boldsymbol{x}^{(k+1)}$，如果 $\boldsymbol{x}^{(k+1)}$ 为可行解，且满足

$$\|\boldsymbol{x}^{(k+1)}-\boldsymbol{x}^{(k)}\|<\varepsilon$$

则 $\boldsymbol{x}^{(k+1)}$ 可作为非线性规划问题的近似最优解，否则，重复以上步骤，直到求得最优解为止。

在求解上述近似规划时，所得最优解 $\boldsymbol{x}^{(k+1)}$ 可能与 $\boldsymbol{x}^{(k)}$ 的距离太远，这样 $\boldsymbol{x}^{(k+1)}$ 可能不在非线性规划问题的可行域范围内，即不满足 $\boldsymbol{x}^{(k+1)}\in R$，因此，在构造近似规划时，一般需要增加约束条件

$$|x_j-x_j^{(k)}|\leqslant\delta_j^{(k)},\quad \delta_j^{(k)}>0,\quad j=1,2,\cdots,n$$

因此，近似规划的具体形式应为

$$\min f(\boldsymbol{x}^{(k)}) + \nabla f(\boldsymbol{x}^{(k)})^{\mathrm{T}}(\boldsymbol{x} - \boldsymbol{x}^{(k)})$$

s. t.

$$h_i(\boldsymbol{x}^{(k)}) + \nabla h_i(\boldsymbol{x}^{(k)})^{\mathrm{T}}(\boldsymbol{x} - \boldsymbol{x}^{(k)}) = 0, \quad i = 1,2,\cdots,m$$

$$g_j(\boldsymbol{x}^{(k)}) + \nabla g_j(\boldsymbol{x}^{(k)})^{\mathrm{T}}(\boldsymbol{x} - \boldsymbol{x}^{(k)}) \geqslant 0, \quad j = 1,2,\cdots,l$$

$$|x_j - x_j^{(k)}| \leqslant \delta_j^{(k)}, \quad \delta_j^{(k)} > 0, \quad j = 1,2,\cdots,n$$

2. 计算举例

例 2.11　写出下列非线性规划问题在可行点 $\boldsymbol{x}^{(0)} = (4,3)^{\mathrm{T}}$ 处的近似规划。

$$\min f(\boldsymbol{x}) = x_1^2 + x_2^2 - 16x_1 - 10x_2$$

s. t.

$$g_1(\boldsymbol{x}) = -x_1^2 + 6x_1 - 4x_2 + 11 \geqslant 0$$

$$g_2(\boldsymbol{x}) = -\mathrm{e}^{x_1-3} + x_1x_2 - 3x_2 + 1 \geqslant 0$$

$$g_3(\boldsymbol{x}) = x_1 - 3 \geqslant 0$$

$$g_4(\boldsymbol{x}) = x_2 \geqslant 0$$

解:

$$\nabla f(\boldsymbol{x}) = (2x_1 - 16, 2x_2 - 10)^{\mathrm{T}}, \nabla f(\boldsymbol{x}^{(0)}) = (-8, -4)^{\mathrm{T}}$$

$$\nabla g_1(\boldsymbol{x}) = (-2x_1 + 6, -4)^{\mathrm{T}}, \nabla g_1(\boldsymbol{x}^{(0)}) = (-2, -4)^{\mathrm{T}}$$

$$\nabla g_2(\boldsymbol{x}) = (-\mathrm{e}^{x_1-3} + x_2, x_1 - 3)^{\mathrm{T}}, \nabla g_2(\boldsymbol{x}^{(0)}) = (0.28, 1)^{\mathrm{T}}$$

$$\nabla g_3(\boldsymbol{x}) = (1,0)^{\mathrm{T}}, \nabla g_4(\boldsymbol{x}) = (0,1)^{\mathrm{T}}$$

将目标函数与约束条件在 $\boldsymbol{x}^{(0)} = (4,3)^{\mathrm{T}}$ 处展开,即可得到如下线性规划:

$$\min \bar{f}(\boldsymbol{x}) = -8x_1 - 4x_2 - 25$$

s. t.

$$\bar{g}_1(\boldsymbol{x}) = -2x_1 - 4x_2 + 27 \geqslant 0$$

$$\bar{g}_2(\boldsymbol{x}) = 0.28x_1 + x_2 - 2.84 \geqslant 0$$

$$g_3(\boldsymbol{x}) = x_1 - 3 \geqslant 0$$

$$g_4(\boldsymbol{x}) = x_2 \geqslant 0$$

$$|x_1 - 4| \leqslant 0.5$$

$$|x_2 - 3| \leqslant 0.5$$

求解该线性规划问题得到 $\boldsymbol{x}^{(1)} = (4.5, 2.5)^{\mathrm{T}}$,$\boldsymbol{x}^{(1)} \in R$,且 $f(\boldsymbol{x}^{(1)}) = -70.65 < f(\boldsymbol{x}^{(0)}) = -69$。

三、罚函数法与障碍函数法

求解约束非线性规划问题的另一种基本思想是:将有约束的问题转化成一系列的无约束问题。为此,利用目标函数和约束条件构造一个新的函数,求解这种函数的一系列的无约束问题，使其极小点逼近约束问题的最优解。常用的方法有两类：一是罚函数法（又称外点法），另一是障碍函数法（又称内点法）。

1. 罚函数法

考查如下非线性规划问题

$$\begin{aligned}&\min f(x)=x^2\\&\text{s.t.}\quad -x-1\geqslant 0\end{aligned}$$

定义一个新的函数

$$\varphi(x)=\begin{cases}0, & -x-1\geqslant 0\\ +\infty, & -x-1<0\end{cases}$$

并令

$$P(x)=f(x)+\varphi(x)$$

这样，$P(x)$ 在可行域上等于 $f(x)$，在可行域之外取无穷大值，$P(x)$ 的无约束极小点就是原问题的极小点。但是函数 $P(x)$ 在 $x=-1$ 处不连续，在可行域外取无穷大值，该函数的性质不好，难以应用已有的无约束优化求解方法。因此，必须对所构造的函数加以改进，使 $P(x)$ 连续，在可行域上等于目标函数，在可行域外等于目标函数加一个函数为正的项，利用这个正项代替原来的 $+\infty$，该正项被称为惩罚项。为使这两个问题的极小点重合或接近，需引进参数 M，使惩罚项的值随着 M 的增大而不断变大，为此，可令

$$P(x,M)=f(x)+M\varphi(x)$$

其中，$M>0$，称为惩罚因子，$\varphi(x)$ 是正值函数，称为惩罚函数，$M\varphi(x)$ 为惩罚项。对于上述所讨论的问题，可取

$$\varphi(x)=\begin{cases}0, & -x-1\geqslant 0\\ (x+1)^2, & -x-1<0\end{cases}$$

$$P(x,M)=\begin{cases}x^2, & x\in R\\ x^2+M(x+1)^2, & x\notin R\end{cases}$$

求 $P(x,M)$ 的无约束问题的极小点，已知极小点为

$$\bar{x}(M)=-\frac{M}{1+M}$$

通过不断加大 M，$P(x,M)$ 无约束的极小点收敛于 $x^*=-1$，而 x^* 就是原问题的最优解。

解决上述问题的关键是：在可行域外给目标函数增加一个数值很大的正项，当参数 M 的取值不大时，求得的无约束问题的极小点往往在原问题可行域之外。逐步增大 M 的数值，相对应的极小点一般可从可行域外逐步逼近可行域上原问题的极小点 x^*。这种方法称为**罚函数法**。

考查约束优化问题

$$\begin{aligned}&\min f(\boldsymbol{x})\\&\text{s.t.}\quad \boldsymbol{x}\in R=\{\boldsymbol{x}\mid g_i(\boldsymbol{x})\geqslant 0, i=1,2,\cdots,l\}\end{aligned}\tag{2-20}$$

引入函数

$$\varphi(t)=\begin{cases}0, & t \geqslant 0 \\ t^2, & t<0\end{cases}$$

可知，$\varphi(t)$ 一阶连续可导，即

$$\varphi'(t)=\begin{cases}0, & t \geqslant 0 \\ 2t, & t<0\end{cases}$$

取 $t=g_i(\boldsymbol{x})$，则有

$$\varphi(g_i(\boldsymbol{x}))=\begin{cases}0, & \boldsymbol{x} \in R \\ g_i^2(\boldsymbol{x}), & \boldsymbol{x} \notin R\end{cases}=[\min\{0,g_i(\boldsymbol{x})\}]^2 \quad (i=1,2,\cdots,l)$$

当 $X \in R$ 时，有

$$\sum_{i=1}^{l} \varphi(g_i(\boldsymbol{x}))=0$$

当 $\boldsymbol{x} \notin R$ 时，有

$$0<\sum_{i=1}^{l} \varphi(g_i(\boldsymbol{x}))<\infty$$

定义函数

$$P(\boldsymbol{x},M)=f(\boldsymbol{x})+M\sum_{i=1}^{l}[\min\{0,g_i(\boldsymbol{x}\}]^2$$

其中，$P(\boldsymbol{x},M)$ 为罚函数，M 为惩罚因子，$M\sum_{i=1}^{l}[\min(0,g_i(\boldsymbol{x})]^2$ 为惩罚项。

随着 M 的增大，可得到一系列无约束极值问题：

$$\min_{x \in E^n} P(\boldsymbol{x},M) \tag{2-21}$$

设对于第一个 $M>0$，根据式(2-21)求得最优解 $\boldsymbol{x}_M$，当 $\boldsymbol{x}_M \in R$ 时，任取 $\boldsymbol{x} \in R$ 都有

$$f(\boldsymbol{x})=P(\boldsymbol{x},M) \geqslant P(\boldsymbol{x}_M,M)=f(\boldsymbol{x}_M)$$

故 $\boldsymbol{x}_M$ 也是问题(2-20)的最优解。

取一严格单增且趋于 $+\infty$ 的惩罚因子数列 $\{M_k\}$：

$$0<M_1<M_2<\cdots<M_k<\cdots, \lim_{k\to\infty} M_k=+\infty$$

对应的罚函数为

$$P(\boldsymbol{x},M_k)=f(\boldsymbol{x})+M_k\sum_{i=1}^{l}[\min\{0,g_i(\boldsymbol{x})\}]^2$$

可知，M_k 越大，惩罚作用越强。这样，我们可以不断地增大惩罚因子 M 的值，使相应的罚函数的极小点 $\boldsymbol{x}_M$ 不断靠近可行域，一旦 $\boldsymbol{x}_M \in R$，那么它就是式(2-20)的最优解。当然，$\boldsymbol{x}_M$ 可能总不属于 R，但不断增大惩罚因子，惩罚项的值也会不断增大，在一定条件下，$P(\boldsymbol{x},M)$ 的极小点的极限点属于 R，且是式(2-20)的最优解。上述方法是通过一系列无约束极小化问题的解而得到的约束问题的最优解。这种方法也叫做序列无约束极小化方法。

罚函数法的算法步骤如下：

(1) 取初始点 $\boldsymbol{x}^{(0)}$，精度要求 $\varepsilon>0$，$M_1>0$，并令 $k=0$；

(2) 求无约束优化问题

$$\min_{x \in E^n} P(\boldsymbol{x}, M_k) = f(\boldsymbol{x}) + M_k \sum_{i=1}^{l} [\min\{0, g_i(\boldsymbol{x})\}]^2$$

(3) 若满足

$$M_k \sum_{i=1}^{l} [\min\{0, g_i(\boldsymbol{x})\}]^2 < \varepsilon$$

则停止计算,取 $\boldsymbol{x}^* = \boldsymbol{x}^{(k)}$,否则转下一步,

(4) 取 $M_{k+1} > M_k$,令 $k := k + 1$,转(2)。

例 2.12　用罚函数法求解下列非线性规划问题

$$\min f(\boldsymbol{x}) = x_1^2 + x_2$$

$$\text{s.t. } g_1(\boldsymbol{x}) = -x_1^2 + x_2 \geqslant 0$$

$$g_2(\boldsymbol{x}) = x_1 \geqslant 0$$

解:构造无约束极值问题

$$\min_{x \in E^n} P(\boldsymbol{x}, M) = x_1^2 + x_2 + M[\min\{0, -x_1^2 + x_2\}]^2 + M[\min\{0, x_1\}]^2$$

令

$$\frac{\partial P}{\partial x_1} = 2x_1 - 2M[\min\{0, 2(-x_1^2 + x_2)x_1\}] + 2M[\min\{0, x_1\}] = 0$$

$$\frac{\partial P}{\partial x_2} = 1 + 2M[\min\{0, -x_1^2 + x_2\}] = 0$$

当 $-x_1^2 + x_2 < 0$ 和 $x_1 < 0$ 时,上两式可写成

$$2x_1 - 4M(-x_1^2 + x_2)x_1 + 2Mx_1 = 0$$

$$1 + 2M(-x_1^2 + x_2) = 0$$

解之得,$x_1 = 0, x_2 = -\dfrac{1}{2M}$。

取 $M = 1, 5, 10, 100$ 等可得 $\boldsymbol{x}^{(1)} = (0, -1/2)^{\mathrm{T}}, \boldsymbol{x}^{(2)} = (0, -1/10)^{\mathrm{T}}, \boldsymbol{x}^{(1)} = (0, -1/20)^{\mathrm{T}}, \boldsymbol{x}^{(1)} = (0, -1/200)^{\mathrm{T}}$。

随着 M 的增大,无约束极值问题 $P(\boldsymbol{x}, M)$ 的极小点 $\boldsymbol{x}^{(k)}$ 从 R 的外部逐步趋向原问题的最优解 $\boldsymbol{x}^* = (0,0)^{\mathrm{T}}$。

2. 障碍函数法

障碍函数法的基本思想是:要求迭代过程始终在可行域内部进行,其初始点必须取在可行域内部,再在可行域边界上设置一道"障碍",当迭代点由可行域内部向边界靠近时,目标函数取值很大,迫使迭代点留在可行域内部。

仍然考虑式(2-20) 所描述的约束优化问题,为保证迭代点在可行域内部,可构造障碍函数:

$$\overline{P}(\boldsymbol{x}, r) = f(\boldsymbol{x}) + rB(\boldsymbol{x})$$

其中,$rB(\boldsymbol{x})$ 为障碍项,$r > 0$ 为障碍因子,当迭代点趋向边界时,函数 $B(\boldsymbol{x})$ 趋向无穷大。为达到上述目的,$B(\boldsymbol{x})$ 可用如下两种形式构造。

$$B(\boldsymbol{x}) = \sum_{i=1}^{l} \frac{1}{g_i(\boldsymbol{x})}$$

或

$$B(\boldsymbol{x}) = -\sum_{i=1}^{l} \log g_i(\boldsymbol{x})$$

由于 r 是很小的整数，当 $\boldsymbol{x}$ 趋于边界 $(g_i(\boldsymbol{x}) \to 0)$ 时，$\overline{P}(\boldsymbol{x},r) \to \infty$；否则，$\overline{P}(\boldsymbol{x},r) \approx f(\boldsymbol{x})$，因此，式(2-20)所描述的问题可转化为如下问题

$$\begin{aligned} &\min \overline{P}(\boldsymbol{x},r) = f(\boldsymbol{x}) + rB(\boldsymbol{x}) \\ &\text{s.t.}\ \boldsymbol{x} \in \text{int}\ R \end{aligned} \tag{2-22}$$

其中，int R 表示在 R 内部。

从形式上看，式(2-22)所描述的问题仍然是个有约束的极值问题，但由于在 R 的边界处，它的目标函数将变得很大，当然不可能获得最优解。所以，只要从 R 的内部一点开始，并注意控制一维搜索的步长，就可以使以后的迭代点不越过可行域 R，这实际上就是一个无约束的极值问题。

具体求解时，采用的也是序列无约束极小化方法，取一严格单减且趋于0的障碍因子数列 $\{r_k\}$：

$$> r_1 > r_2 > \cdots > r_k > \cdots, \lim_{k\to\infty} r_k = 0$$

对每一个 r_k，从可行域内部出发，求解式(2-22)。

障碍函数法的具体步骤如下：

(1) 确定初始点 $\boldsymbol{x}^{(0)} \in R$，初始障碍因子 $r_1 > 0$，步长缩减系数 $\beta \in (0,1)$，允许误差 $\varepsilon > 0$，令 $k = 0$；

(2) 构造障碍函数 $B(\boldsymbol{x})$；

(3) 以 $\boldsymbol{x}^{(k-1)}$ 为初始点，求解问题

$$\begin{aligned} &\min \overline{P}(\boldsymbol{x},r_k) = f(\boldsymbol{x}) + r_k B(\boldsymbol{x}) \\ &\text{s.t.}\ \boldsymbol{x} \in \text{int}\ R \end{aligned}$$

设求得的极小点为 $\boldsymbol{x}^{(k)}$；

(4) 若 $r_k B(\boldsymbol{x}) < \varepsilon$，则 $\boldsymbol{x}^{(k)}$ 为近似极小点，停止计算；

否则，令 $r_{k+1} = \beta r_k$，$k := k + 1$，转(3)。

例 2.13　用障碍函数法求解下列非线性规划问题

$$\begin{aligned} &\min f(\boldsymbol{x}) = x_1^2 + x_2 \\ &\text{s.t.}\ g_1(\boldsymbol{x}) = -x_1^2 + x_2 \geqslant 0 \\ &\qquad g_2(\boldsymbol{x}) = x_1 \geqslant 0 \end{aligned}$$

解：构造障碍函数（为便于计算，采用自然对数形式）

$$\overline{P}(\boldsymbol{x},r) = x_1^2 + x_2 - r(\ln(-x_1^2 + x_2) + \ln x_1)$$

令

$$\frac{\partial \overline{P}}{\partial x_1} = 2x_1 + \frac{2x_1 r}{-x_1^2 + x_2} - \frac{r}{x_1} = 0 \text{ 及 } \frac{\partial \overline{P}}{\partial x_2} = 1 - \frac{r}{-x_1^2 + x_2} = 0$$

求解得到
$$x_1=\frac{\sqrt{r}}{2},x_2=\frac{5}{4}r,\boldsymbol{x}^*=\lim_{r\to 0}\left(\frac{\sqrt{r}}{2},\frac{5}{4}r\right)^{\mathrm{T}}=(0,0)^{\mathrm{T}}$$

对于较为复杂的函数，需要用迭代算法求解式(2-22)，只要取障碍因子足够小，就可以得到满足精度的解。

习题二

1. 分别用 Fibonacci 法与 0.618 法求解下列函数的极值点

(1) $\min f(\boldsymbol{x})=x^2-4x+2,\quad x\in[0,10],\delta=0.03$

(2) $\max f(\boldsymbol{x})=\begin{cases}\dfrac{x}{2}, & x\leqslant 2,\\ 3-x, & x>2,\end{cases}\quad x\in[0,3],\delta=0.1$

2. 用切线法求下列函数的极值点

$$\min f(\boldsymbol{x})=\mathrm{e}^x-5x,\quad x\in[1,2],\varepsilon=0.01$$

3. 用最速下降法求解下列无约束极值问题

$$\min f(\boldsymbol{x})=x_1^2+2x_2^2-4x_1-2x_2$$

设初始点为 $\boldsymbol{x}^{(0)}=(1,1)^{\mathrm{T}}$，迭代到 $\|\nabla f(\boldsymbol{x}^{(k)})\|<0.2$ 为止。

4. 用最速下降法求解下列无约束极值问题

$$\min f(\boldsymbol{x})=x_1^2+2x_2^2$$

设初始点为 $\boldsymbol{x}^{(0)}=(4,4)^{\mathrm{T}}$，迭代两次，并验证相邻两次迭代的搜索方向相互垂直。

5. 用牛顿法求解下列无约束极值问题

$$\min f(\boldsymbol{x})=(x_1-1)^2+2x_2^2$$

设初始点为 $\boldsymbol{x}^{(0)}=(0,1)^{\mathrm{T}}$，迭代到 $\|\nabla f(\boldsymbol{x}^{(k)})\|<0.3$ 为止。

6. 用变尺度法求解下列无约束极值问题

$$\min f(\boldsymbol{x})=(x_1-2)^3+(x_1-2x_2)^2$$

设初始点为 $\boldsymbol{x}^{(0)}=(0,3)^{\mathrm{T}}$，迭代到 $\|\nabla f(\boldsymbol{x}^{(k)})\|<0.5$ 为止。

7. 用共轭方向法求解下列无约束极值问题

$$\min f(\boldsymbol{x})=x_1-x_2+2x_1^2+x_1x_2+x_2^2$$

设初始点为 $\boldsymbol{x}^{(0)}=(0,0)^{\mathrm{T}},\varepsilon=10^{-6}$。

8. 用坐标轮换法求解下列无约束极值问题

$$\min f(\boldsymbol{x})=x_1^2+4x_2^2$$

设初始点为 $\boldsymbol{x}^{(0)}=(2,2)^{\mathrm{T}}$，进行两轮迭代。

9. 用可行方向法求解下列非线性规划问题,设 $\boldsymbol{x}^{(0)}=(0,0.5)^{\mathrm{T}}$,至少迭代两步。

$$\min f(\boldsymbol{x})=x_1^2+x_2^2-4x_1-4x_2+8$$
$$\text{s.t.}\quad x_1+2x_2\leqslant 4$$

10. 用可行方向法求解下列非线性规划问题,设 $\boldsymbol{x}^{(0)}=(0,0.5)^{\mathrm{T}}$,至少迭代两步。

$$\min f(\boldsymbol{x})=2x_1^2+2x_2^2-2x_1x_2-4x_1-6x_2$$
$$\text{s.t.}$$
$$x_1+5x_2\leqslant 5$$
$$2x_1^2-x_2\leqslant 0$$
$$x_1,x_2\geqslant 0$$

11. 用近似规划法求解下列非线性规划问题

$$\min f(\boldsymbol{x})=-2x_1-x_2$$
$$\text{s.t.}$$
$$x_1^2+x_2^2\leqslant 25$$
$$x_1^2-x_2^2\leqslant 7$$

的二次近似解,取初始点 $\boldsymbol{x}^{(0)}=(2,2)^{\mathrm{T}}$,初始步长界限为 $\delta_1^{(1)}=\delta_2^{(1)}=1$。

12. 分别用罚函数法和障碍函数法求解下列非线性规划问题,取 $\varepsilon=0.1$。

(1) $\min f(\boldsymbol{x})=(x_1-2)^4+(x_1-2x_2)^2$

$$\text{s.t.}$$
$$x_1^2-x_2=0$$

(2) $\min f(\boldsymbol{x})=\mathrm{e}^{x_1}+\mathrm{e}^{x_2}$

$$\text{s.t.}$$
$$x_1^2+x_2^2\leqslant 9$$
$$x_1-x_2\geqslant 1$$
$$x_1,x_2\geqslant 0$$

第三章　非线性规划应用

经济管理中的许多过程是以非线性方式进行的,因此,在实际管理决策中,会遇到大量的非线性问题。这里主要介绍非线性规划在金融服务、参数优化估计、生产管理等方面的应用。

第一节　非线性规划问题的计算机软件求解

从上述求解非线性规划的方法可以看出,非线性规划的求解是十分困难的,在实际应用中往往需要实证分析。借助计算机软件求解非线性规划对于实际应用具有重要意义。常见的软件如EXCEL、MATLAB以及LINGO等均可求解较为简单的非线性规划问题。由于LINGO输入格式较为灵活,应用较为方便,这里通过一些例子的简单求解过程介绍如何用LINGO求解非线性规划问题。

例3.1　用LINGO求解下列非线性规划问题。

$$\max f = 80x_1 - (1/15)x_1^2 + 150x_2 - (1/5)x_2^2$$

$$\text{s.t.}$$

$$(7/10)x_1 + x_2 \leqslant 630$$

$$(1/2)x_1 + (5/6)x_2 \leqslant 600$$

$$x_1 + (2/3)x_2 \leqslant 700$$

$$(1/10)x_1 + (1/4)x_2 \leqslant 135$$

$$x_1, x_2 \geqslant 0$$

打开LINGO执行程序,将如下形式输入界面:

```
max = 80 * x1 - (1/15) * x1^2 + 150 * x2 - (1/5) * x2^2;
(7/10) * x1 + x2 < 630;
(1/2) * x1 + (5/6) * x2 < 600;
x1 + (2/3) * x2 < 700;
(1/10) * x1 + (1/4) * x2 < 135;
```

上述输入格式中:“ * ”表示乘法,“/”表示除法,“^”表示幂数,目标函数与约束条件以及约束条件之间用“;”隔开。

从LINGO菜单中选择Sovle命令,得到问题的最优解为$x_1 = 459$,$x_2 = 308$,目标函数值为49920。

例3.2　用LINGO求解下列非线性规划问题

$$\min f(\boldsymbol{x}) = x_1^2 + x_2^2 - 16x_1 - 10x_2$$

s. t.

$$g_1(\boldsymbol{x}) = -x_1^2 + 6x_1 - 4x_2 + 11 \geqslant 0$$

$$g_2(\boldsymbol{x}) = -e^{x_1 - 3} + x_1x_2 - 3x_2 + 1 \geqslant 0$$

$$g_3(\boldsymbol{x}) = x_1 - 3 \geqslant 0$$

$$g_4(\boldsymbol{x}) = x_2 \geqslant 0$$

打开 LINGO 执行程序,将如下形式输入界面:

```
min = x1^2 + x2^2 - 16 * x1 - 10 * x2;
( - 1) * x1^2 + 6 * x1 - 4 * x2 > - 11;
( - 1) * @ exp(x1 - 3) + x1 * x2 - 3 * x2 > - 1;
x1 > 3;
```

上述输入格式中要注意的地方是:(1) 当目标函数和约束条件的第一项为负号时,一般以“(- 1)” 作为系数与相应变量或函数相乘,因为在 LINGO 软件中,如果函数的第一项为 $-x_1^2$,当输入格式为“ - x1^2” 时,程序会按$(-x_1)^2$ 计算;(2)LINGO 软件中提供了常用的函数,输入时可直接使用,但在函数前面必须加上“@ ”,如 @ exp,@ log,@ sin,@ cos,@ sqrt 等。

对于上述输入模型,从 LINGO 菜单中选择 Sovle 命令,得到问题的最优解为 $x_1 = 5.24$,$x_2 = 3.746$,目标函数值为 -79.81,且第一个和第二个约束条件均为起作用约束。

例 3.3　用 LINGO 求解下列非线性规划问题

$$\min f(\boldsymbol{x}) = (x_1 + 1)2 + (x_2 + 1)^2$$

s. t.

$$x_1^2 + x_2^2 - 2 \leqslant 0$$

$$x_2 - 1 \leqslant 0$$

打开 LINGO 执行程序,将如下形式输入界面:

```
min = (x1 + 1)^2 + (x2 + 1)^2;
x1^2 + x2^2 < 2;
x2 < 1;
@ free(x1);
@ free(x2);
```

上述输入格式中要注意的地方是:(1) 当模型对某一个变量没有限制时,需要用 @ free 指出,否则默认变量为非负;(2) 当要求某个变量为一般整数时,需要用 @ gin 指出,当要求某个变量为 0 - 1 变量时,需要用 @ bin 指出;

对于上述输入模型,从 LINGO 菜单中选择 Sovle 命令,得到问题的最优解为 $x_1 = -1$,$x_2 = -1$,目标函数值为0。如果漏掉 @ free(x1),@ free(x2),求解结果为 $x_1 = 0$,$x_2 = 0$,目标函数值为 2,从而得到错误结果。

例 3.4　用 LINGO 求解下列非线性规划问题

$$\min f(\boldsymbol{x}) = 0.92x_1 + 0.64x_2 + 0.41x_3$$

s. t.

$$x_1 + x_2 + x_3 = 1$$

$$(180x_1^2 + 120x_2^2 + 140x_3^2 + 72x_1x_2 + 220x_1x_3 - 60x_2x_3)^{1/2} \leqslant 12$$

$$x_1, x_2, x_3 \geqslant 0$$

打开 LINGO 执行程序，将如下形式输入界面：

```
model:
sets:
num_i/1..3/:c,x;
endsets
data:
c = 0.92,0.64,0.41;
enddata
[obj]max = @sum(num_i(i):c(i) * x(i));
x(1) + x(2) + x(3) = 1;
(180 * x(1)^2 + 120 * x(2)^2 + 140 * x(3)^2 + 72 * x(1) * x(2)
+ 220 * x(1) * x(3) - 60 * x(2) * x(3))^(1/2) < 12;
@for(num_i(i):x(i) >= 0;);
end
```

对于上述输入程序，从 LINGO 菜单中选择 Sovle 命令，得到问题的最优解为 $x_1 = 0.86, x_2 = 0.141, x_3 = 0.00$，目标函数值为 0.881。

从该模型的 LINGO 输入格式可以看出，LINGO 具有很好的编程功能，某些非线性规划问题可能较为复杂，模型需要重复利用，模型中含有重复计算约束方程等，LINGO 为此提供了相应的程序语言，而要掌握这些程序语言需要对 LINGO 有较深入的了解。

第二节　非线性规划的应用

一、投资组合

例3.5　以市场收益为准则的投资组合　某资产管理公司为风险偏好型的投资者设计投资计划，准备建立一个投资组合模型，希望能用于确定 6 种基金的最佳投资组合。根据过去的历史表现，结合未来的预期，公司预计了这 6 种基金在未来 5 年的可能收益情况以及未来5年市场指数收益情况，具体数据见表3-1。公司管理者认为，未来5年的基金收益可用于代表接下来的 12 个月投资收益的 5 种可能性。据调查，某些投资者希望期望收益尽可能地接近市场收益，为了实现这一目标，公司应如何进行投资组合？

表 3-1　**基金收益和市场指数收益**

基金收益(%)	计划方案				
	第1年	第2年	第3年	第4年	第5年
基金1	10.1	13.1	13.4	45.4	-21.9
基金2	17.6	3.3	7.5	-1.4	7.4
基金3	32.2	18.7	33.2	41.5	-23.2
基金4	32.5	20.6	12.9	7.1	-5.4
基金5	33.4	19.4	3.9	58.8	-9.1
基金6	24.5	25.3	-6.7	5.4	17.3
市场指数收益(%)	25.0	20.0	8.0	30.0	-10.0

解：设用于投资 6 种基金的比例分别为：$x_1, x_2, x_3, x_4, x_5, x_6$。同时，用 R_1, R_2, R_3, R_4, R_5，分别表示5个方案的投资期望收益，如果第一年代表的投资方案最终反映了未来12个月发生的情况，投资组合收益可表示为

$$10.1x_1 + 17.6x_2 + 32.2x_3 + 32.5x_4 + 33.4x_5 + 24.5x_6 = R_1$$

同样有：

$$13.1x_1 + 3.3x_2 + 18.7x_3 + 20.6x_4 + 19.4x_5 + 25.3x_6 = R_2$$
$$13.4x_1 + 7.5x_2 + 33.2x_3 + 12.9x_4 + 3.9x_5 - 6.7x_6 = R_3$$
$$45.4x_1 - 1.4x_2 + 41.5x_3 + 7.1x_4 + 58.8x_5 + 5.4x_6 = R_4$$
$$-21.9x_1 + 7.4x_2 - 23.2x_3 - 5.4x_4 - 9.1x_5 + 17.3x_6 = R_5$$

分别代表第 2 年到第 5 年投资方案反映的未来 12 个月的投资收益。

对于投资者的目标可描述为投资期望收益与市场收益差值的平方和最小，即

$$\min f = (R_1 - 25)^2 + (R_2 - 20)^2 + (R_3 - 8)^2 + (R_4 - 30)^2 + (R_5 - (-10))^2$$

考虑投资比例之和为 1，得到如下非线性规划模型

$$\min f = (R_1 - 25)^2 + (R_2 - 20)^2 + (R_3 - 8)^2 + (R_4 - 30)^2 + (R_5 - (-10))^2$$

s. t.

$$10.1x_1 + 17.6x_2 + 32.2x_3 + 32.5x_4 + 33.4x_5 + 24.5x_6 = R_1$$
$$13.1x_1 + 3.3x_2 + 18.7x_3 + 20.6x_4 + 19.4x_5 + 25.3x_6 = R_2$$
$$13.4x_1 + 7.5x_2 + 33.2x_3 + 12.9x_4 + 3.9x_5 - 6.7x_6 = R_3$$
$$45.4x_1 - 1.4x_2 + 41.5x_3 + 7.1x_4 + 58.8x_5 + 5.4x_6 = R_4$$
$$-21.9x_1 + 7.4x_2 - 23.2x_3 - 5.4x_4 - 9.1x_5 + 17.3x_6 = R_5$$
$$x_1 + x_2 + x_3 + x_4 + x_5 + x_6 = 1$$
$$x_1, x_2, x_3, x_4, x_5 \geqslant 0$$

模型的计算机求解结果为：6 种基金的投资比例分别为：5.30%，9.17%，16.40%，0%，29.07% 和 40.07%；

例3.6　马科维茨投资组合模型　大部分投资组合优化模型必须在收益与风险之间做出平衡。为了得到更大的收益，投资者必须面对更大的投资风险。在证券投资中，投资收益一般用投资组合的期望收益表示，而风险可用投资组合收益的方差描述。构建马科维茨投资组合模型的两个基本方法是：(1) 在投资组合期望收益的约束条件限制下，极小化投资组合收益的方差；(2) 在方差约束条件的限制下，极大化投资组合的收益。

对于例3.5中的投资问题，期望收益可用5个方案收益的期望值描述，即

$$ER = P_1R_1 + P_2R_2 + P_3R_3 + P_4R_4 + P_5R_5$$

投资组合的方差可由下式表示，即

$$\mathrm{Var} = P_1(R_1 - ER)^2 + P_2(R_2 - ER)^2 + P_3(R_3 - ER)^2 + P_4(R_4 - ER)^2 + P_5(R_5 - ER)^2$$

若客户希望对表3-1中的6种基金构建一个投资组合，来极小化由投资组合收益的方差测量的风险，同时也希望预期的投资组合收益至少为10%。若5个方案出现的概率分别为：0.4，0.3，0.1，0.1，0.1，则该投资组合模型为

$$\begin{aligned}\min\mathrm{Var} = {} & 0.4(R_1 - ER)^2 + 0.3(R_2 - ER)^2 + 0.1(R_3 - ER)^2 \\ & + 0.1(R_4 - ER)^2 + 0.1(R_5 - ER)^2\end{aligned}$$

s.t.

$$\begin{aligned}& 10.1x_1 + 17.6x_2 + 32.2x_3 + 32.5x_4 + 33.4x_5 + 24.5x_6 = R_1 \\ & 13.1x_1 + 3.3x_2 + 18.7x_3 + 20.6x_4 + 19.4x_5 + 25.3x_6 = R_2 \\ & 13.4x_1 + 7.5x_2 + 33.2x_3 + 12.9x_4 + 3.9x_5 - 6.7x_6 = R_3 \\ & 45.4x_1 - 1.4x_2 + 41.5x_3 + 7.1x_4 + 58.8x_5 + 5.4x_6 = R_4 \\ & -21.9x_1 + 7.4x_2 - 23.2x_3 - 5.4x_4 - 9.1x_5 + 17.3x_6 = R_5 \\ & 0.4R_1 + 0.3R_2 + 0.1R_3 + 0.1R_4 + 0.1R_5 = ER \\ & x_1 + x_2 + x_3 + x_4 + x_5 + x_6 = 1 \\ & x_1, x_2, x_3, x_4, x_5 \geqslant 0\end{aligned}$$

模型的计算机求解结果为：6种基金的投资比例分别为：24.03%，57.10%，0%，0%，0%和18.87%，投资组合收益方差24.73，期望收益11.74%。

例3.7　股票投资组合优化　某投资者对市场中某些股票的历史数据进行了详细的统计分析，选择了其中A、B、C三只股票准备进行长期组合投资，三只股票的统计分析结果以及预计的三只股票未来5年的投资收益如表3-2所示。

表3-2　**投资收益和收益协方差**

股票名称	5年投资收益(%)	股票之间收益协方差(%)		
		A	B	C
A	56	110	-40	90
B	85	-40	210	30
C	61	90	30	120

该投资者现有资金100万元，希望在收益和风险之间取得一定平衡，现计划从两个方

面进行分析,以便决定具体的投资组合。

(1) 希望未来5年投资收益不小于63%,在股票C上的投资至少10万元,在此要求下尽可能使投资组合收益的方差小,以此来控制风险;

(2) 尽可能使未来5年投资组合的收益大,而且希望将投资组合收益的方差控制在150%以下;

解:设x_1,x_2,x_3分别表示A、B、C三只股票的投资比例,y_1,y_2,y_3,分别表示投资在A、B、C三只股票上的资金数量,r_1,r_2,r_3分别表示A、B、C三只股票的5年期望收益率,r为投资组合的5年期望收益率,V为投资组合的方差。

由统计学的知识可知

$$r = x_1r_1 + x_2r_2 + x_3r_3$$

$$V = x_1^2\mathrm{var}(r_1) + x_2^2\mathrm{var}(r_2) + x_3^2\mathrm{var}(r_3) + 2x_1x_2\mathrm{cov}(r_1,r_2) + 2x_1x_3\mathrm{cov}(r_1,r_3) + 2x_2x_3\mathrm{cov}(r_2,r_3)$$

$$= 110x_1^2 + 210x_2^2 + 120x_3^2 - 80x_1x_2 + 180x_1x_3 + 60x_2x_3$$

对于问题(1)有如下模型

$\min V$

s. t.

$V = 110x_1^2 + 210x_2^2 + 120x_3^2 - 80x_1x_2 + 180x_1x_3 + 60x_2x_3$

$0.56x_1 + 0.85x_2 + 0.61x_3 \geqslant 0.63$

$x_1 + x_2 + x_3 = 1$

$100x_1 = y_1$

$100x_2 = y_2$

$100x_3 = y_3$

$y_3 \geqslant 10$

$x_1,x_2,x_3,y_1,y_2,y_3,V \geqslant 0$

模型的求解结果为:A、B、C三只股票的投资比例分别为54.75%,35.25%,10%,投资在A、B、C三只股票上的资金数量分别为55万元、35万元和10万元,投资组合的收益率为66.7%,投资组合的方差为56.75。

对于问题(2)有如下模型

$\max R$

s. t.

$R = 0.56x_1 + 0.85x_2 + 0.61x_3$

$110x_1^2 + 210x_2^2 + 120x_3^2 - 80x_1x_2 + 180x_1x_3 + 60x_2x_3 \leqslant 120$

$x_1 + x_2 + x_3 = 1$

$100x_1 = y_1$

$100x_2 = y_2$

$100x_3 = y_3$

$y_3 \geqslant 10$

$x_1,x_2,x_3,y_1,y_2,y_3,V \geqslant 0$

模型的求解结果为：A、B、C 三只股票的投资比例分别为 14.98%，75.02%，10%，投资在 A、B、C 三只股票的资金数量分别为 15 万元，75 万元和 10 万元，投资组合的方差为 120，投资组合的期望收益率为 78.25%。

二、预测模型参数估计

例 3.8　许多预测模型需要利用非线性最优化来估计模型参数。其中指数平滑模型在实践中应用得非常普遍，如预测销售的基本指数平滑模型如下：

$$F_{t+1} = \alpha Y_t + (1-\alpha) F_t$$

其中，F_{t+1} 为第 $t+1$ 个周期预测的销售量；Y_t 为第 t 个周期的实际销售量；F_t 为第 t 个周期预测的销售量；α 为平滑常量（$0 \leqslant \alpha \leqslant 1$）。

表 3-3 描述的是某产品过去 12 个月的实际销售量、$\alpha = 0.3$ 时的预测值以及二者之间的误差，显然对于不同的 α 取值，预测值与实际观测值之间的误差大小会不同，现要求估计模型中的参数 α，使预测值与实际观测值之间的误差平方和最小。

表 3-3

周（t）	观测值（Y_t）	预测值（F_t）	预测误差（$Y_t - F_t$）	预测误差的平方（$Y_t - F_t$）^{2}
1	17	17	0	0
2	21	17	4	16
3	19	18.2	0.8	0.64
4	23	18.44	4.56	20.79
5	18	19.81	−1.81	3.27
6	16	19.27	−3.27	10.66
7	20	18.29	1.71	2.94
8	18	18.8	−0.8	0.64
9	22	18.56	3.44	11.83
10	20	19.59	0.41	0.17
11	15	19.71	−4.71	22.23
12	22	18.3	3.7	13.69
				合计 = 102.86

解：依题意，本问题的目标函数为预测误差的平方和最小，表达式为

$$\min\ (17-F_1)^2 + (21-F_2)^2 + (19-F_3)^2 + (23-F_4)^2 + (18-F_5)^2 + (16-F_6)^2 + (20-F_7)^2 + (18-F_8)^2 + (22-F_9)^2 + (20-F_{10})^2 + (15-F_{11})^2 + (22-F_{12})^2$$

约束条件为预测模型的连续性方程（时间序列方程），即

$F_1 = 17$　　　　$F_7 = 16\alpha + (1-\alpha)F_6$

$F_2 = 17\alpha + (1-\alpha)F_1$　　　　$F_8 = 20\alpha + (1-\alpha)F_7$

$F_3 = 21\alpha + (1-\alpha)F_2$　　　　$F_9 = 18\alpha + (1-\alpha)F_8$

$F_4 = 19\alpha + (1-\alpha)F_3$　　　　$F_{10} = 22\alpha + (1-\alpha)F_9$

$F_5 = 23\alpha + (1-\alpha)F_4$　　　　$F_{11} = 20\alpha + (1-\alpha)F_{10}$

$F_6 = 18\alpha + (1-\alpha)F_5$　　　　$F_{12} = 15\alpha + (1-\alpha)F_{11}$

这样,问题的模型如下:

$\min V$

s. t.

$V = (17-F_1)^2 + (21-F_2)^2 + (19-F_3)^2 + (23-F_4)^2 + (18-F_5)^2 + (16-F_6)^2 + (20-F_7)^2 + (18-F_8)^2 + (22-F_9)^2 + (20-F_{10})^2 + (15-F_{11})^2 + (22-F_{12})^2$

$F_1 = 17$

$F_2 = 17\alpha + (1-\alpha)F_1$

$F_3 = 21\alpha + (1-\alpha)F_2$

$F_4 = 19\alpha + (1-\alpha)F_3$

$F_5 = 23\alpha + (1-\alpha)F_4$

$F_6 = 18\alpha + (1-\alpha)F_5$

$F_7 = 16\alpha + (1-\alpha)F_6$

$F_8 = 20\alpha + (1-\alpha)F_7$

$F_9 = 18\alpha + (1-\alpha)F_8$

$F_{10} = 22\alpha + (1-\alpha)F_9$

$F_{11} = 20\alpha + (1-\alpha)F_{10}$

$F_{12} = 15\alpha + (1-\alpha)F_{11}$

$\alpha \leqslant 1$

$F_1, F_2, \cdots, F_{12}, V, \alpha \geqslant 0$

模型求解结果为:$\alpha = 0.17438$,$V = 98.558$,即模型中参数$\alpha = 0.17438$,预测误差平方和为98.558,明显小于$\alpha = 0.3$时的预测误差的平方和102.86.

三、生产计划问题

例3.9　生产计划与定价策略问题　某公司生产A、B两种设备,两种设备之间具有一定的替代性,经过市场人员的统计分析,两种设备的需求量与它们的价格有关系,具体关系为:

$$q_1 = 950 - 1.2p_1 + 0.7p_2$$

$$q_2 = 250 + 0.3p_1 - 0.4p_2$$

式中,q_1,q_2分别表示A,B的需求量(销售量);p_1,p_2分别表示A,B的销售价格。目前,公司的一个主要客户订购了20台设备B。此外,会计部门给出了两种设备的成本信息:A设备的固定成本为10000元,变动成本为1200元/台,B设备的固定成本为30000元,变动成本为1000元/台。公司生产这两种设备需要消耗人力、某种原材料以及占用机器设备,而目前公司这些资源均有限,具体数据如表3-4。

表 3-4

单耗 产品 / 资源	A	B	资源限制
人力	2	1	1000h
设备	2	3	1200h
原材料	7	6	1900kg

为使企业利润最大,公司应该如何制定价格策略与生产计划?

解:设 x_1,x_2 分别表示 A,B 的生产量,则问题的目标函数为

$$R = p_1x_1 + p_2x_2 - (10000 + 1200x_1) - (30000 + 1000x_2)$$

依据产品与价格的关系公司生产的设备可全部售出,即

$$x_1 = q_1 = 950 - 1.2p_1 + 0.7p_2$$

$$x_2 = q_2 = 250 + 0.3p_1 - 0.4p_2$$

考虑资源限制的情况下,本问题的数学模型如下:

$$\max R = p_1x_1 + p_2x_2 - (10000 + 1200x_1) - (30000 + 1000x_2)$$

s. t.

$$x_1 = 950 - 1.2p_1 + 0.7p_2$$

$$x_2 = 250 + 0.3p_1 - 0.4p_2$$

$$2x_1 + x_2 \leqslant 1000$$

$$2x_1 + 3x_2 \leqslant 1200$$

$$7x_1 + 6x_2 \leqslant 1900$$

$$x_2 \geqslant 20$$

$x_1,x_1,p_1,p_2 \geqslant 0$,且为整数

该问题的求解结果为:p_1, = 1620,p_2 = 1778,x_1 = 250,x_2 = 25,R = 84537,即公司的定价策略为 A,B 的价格分别为 1620 元/台和 1778 元/台,公司的生产计划定为 A,B 的产量分别为 250 台和 25 台,企业总利润为 84460 元。

例 3.10　采购与生产计划问题　某工厂需要 A 和 B 两种原材料,加工生产甲和乙两种产品,两种产品主要由 A 和 B 混合而成。两种产品目前的市场价格分别为6000 元/t 和 7000 元/t,甲和乙的生产成本均为500 元/t。产品甲中原材料 A 的比例不小于50%,产品乙中原材料 A 的比例不小于65%。工厂现有原材料 A 和 B 的库存量分别为500t 和1000t,因生产需要,工厂决定从某供应商处购买不超过 1500t 的原材料 A,供应商对原材料 A 设定了批量价格折扣,具体见表 3-5。

表 3-5　**批量价格折扣**

批量(t)	0 ~ 500	501 ~ 1000	1001 ~ 1500
价格(元/t)	10000	8000	6000

现在的问题是，工厂应该如何制订采购和生产计划，使得利润最大？

解：设产品甲和产品乙的生产数量分别为 y_1 和 y_2，单位为 t；产品甲中 A 和 B 的含量分别为 x_{11}，x_{12}，单位为 t；产品乙中 A 和 B 的含量分别为 x_{21}，x_{22}，单位为 t；购买原材料 A 的数量为 x，采购费用为 $c(x)$，则问题的目标函数为：

$$z = 6(x_{11} + x_{21}) + 7(x_{12} + x_{22}) - c(x) - 0.5(x_{11} + x_{12} + x_{21} + x_{22})$$

式中，z 为工厂利润，单位为千元；$c(x)$ 为分段函数，因此需要对其进行转换。这里，设 x_1，x_2，x_3 分别表示公司以 10000 元/t，8000 元/t 和 6000 元/t 的价格购买 A 的数量，单位为 t，则 $c(x) = 10x_1 + 8x_2 + 6x_3$ 且满足 $x = x_1 + x_2 + x_3$；$x_1x_2 = 0$；$x_1x_3 = 0$；$x_2x_3 = 0$。

考虑到比例条件等，可得到问题的数学模型如下：

$$\max z = 5.5(x_{11} + x_{21}) + 6.5(x_{12} + x_{22}) - (10x_1 + 8x_2 + 6x_3)$$

$$\begin{aligned}
\text{s.t.}\quad & \\
& x_{11} + x_{12} \leqslant 500 + x \\
& x = x_1 + x_2 + x_3 \\
& x \leqslant 1500 \\
& x_{21} + x_{22} \leqslant 1000 \\
& x_1x_2 = 0 \\
& x_1x_3 = 0 \\
& x_2x_3 = 0 \\
& x_{11} \geqslant 0.5(x_{11} + x_{21}) \\
& x_{12} \geqslant 0.65(x_{12} + x_{22}) \\
& y_1 = x_{11} + x_{21} \\
& y_2 = x_{12} + x_{22} \\
& x, x_1, x_2, x_3, y_1, y_2, x_{11}, x_{12}, x_{21}, x_{22} \geqslant 0
\end{aligned}$$

该问题的求解结果为：$x = 1500$，$y_1 = 0$，$y_2 = 3000$，$z = 10500$，即购买原材料 A1500t，全部投入产品乙的生产，生产量为 3000t，总利润为 10500000 元。

习 题 三

1. 柯布-道格拉斯生产函数，作为资本和劳动的函数，是一个从经济学出发用于模拟输出的经典模型，它的形式如下

$$f(L, C) = c_0 L^{c_1} C^{c_2}$$

这里，c_0，c_1，c_2 是常数，变量 L 代表劳动的输入数量，C 代表资金的输入数量。现假定 $c_0 = 5$，$c_1 = 0.25$，$c_2 = 0.75$，同时假定每单位劳动成本是 25 元，每单位资本成本是 75 元，目前总预算只有 75000 元，为使产出最大化，试用非线性规划模型在资本和劳动之间进行优化分配，并利用软件求解该模型。

2. A、B、C 三只股票在过去 12 年每年的价值增长情况（包括分红收益在内）以及相应的市场综合指数收益情况等如表 3-6 所示。

表 3-6　　　　　　　　　　　　　　　　　　　　　　　　　　单位:元

年份	A 的价值	B 的价值	C 的价值	市场指数价值
1	1.300	1.225	1.149	1.2590
2	1.103	1.290	1.260	1.1975
3	1.216	1.216	1.419	1.3644
4	0.954	0.728	0.922	0.9193
5	0.929	1.144	1.169	1.0571
6	1.056	1.107	0.965	1.0501
7	1.038	1.321	1.133	1.1880
8	1.089	1.305	1.732	1.1712
9	1.090	1.195	1.021	1.2402
10	1.083	1.390	1.131	1.1837
11	1.035	0.928	1.006	0.9901
12	1.176	1.715	1.908	1.5262

某投资者现拥有 500 万元,计划长期投资这三只股票,希望年投资收益不少于 15%,请帮助该投资者进行投资组合,给出最优投资组合方案,并对投资的收益和风险变化进行讨论。

3. 某医院管理人员计划建立一个数学模型,对重病患者出院后的长期恢复情况进行预测。模型的自变量是患者住院的天数 x,因变量是患者出院后长期恢复的预后指数 y,该指数的数值越大表示预后结局越好。为此,管理人员对过去的 15 位患者进行了研究统计,这些数据如表 3-7 所示。

表 3-7

病号	住院天数	预后指数	病号	住院天数	预后指数
1	2	54	9	34	18
2	5	50	10	38	13
3	7	45	11	45	8
4	10	37	12	52	11
5	14	35	13	53	8
6	19	25	14	60	4
7	26	20	15	65	6
8	31	16			

经验表明,病人住院天数和预后指数呈非线性关系,即

$$y = a + be^{cx}$$

试用非线性规划方法估计模型中的参数(应用软件求解)。

第四章　应用马尔可夫过程

管理决策中,我们经常关心可重复性系统的演进过程。如:某一时期正常工作的机器到下一时期也能正常工作或出现某一故障的概率;某一时期顾客购买 A 品牌产品而下一时期购买 B 品牌的概率。马尔可夫过程模型在研究重复性系统演进过程方面具有重要作用,在决策分析、市场预测、排队系统等方面有着广泛的应用。

第一节　马尔可夫过程

一、随机过程的概念

在客观世界中有些随机现象表示的是事物随机变化的过程,它们不能用随机变量或随机向量描述,需要用一族无限多个随机变量描述,这就是随机过程。以下是几个随机过程的例子。

例 4.1　生物群体的增长问题。在描述群体的发展或演变过程中,以 X_t 表示时刻 t 群体的个数,则对每一个 t, X_t 是一个随机变量。假设我们从 $t = 0$ 开始,每隔 24 小时对群体的个数观测一次,则 $\{X_t, t = 0,1,2,\cdots\}$ 是随机过程。

例 4.2　服务系统顾客人数变化问题。在描述随机服务系统中顾客人数的变化过程中,以 X_t 表示时刻 t 系统中的顾客人数,则对每一个 t, X_t 是一个随机变量。假设我们从 $t = 0$ 开始,每隔 1 小时对系统中顾客的数量观测一次,则 $\{X_t, t = 0,1,2,\cdots\}$ 是随机过程。

例 4.3　在天气预报中,若以 X_t 表示某地区第 t 次统计所得到的某天的最高气温,则 X_t 是一个随机变量。为了预报该地区未来的气温,我们必须研究随机过程 $\{X_t, t = 0,1,2,\cdots\}$ 的统计规律。

例 4.4　某电话交换台在时段 $[0,t]$ 内接到的呼叫次数是与 t 有关的随机变量 $X(t)$,对于固定的 t, $X(t)$ 是一个取非负整数的随机变量,而 $\{X(t), t \in [0,\infty)\}$ 是随机过程。

从上面的例子可以看出,随机过程是有限维随机变量的发展和推广,为此有如下定义。

定义 4.1　设 (Ω,F,P) 是概率空间, T 是给定的参数,若对每个 $t \in T$,有一个随机变量 $X(t,e)$ 与之对应,则称随机变量族 $\{X(t,e), t \in T\}$ 是 (Ω,F,P) 上的随机过程,简记为随机过程 $\{X(t), t \in T\}$。T 称为参数集,通常表示时间,也可以表示别的。

在研究随机过程时,对所有 $t \in T$ 都加以研究是非常困难的,往往将随机过程转化为有限维的随机变量加以处理。在许多情形中,只需要知道从 $t = t_0$ 到 $t = t_1 (t_0 < t_1)$ 时,过程是如何由 $X(t_0)$ 转化到 $X(t_1)$ 的,即只需要知道当 $t_0, t_1 \in T$,且 $t_0 < t_1$ 时,由式(4-1)描

述的条件转移分布函数所带来的信息即可,这样可大为降低研究随机过程的难度。

$$F(x_0,x_1;t_0,t_1)=P\{X(t_1)\leqslant x_1 \mid X(t_0)=x_0\} \tag{4-1}$$

式(4-1)中$X(t)$所能取的值,称为过程的状态,所有状态组合的集合称为状态空间。如例4.2中服务系统中的顾客人数就是过程的状态,$\{0,1,2,3,\cdots\}$就是状态空间,其时间参数T是连续的,而状态空间是离散的。当时间参数和状态空间都是离散的情况时,式(4-1)可写成

$$p_{ij}^{(m,n)}=P\{x_n=j\mid x_m=i\},m<n$$

如果转移概率与时间参数无关,只与经过的时间长度和状态有关,即

$$F(x_0,x_1;t_0,t_1)=F(x_0,x_1;0,t)$$

或写成

$$F(x_0,x_1;t_0,t_1)=F(x_0,x_1;t)$$

则称随机过程为齐次的。如果状态是离散的,则有

$$p_{ij}^{(m,m+s)}=p_{ij}^{(s)}$$

即经过相同的时间,同样的转移的概率是相等的,此时称随机过程是平稳的。

二、马尔可夫过程

定义4.2　设$\{X(t),t\in T\}$为随机过程,若对于任意正整数n及$t_1<t_2<\cdots<t_n$,$P\{X(t_1)=x_1,X(t_2)=x_2,\cdots,X(t_{n-1})=x_{n-1}\}>0$,且其条件分布为

$$\begin{aligned}&P\{X(t_n)\leqslant x_n\mid X(t_{n-1})=x_{n-1},X(t_{n-2})=x_{n-2},\cdots,X(t_1)=x_1\}\\&=P\{X(t_n)\leqslant x_n\mid X(t_{n-1})=x_{n-1}\}\end{aligned} \tag{4-2}$$

则称$\{X(t),t\in T\}$为马尔可夫过程,简称马氏过程。

式(4-2)称为过程的马尔可夫性,或者说是无后效性。它表示若已知系统的现在的状态,则系统未来所处状态的概率的规律性就已确定,而不管系统如何到达现在的状态。换句话说,若把t_{n-1}看做“现在”,则t_n就是“未来”,而$t_{n-2},t_{n-3},\cdots,t_1$就是“过去”,“$X(t_i)=x_i$”表示系统在时刻$t_i$处于状态$x_i$。式(4-2)说明,系统在已知现在所处状态的条件下,它将来所处的状态与过去所处的状态无关。简言之:已知“过去”和“现在”,去求“未来”的分布,等于已知“现在”去求“未来”的分布,“过去”只能通过“现在”去影响“未来”,而不直接影响“未来”。

三、马尔可夫链

马尔可夫过程按其状态和时间参数是离散还是连续的,可分为三类:(1)时间和状态都是连续的马尔可夫过程;(2)时间连续、状态离散的马尔可夫过程,称为连续时间的马尔可夫链;(2)时间和状态都是离散的马尔可夫过程,称为马尔可夫链。

1. 马尔可夫链的定义

设马尔可夫过程$\{X(t),t\in T\}$的时间参数集T是离散的时间集合,即$T=\{t_1,t_2,\cdots,t_n\}$,其相应的$X(t_i)$的取值的全体组成的状态空间是离散的状态集$I=\{i_1,i_2,\cdots,i_n\}$,有

定义4.3　设有随机过程$\{X(t),t\in T\}$,若对于任意$t_1<t_2<\cdots<t_n\in T$和任意的$i_1,i_2,\cdots,i_n\in I$,条件概率满足

$$P\{X(t_n)=i_n \mid X(t_1)=i_1,X(t_2)=i_2,\cdots,X(t_{n-1})=i_{n-1}\}$$
$$=P\{X(t_n)=i_n \mid X(t_{n-1})=i_{n-1}\} \tag{4-3}$$

则称随机过程$\{X(t),t\in T\}$为马尔可夫链。

特别地,$T=\{0,1,2,\cdots,\}$时的马尔可夫链记为$\{X(n),n\geqslant 0\}$或$\{X_n,n\geqslant 0\}$,此时,马尔可夫性可描述为

$$P\{X(n)=i_n \mid X(1)=i_1,X(2)=i_2,\cdots,X(n-1)=i_{n-1}\}$$
$$=P\{X(n)=i_n \mid X(n-1)=i_{n-1}\} \tag{4-4}$$

或

$$P\{X_n=i_n \mid X_1=i_1,X_2=i_2,\cdots,X_{n-1}=i_{n-1}\}$$
$$=P\{X_n=i_n \mid X_{n-1}=i_{n-1}\} \tag{4-5}$$

可见,马尔可夫链的统计特性完全由条件概率$P\{X_n=i_n \mid X_{n-1}=i_{n-1}\}$所决定。如何确定这个条件概率,是马尔可夫链理论和应用中的重要问题之一。

2. 马尔可夫链的转移概率

条件概率$P\{X_{n+1}=j \mid X_n=i\}$的直观含义为系统在时刻$n$处于状态$i$的条件下,在时刻$n+1$系统处于状态$j$的概率。记此条件概率为$p_{ij}{}^{(n)}$,其严格定义如下

定义 4.4　称条件概率

$$p_{ij}(n)=P\{X_{n+1}=j \mid X_n=i\}$$

为马尔可夫链$\{X_n,n\geqslant 0\}$在时刻n的**一步转移概率**,其中$i,j\in I$,简称为**转移概率**。

一般的,$p_{ij}(n)$不仅与状态i,j有关,而且与时刻n有关,当$p_{ij}(n)$不依赖于时刻n时,表示马尔可夫链具有平稳转移概率。此时称马尔可夫链为**齐次的**,并记$p_{ij}(n)$为p_{ij}。

下面所讨论的均为齐次的马尔可夫链,通常将"齐次"省略。

设$\boldsymbol{P}$表示一步转移概率p_{ij}所组成的矩阵,且状态空间$I=\{1,2,\cdots\}$,则

$$\boldsymbol{P}=\begin{pmatrix} p_{11} & p_{12} & \cdots & p_{1n} & \cdots \\ p_{21} & p_{22} & \cdots & p_{2n} & \cdots \\ \vdots & \vdots & & \vdots & \end{pmatrix}$$

称为系统状态的一步转移矩阵,它具有如下性质:

(1)$p_{ij}\geqslant 0,i,j\in I$

(2)$\sum\limits_{j\in I}p_{ij}=1,i\in I$

上面(2)式中对j求和是对状态空间I中所有可能状态进行的,此性质说明:一步转移概率矩阵中任意行元素之和为1。通常称满足上述性质(1)和(2)的矩阵为**随机矩阵**。

为进一步讨论马尔可夫链的统计性质,我们给出k步转移概率的概念。

定义 4.5　称条件概率

$$p_{ij}^{(k)}=P\{X_{m+k}=j \mid X_m=i\}\quad (i,j\in I,m\geqslant 0,k\geqslant 1)$$

为马尔可夫链$\{X_n,n\geqslant 0\}$的k步转移概率,并称

$$\boldsymbol{P}^{(k)}=(p_{ij}^{(k)})=\begin{pmatrix} p_{11}^{(k)} & p_{12}^{(k)} & \cdots & p_{1n}^{(k)} & \cdots \\ p_{21}^{(k)} & p_{22}^{(k)} & \cdots & p_{2n}^{(k)} & \cdots \\ \vdots & \vdots & & \vdots & \end{pmatrix}$$

为马尔可夫链的 k 步转移矩阵,其中 $p_{ij}^{(k)} \geqslant 0, \sum_{j \in I} p_{ij}^{(k)} = 1$,即 $\boldsymbol{P}^{(k)}$ 也是随机矩阵。

当 $k = 1$ 时,$p_{ij}^{(1)} = p_{ij}$,此时一步转移矩阵 $\boldsymbol{P}^{(1)} = \boldsymbol{P}$。此外,规定

$$p_{ij}^{(0)} = \begin{cases} 0, & i \neq j \\ 1, & i = j \end{cases}$$

定理4.1　设 $\{X_n, n \geqslant 0\}$ 为马尔可夫链,则对于任意整数 $n \geqslant 0, 0 \leqslant l < k$ 以及 $i, j \in I$,k 步转移概率矩阵具有如下性质:

(1) $p_{ij}^{(k)} = \sum_{s \in I} p_{is}^{(l)} p_{sj}^{(k-l)}$

(2) $p_{ij}^{(k)} = \sum_{s_1 \in I} \cdots \sum_{s_{k-1} \in I} p_{is_1} p_{s_1 s_2} \cdots p_{s_{k-1} j}$

(3) $\boldsymbol{P}^{(k)} = \boldsymbol{P}\boldsymbol{P}^{(k-1)}$

(4) $\boldsymbol{P}^{(k)} = \boldsymbol{P}^k$

证　(1) 利用全概率公式即马尔可夫性,有

$$\begin{aligned} p_{ij}^{(k)} &= P\{X_{m+k} = j \mid X_m = i\} = \frac{P\{X_m = i, X_{m+k} = j\}}{P\{X_m = i\}} \\ &= \sum_{s \in I} \frac{P\{X_m = i, X_{m+l} = s, X_{m+k} = j\}}{P\{X_m = i, X_{m+l} = s\}} \cdot \frac{P\{X_m = i, X_{m+l} = s\}}{P\{X_m = i\}} \\ &= \sum_{s \in I} P\{X_{m+k} = j \mid X_{m+l} = s\} P\{X_{m+l} = s \mid X_m = i\} \\ &= \sum_{s \in I} p_{sj}^{(k-l)}(m+l) p_{is}^{(l)}(m) = \sum_{s \in I} p_{is}^{(l)} p_{sj}^{(k-l)} \end{aligned}$$

关于(2) 的证明,在(1) 中,令 $l = 1, s = s_1$ 得到

$$p_{ij}^{(k)} = \sum_{s_1 \in I} p_{is_1} p_{s_1 j}^{(k-1)}$$

这是个递推公式,故可递推得到

$$p_{ij}^{(k)} = \sum_{s_1 \in I} \cdots \sum_{s_{k-1} \in I} p_{is_1} p_{s_1 s_2} \cdots p_{s_{k-1} j}$$

关于(3) 的证明,在(1) 中,令 $l = 1$,利用矩阵乘法可证。

关于(4) 的证明,利用归纳法可证。

定理4.1中(1) 式称为**切普曼-柯尔莫哥洛夫方程**,它在马尔可夫链的转移概率计算中起着重要的作用。(2) 式说明 k 步转移概率完全由一步转移概率决定。(4) 式说明齐次马尔可夫链的 k 步转移概率矩阵是一次转移概率矩阵的 k 次乘方。

四、马尔可夫链举例

应用马尔可夫链的理论和方法解决实际出现的问题,首先应判断该问题的变动过程是否具有马尔可夫性。严格说来,应该运用统计分析的方法,检验是否具备这一必要性质,然而在应用中,一般可直接依据问题的性质定性分析,近似满足即可。

例4.5　天气预报问题1。如果明天是否有雨仅与今天的天气(是否有雨) 有关,而与过去的天气无关,并设今天有雨、明天有雨的概率为 α,今天无雨而明天有雨的概率为 β。把有雨称为0状态天气,把无雨称为1状态天气,X_n 表示时刻 n 时的天气状态,则 $\{X_n,$

$n \geqslant 0\}$ 是一个齐次马尔可夫链,其状态空间为 $I = \{0,1\}$,其一步转移概率矩阵为

$$\boldsymbol{P} = \begin{pmatrix} \alpha & 1-\alpha \\ \beta & 1-\beta \end{pmatrix}$$

例4.6　无限制随机游动。设质点在数轴上移动,每次移动一格,向右移动的概率为 p,向左移动的概率为 $q = 1 - p$,这种运动称为无限制随机移动。以 X_n 表示时刻 n 质点所处的位置,则 $\{X_n, n \in T\}$ 是一个齐次马尔可夫链,试写出它的一步和 k 步转移概率。

解:　显然 $\{X_n, n \in T\}$ 的状态空间 $I = \{0, \pm 1, \pm 2, \cdots\}$,其一步转移概率矩阵为

$$\boldsymbol{P} = \begin{pmatrix} & \vdots & \vdots & \vdots & \vdots & \vdots & \\ \cdots & 0 & p & 0 & 0 & 0 & \cdots \\ \cdots & q & 0 & p & 0 & 0 & \cdots \\ \cdots & 0 & q & 0 & p & 0 & \cdots \\ \cdots & 0 & 0 & q & 0 & p & \cdots \\ \cdots & 0 & 0 & 0 & q & 0 & \cdots \\ & \vdots & \vdots & \vdots & \vdots & \vdots & \end{pmatrix}$$

设在第 k 步转移中,向右移了 x 步,向左移了 y 步,且经过 k 步转移后,状态从 i 进入 j,则

$$\begin{cases} x + y = k \\ x - y = j - i \end{cases}$$

从而

$$x = \frac{k + (j - i)}{2}, \quad y = \frac{k - (j - i)}{2}$$

由于 x, y 都只能取整数,所以 $k \pm (j - i)$ 必须是偶数。又在 k 步中,哪 x 步向右,哪 y 步向左是任意的,选取的方法有 c_k^x 种,于是

$$p_{ij}^{(k)} = \begin{cases} \mathrm{C}_k^x p^x q^y, & k + (j - i) \text{ 为偶数} \\ 0, & k - (j - i) \text{ 为奇数} \end{cases}$$

例4.7　天气预报问题2。设昨日、今日都有雨,明日有雨的概率为0.7;昨日无雨,今日有雨,明日有雨的概率为0.5;昨日有雨,今日无雨,明日有雨的概率为0.4;昨日、今日都无雨,今日有雨的概率为0.2。若星期一、星期二均有雨,求星期四下雨的概率。

解:设昨日、今日都有雨称为状态0(RR),昨日无雨、今日有雨称为状态1(NR),昨日有雨、今日无雨称为状态2(RN),昨日、今日都无雨称为状态3(NN),于是天气预报模型可以看做一个具有四个状态的马尔可夫链,其转移概率为

$$\begin{aligned} p_{00} &= P\{R_{今} R_{明} \mid R_{昨} R_{今}\} = P\{\text{连续三天下雨}\} \\ &= P\{R_{明} \mid R_{昨} R_{今}\} = 0.7 \\ p_{01} &= P\{N_{今} R_{明} \mid R_{昨} R_{今}\} = 0(\text{不可能事件}) \\ p_{02} &= P\{R_{今} N_{明} \mid R_{昨} R_{今}\} = P\{N_{明} \mid R_{昨} R_{今}\} = 1 - 0.7 = 0.3 \\ p_{03} &= P\{N_{今} N_{明} \mid R_{昨} R_{今}\} = 0(\text{不可能事件}) \end{aligned}$$

其中 R 代表下雨,N 代表无雨。类似地可得到所有状态的一步转移概率,于是得到一步转

移概率矩阵为

$$P=\begin{pmatrix}p_{00}&p_{01}&p_{02}&p_{03}\\p_{10}&p_{11}&p_{12}&p_{13}\\p_{20}&p_{21}&p_{22}&p_{23}\\p_{30}&p_{31}&p_{32}&p_{33}\end{pmatrix}=\begin{pmatrix}0.7&0&0.3&0\\0.5&0&0.5&0\\0&0.4&0&0.6\\0&0.2&0&0.8\end{pmatrix}$$

其两步转移概率矩阵为

$$\boldsymbol{P}^{(2)}=\boldsymbol{PP}=\begin{pmatrix}0.49&0.12&0.21&0.18\\0.35&0.20&0.15&0.30\\0.20&0.12&0.20&0.48\\0.10&0.16&0.10&0.64\end{pmatrix}$$

由于星期四下雨意味着过程所处的状态为0或者1，因此星期一、星期二连续下雨，星期四下雨的概率为

$$p=p_{00}^{(2)}+p_{01}^{(2)}=0.49+0.12=0.61$$

例 4.8　生灭链。观察某种生物群体，以 X_n 表示时刻 n 群体的数目，设为 i 个数量单位，如在时刻 $n+1$ 增生到 $i+1$ 个数量单位的概率为 b_i，减灭到 $i-1$ 个数量单位的概率为 a_i，保持不变的概率为 $r_i=1-(a_i+b_i)$，则 $\{X_n,n\geqslant 0\}$ 是一个齐次马尔可夫链，$I=\{0,1,2,\cdots\}$，其转移概率为

$$p_{ij}=\begin{cases}b_i, & j=i+1\\ r_i, & j=i\\ a_i, & j=i-1\end{cases}$$

$(a_0=0)$，称此马尔可夫链为生灭链。

马尔可夫链状态的转移，可以用图的形式表示，图中圆圈表示状态，箭线表示状态转移方向，箭线上的数字表示转移的概率。例 4.7 和例 4.8 的状态转移图分别如图 4-1 和图 4-2 所示。

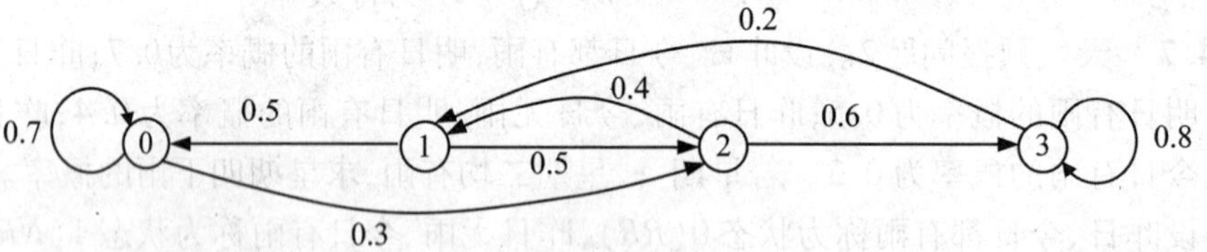

图 4-1

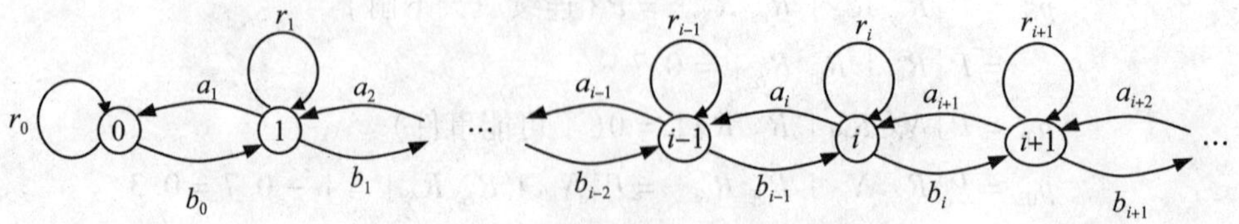

图 4-2

第二节　马尔可夫链状态类型与举例

一、状态的分类

在讨论马尔可夫链的 n 步转移概率 $p_{ij}^{(n)}$ 的某些性质和对状态进行物理解释时，把链的状态进行分类是很有必要的。

定义 4.6　如果存在某个整数 $n \geqslant 1$ 使得 $p_{ij}^{(n)} > 0$，则称状态 j 可从状态 i 到达，记为 $i \to j$。如果 j 可以从 i 达到且 i 可以从 j 达到，则称 j 和 i 是**相通的或互通的**，记为 $i \leftrightarrow j$。

对于上述定义，显然有结论：如果 $i \to j$ 且 $j \to k$，则 $i \to k$。

不难证明，对于互通状态来说，有如下关系：

(1) 如果 $i \leftrightarrow j$，则 $j \leftrightarrow i$。

(2) 如果 $i \leftrightarrow j$，则 $i \leftrightarrow i$。

(3) 如果 $i \leftrightarrow j$，且 $j \leftrightarrow k$，则 $i \leftrightarrow k$。

定义 4.7　称与状态 j 相通的所有状态组成的集合为 j 的**相通类**，记为 $C(j)$。如果 $C(j)$ 是空集，则称 j 为一个非返回状态。如果 $C(j)$ 非空，则有 $j \in C(j)$，这时称 j 为一个返回状态。如果存在状态 j 使 $C = C(j)$，则称非空状态集 C 是**相通类**。如果不能从 C 内任一状态达到 C 外任一状态，则称状态集 C 是**闭的**，即如果 $j \in C, k \notin C$，对于任意整数 $n \geqslant 1$，具有 $p_{jk}^{(n)} = 0$，则称状态集 C 是**闭的**。如果闭的状态集只含有一个状态 j，则状态 j 为**吸收状态**。如果状态空间 I 中任意两个状态都是相通的，则该马尔可夫链是**不可约的或不可分解的**，否则称为**可约的**。

一个马尔可夫链可以有多个相通类，在一个相通类中，所有的状态都是相通的。状态的相通性及相通类可以在状态转移图上看出。例如，在图 4-3 所示的马尔可夫链状态转移图中，它的相通类有：$\{0\}, \{1\}, \{2\}, \{3,4\}, \{5,6,7\}$。其中，相通类 $\{0\}$ 和 $\{1\}$ 都是转移出去便不能再转移进来的，称 0 和 1 这样的状态为非常返状态，状态 2 为吸收状态。状态类 $\{2\}, \{3,4\}, \{5,6,7\}$ 还具备一个特点，即从其中任一状态，都不能到达类以外的状态，这样的状态类是状态的一个最小闭集。此外，图 4-3 所示的马尔可夫链是可约的。

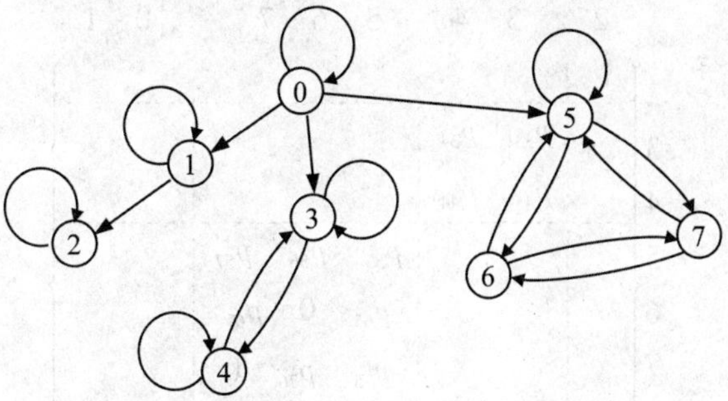

图 4-3

为了更好地描述状态的性质，这里引入几种概率记号：对于任意 $i,j\in I$，记

$f_{ij}^{(n)}=P\{X_n=j,X_{n-1}\neq j,\cdots,X_1\neq j\mid X_0=i\},n\geqslant 1$

$f_{ij}=P\{X_m=j,$ 至少一个 $m\geqslant 1\mid X_0=i\}$

$Q_{ij}^{(n)}=P\{X_m=j,$ 至少 n 个 $m\geqslant 1\mid X_0=i\}$

$Q_{ij}=P\{X_m=j,$ 对无穷多个 $m\geqslant 1\mid X_0=i\}$

其中，$f_{ij}^{(n)}$ 表示链自状态 i 出发经过 n 步首次到达（或经过）状态 j 的概率；

f_{ij} 表示链自状态 i 出发至少一次经过状态 j 的概率；

$Q_{ij}^{(n)}$ 表示链自状态 i 出发至少 n 次经过状态 j 的概率；

Q_{ij} 表示链自状态 i 出发无穷次经过状态 j 的概率；

显然有

$$f_{ij}=\sum_{n=1}^{\infty}f_{ij}^{(n)}=Q_{ij}^{(1)}$$

$$Q_{ij}=\lim_{n\to\infty}Q_{ij}^{(n)}$$

定义 4.8　对于一个马尔可夫链的状态 j，如果 $f_{jj}=1$，则称 j 为常返状态，如果 $f_{jj}<1$，则称 j 为非常返状态。

由此定义可知，如果 j 是常返状态，则链以概率 1 无穷多次返回状态 j。如果状态 j 是非常返状态，则链无穷多次返回状态 j 的概率为 0。例如图 4-3 中，状态 0 和 1 都是非常返的，状态 3、4、5、6、7 都是常返的，状态 2 是吸收状态。一个非常返状态可能会发生很多次，但一旦过程进入闭集，它就永远不会再发生，所以非常返状态为暂态。常返状态并非一定发生，但一旦发生，必然会无数次地重复发生。过程的状态不仅可以从状态转移图上看出，也可以在转移矩阵上反映。可约马尔可夫链的转移矩阵可以写成如下形式

$$\boldsymbol{P}=\left\{\begin{array}{c:c:c:c:c}
\boldsymbol{P}_1 & & & & \\ \hdashline
 & \boldsymbol{P}_2 & & & \\ \hdashline
 & & \ddots & & \\ \hdashline
 & & & \boldsymbol{P}_c & \\ \hdashline
\boldsymbol{Q}_1 & \boldsymbol{Q}_2 & & \boldsymbol{Q}_c & \boldsymbol{Q}_{c+1}
\end{array}\right\}$$

例如图 4-3 所示过程的转移概率矩阵可写成

$$\begin{array}{c}
\\ 2 \\ 3 \\ 4 \\ 5 \\ 6 \\ 7 \\ 0 \\ 1
\end{array}
\begin{array}{c}
\begin{array}{c:cc:ccc:cc}
2 & 3 & 4 & 5 & 6 & 7 & 0 & 1
\end{array}\\
\left\{\begin{array}{c:cc:ccc:cc}
1 & & & & & & & \\ \hdashline
 & p_{33} & p_{34} & & & & & \\
 & p_{43} & p_{44} & & & & & \\ \hdashline
 & & & p_{55} & p_{56} & p_{57} & & \\
 & & & p_{65} & 0 & p_{67} & & \\
 & & & p_{75} & p_{76} & 0 & & \\ \hdashline
0 & p_{03} & 0 & p_{05} & 0 & 0 & p_{00} & p_{01} \\
p_{12} & 0 & 0 & 0 & 0 & 0 & 0 & p_{11}
\end{array}\right\}
\end{array}$$

其中,$\boldsymbol{P}_i$ 是第 i 个最小闭集的转移概率矩阵,$\boldsymbol{Q}_i$ 表示从非常返状态进入第 i 个最小闭集的转移概率子阵(不一定是方阵)。$\boldsymbol{Q}_{c+1}$ 是非常返矩阵之间转移概率的子方阵。

二、吸收状态

1. 吸收状态及其举例

一个马尔可夫链,当过程转移到某状态 k 后,就不再向其他状态转移,则称这样的状态 k 为**吸收状态**,也就是说,不论 n 多大,都有 $p_{kk}^{(n)}=1$。一个马尔可夫链是否有吸收状态,可由它的转移概率矩阵来判断。即,如果 P 的第 i 行为 $(0,\cdots,0,1,0,\cdots,0)$,即 $p_{ii}=1,p_{ij}=0(i\neq j)$,则状态 i 就是吸收状态。例如有下述马尔可夫链的状态转移概率矩阵

$$\boldsymbol{P}=\begin{pmatrix}1/3 & 0 & 1/3 & 1/3\\ 0 & 1 & 0 & 0\\ 0 & 0 & 1 & 0\\ 1/4 & 1/6 & 1/3 & 1/4\end{pmatrix}$$

其状态转移图如图 4-4 所示。

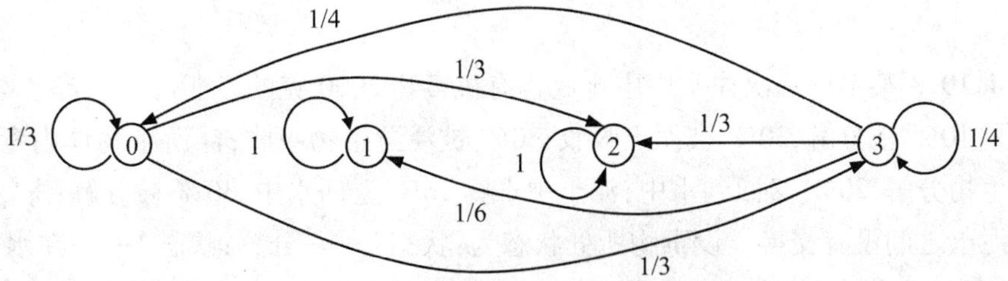

图 4-4

图 4-4 中,状态 1 和状态 2 就是吸收状态。从图上可以看出,系统一旦进入吸收状态,则不论经过多长时间,系统都始终处于这个状态。

以下是几个有限吸收状态的马尔可夫链的实际例子。

例 4.9　国际工程投标过程。某承包公司在一次投标的全过程中先从“预研阶段”(状态 1)开始,或以概率 q_1 进入“资格预审阶段”(状态 2),或以概率 r_1 决定不参与投标而“退出”(状态 6)。若进入资格预审阶段,则或以概率 q_2 通过资格预审进入“投标”阶段(状态 3),或以概率 r_2 不能通过预审而退出。若进入投标阶段,则或以概率 q_3 进入“决标”阶段(状态 4),或以概率 r_3 决定不去投标而退出。进入决标阶段以后,则或以概率 q_4“中标”(状态 5),或以概率 r_4 失标而退出。$q_i+r_i=1,0<q_i<1,i=1,2,3,4$。由于承包公司在各阶段能否进入下一阶段,只与本阶段决策依据有关,而与本阶段以前各阶段的决策无关,故令 X_n 表示第 n 步(阶段)时投标的状态,则 X_n 是一个齐次马尔可夫链,其状态转移情况如图 4-5 所示。

其转移概率矩阵为

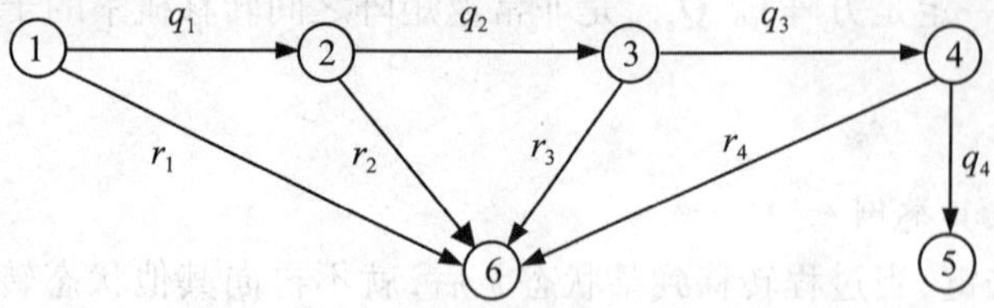

图 4-5

$$P=\begin{pmatrix}0 & q_1 & 0 & 0 & 0 & r_1\\0 & 0 & q_2 & 0 & 0 & r_2\\0 & 0 & 0 & q_3 & 0 & r_3\\0 & 0 & 0 & 0 & q_4 & r_4\\0 & 0 & 0 & 0 & 1 & 0\\0 & 0 & 0 & 0 & 0 & 1\end{pmatrix}$$

其中,状态5和状态6就是吸收状态。这一模型可为投标风险预测提供一个定量分析方法。

例 4.10　某工厂一次往水库中排放含有机毒物 3000 克的工业污水。若平均每个月水中毒物 10% 被分解,30% 被泥土吸收,30% 被浮游生物吸收;浮游生物体内毒物 50% 被浮游生物分解,20% 又回到水中;泥土中毒物 10% 返回水中,30% 被分解;毒物在浮游生物与泥土之间没有交换。设毒物所处状态为:状态1—— 分解;状态2—— 在水中;状态3—— 在浮游生物中;状态4—— 在泥土中。这样,毒物在 4 个状态中转移的情况可以看做是一个齐次的马尔可夫链,其转移概率为

$$P=\begin{pmatrix}1 & 0 & 0 & 0\\0.1 & 0.3 & 0.3 & 0.3\\0.5 & 0.2 & 0.3 & 0\\0.3 & 0.1 & 0 & 0.6\end{pmatrix}$$

其中,状态 1 为吸收状态,即毒物一旦被分解,就不会再转移。此模型为水库水环境状况定量分析提供了一个思路。

例 4.11　某地区通过人口调查得知一年内的统计结果如下:健康个体患呼吸系统疾病的概率为 0.01,该病年康复率为 0.7,死亡率为 0.2。健康个体患循环系统疾病的概率为 0.1,该病年康复率为 0.8,死亡率为 0.1。健康个体由于其他原因的死亡率为 0.001。假设同时患前两种疾病的患者由于其他原因生病均忽略不计,又无人口迁入或迁出。为分析人口死因,可设每年状态转移情况为一个齐次马尔可夫链。“其他死亡”、“呼吸病死亡”、“循环病死亡”、“健康”、“呼吸病”与“循环病”分别为状态 1,2,3,4,5,6。可得转移概率矩阵为

$$P = \begin{pmatrix} 1 & 0 & 0 & 0 & 0 & 0 \\ 0 & 1 & 0 & 0 & 0 & 0 \\ 0 & 0 & 1 & 0 & 0 & 0 \\ 0.001 & 0 & 0 & 0.889 & 0.01 & 0.1 \\ 0 & 0.2 & 0 & 0.7 & 0.1 & 0 \\ 0 & 0 & 0.1 & 0.8 & 0 & 0.1 \end{pmatrix}$$

其中,状态1、2和3均为吸收状态。

以上三个例子中的马尔可夫链有一个共同的特点,即分别有两个、一个、三个吸收状态,而其余的状态均为非常返状态。我们称除非常返状态外都是吸收状态的马尔可夫链为**吸收马尔可夫链**。

2. 吸收概率

如果k是过程的一个吸收状态,从状态i开始,最终到达k的概率f_{ik}称为从i开始,吸收于k的概率。不难证明,如果过程是吸收马尔可夫链,且只有一个吸收状态k,无论初始状态是什么,最后总要处于吸收状态,且一旦处于吸收状态,系统的状态就不会再改变,此时$f_{ik}=1$。如果链中有两个或两个以上的吸收状态,求出过程最终处于哪个状态,或求出从某个非常返状态出发最终处于某个吸收状态的概率,在决策分析中是有实际意义的。

限于篇幅,以下不加证明地给出关于吸收马尔可夫链的命题、结论和性质。

(1) 对于吸收马尔可夫链来说,从链中任一状态出发,最终进入吸收状态的概率为1。

(2) 为了研究一般的吸收马尔可夫链,可将转移矩阵写成如下典式。设该链有r个吸收状态,s个非常返状态,则

$$P = \begin{pmatrix} E & O \\ R & Q \end{pmatrix} \tag{4-6}$$

其中,E为$r \times r$单位矩阵,O为$r \times s$零矩阵,R为$s \times r$矩阵,表示从非常返状态一步转移到吸收状态的概率,Q为$s \times s$矩阵,表示从非常返状态转移到非常返状态的概率。

由分块矩阵乘法运算不难证明(数学归纳法)

$$P^n = \begin{pmatrix} E & O \\ R_n & Q^n \end{pmatrix}$$

其中$R_n = (E + Q + Q^2 + \cdots + Q^{n-1})R$。

(3) 对于式(4-6)有

① 当$n \to \infty$时,$Q^n \to O$(零矩阵);

② 矩阵$E - Q$可逆;

③$N = (E - Q)^{-1} = E + Q + Q^2 + \cdots$

对于性质③可作如下推导

由于

$$(E - Q)(E + Q + Q^2 + \cdots + Q^{n-1}) = E - Q^n$$

因此有

$$E+Q+Q^2+\cdots+Q^{n-1}=(E-Q)^{-1}(E-Q^n)$$

令 $n\to\infty$，可知性质成立。

(4) 称 $s\times s$ 矩阵 $N=(E-Q)^{-1}$ 为吸收马尔可夫链的基本矩阵。从吸收马尔可夫链的非常返状态 i 出发，达到吸收状态之前，在所有非常返状态之间的**平均步数**是基本矩阵 N 对应于状态 i 的那行元素之和。

(5) 定义 $B=NR$，若 $B=(b_{ij})$，则 b_{ij} 表示自非常返状态 i 出发，最终到达吸收状态 j 的概率。注意 $B=NR$ 是 $s\times(r-s)$ 矩阵，$B=(b_{ij})$ 中的 i 是非常返状态，在典式中，i 应当是第 $r+i$ 行的元素，我们就理解为 b_{ij} 中的 i 为非常返状态 i 对应的那一行即可。

利用上述结论和性质分析例 4.10。其转移矩阵为

$$P=\left(\begin{array}{c:ccc}1&0&0&0\\ \hdashline 0.1&0.3&0.3&0.3\\0.5&0.2&0.3&0\\0.3&0.1&0&0.6\end{array}\right)$$

其中

$$Q=\begin{pmatrix}0.3&0.3&0.3\\0.2&0.3&0\\0.1&0&0.6\end{pmatrix},\quad E-Q=\begin{pmatrix}0.7&-0.3&-0.3\\-0.2&0.7&0\\-0.1&0&0.4\end{pmatrix}$$

$$R=\begin{pmatrix}0.1\\0.5\\0.3\end{pmatrix},\quad N=(E-Q)^{-1}=\begin{pmatrix}1.854&0.795&1.391\\0.530&1.656&0.397\\0.464&0.199&2.848\end{pmatrix}$$

由以上有关结论和性质可知，毒物在水中到达吸收状态（被分解）之前，在所有非常返状态之间转移的平均步数（本例中时间单位为月）为基本矩阵 N 的第一行元素之和，$1.854+0.795+1.391=4.039$ 也就是说水中毒物在分解之前存留的平均时间为 4.039 个月。

同样，对于例 4.11 有

$$P=\left(\begin{array}{ccc:ccc}1&0&0&0&0&0\\0&1&0&0&0&0\\0&0&1&0&0&0\\ \hdashline 0.001&0&0&0.889&0.01&0.1\\0&0.2&0&0.7&0.1&0\\0&0&0.1&0.8&0&0.1\end{array}\right)$$

其中

$$Q=\begin{pmatrix}0.889&0.01&0.1\\0.7&0.1&0\\0.8&0&0.1\end{pmatrix},\quad R=\begin{pmatrix}0.001&0&0\\0&0.2&0\\0&0&0.1\end{pmatrix}$$

$$N=(E-Q)^{-1}=\begin{pmatrix}69.768&0.755&7.752\\52.264&1.714&6.029\\62.016&0.689&8.002\end{pmatrix}$$

$$\boldsymbol{B}=\boldsymbol{NR}=\begin{pmatrix}0.0698 & 1.5500 & 0.7752\\ 0.0523 & 0.3428 & 0.6029\\ 0.0620 & 0.1378 & 0.8022\end{pmatrix}$$

矩阵 **B** 按典式所对应的状态为

$$\begin{array}{rccc} & \text{其他死亡} & \text{呼吸病死亡} & \text{循环病死亡}\\ \text{健 康} & 0.0698 & 1.5500 & 0.7752\\ \boldsymbol{B}=\text{呼吸病} & 0.0523 & 0.3428 & 0.6029\\ \text{循环病} & 0.0620 & 0.3428 & 0.8022\end{array}$$

B 的第 1、2、3 行的各分量分别表示健康个体、呼吸病个体和循环病个体最终到达各吸收状态的概率。以第 1 行为例,健康个体患其他疾病死亡的占 6.98%,患呼吸病死亡的占 15.5%,患循环病死亡的占 77.52%。基本矩阵的第 1 行元素之和 69.768 + 0.755 + 7.752 = 78.295 年表示健康个体进入吸收状态(死亡)前的平均寿命。

三、平衡状态和极限状态

所谓马尔可夫链具有平衡状态,是指当状态转移次数 n 无限增大时,n 步转移矩阵 $\boldsymbol{P}^{(n)}$ 将收敛于一个与初始状态无关的极限值,$\boldsymbol{P}^{(n)}$ 的每一行都具有相同的数值。在这种情况下,称马尔可夫链达到了平衡状态,或称系统达到了平衡状态。理论上可以证明,非周期不可约正常返马尔可夫链的平稳状态是存在的。当系统达到平衡状态后,系统处在各状态的概率不再随时间的变化而变化。此时,$\boldsymbol{P}^{(n)}$ 趋近于方阵 $\boldsymbol{T}$,即

$$\boldsymbol{P}^{(n)}\xrightarrow{n\to\infty}\boldsymbol{T}=\begin{pmatrix}t_0 & t_0 & t_0 & \cdots\\ t_1 & t_1 & t_1 & \cdots\\ t_2 & t_2 & t_2 & \cdots\\ \vdots & \vdots & \vdots & \ddots\end{pmatrix}$$

这就是说,当 n 充分大时,任一状态 j 发生的概率为 t_j,称 t_j 是系统处于状态 j 的**稳态概率或极限概率**。

令 $t=(t_0,t_1,t_2,\cdots)$,并称之为稳态概率向量。由稳态概率的定义可知,当 n 足够大时,有 $\boldsymbol{P}^{(n+1)}=\boldsymbol{P}^{(n)}=\boldsymbol{T}$,因此

$$\boldsymbol{P}^{(n+1)}=\boldsymbol{P}^{(n)}\boldsymbol{P}\Rightarrow\boldsymbol{T}=\boldsymbol{TP}$$

由 $\boldsymbol{T}$ 的结构可知

$$\boldsymbol{t}=\boldsymbol{tP},\quad \sum_j t_j=1 \tag{4-7}$$

例 4.12　设 $I=\{1,2,3\}$,转移矩阵如下,求其稳态概率。

$$\boldsymbol{P}=\begin{pmatrix}1/2 & 0 & 1/2\\ 1 & 0 & 0\\ 0 & 1 & 0\end{pmatrix}$$

解:其状态转移图如图 4-6 所示。

由图 4-6 可知,该马尔可夫链为非周期不可约正常返马尔可夫链,因此其稳态概率是

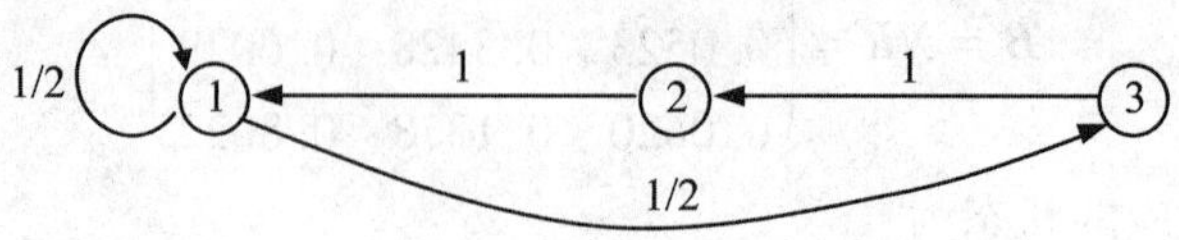

图 4-6

存在的。

由式(4-7)可知

$$(t_1,t_2,t_3)=(t_1,t_2,t_3)\begin{pmatrix}1/2 & 0 & 1/2\\ 1 & 0 & 0\\ 0 & 1 & 0\end{pmatrix}$$

$$t_1=\frac{1}{2}t_1+t_2,\quad t_2=t_3,\quad t_3=\frac{1}{2}t_1,\quad t_1+t_2+t_3=1$$

可得 $t_1=\frac{1}{2},t_2=\frac{1}{4},t_3=\frac{1}{4}$,这就是稳态概率分布或称极限概率分布。

第三节　马尔可夫链的应用

马尔可夫链在生产管理中有着广泛的应用,如市场预测、可靠性预测、盈利预测、决策分析等。

一、预测问题

1. 市场占有率预测

例 4.13　已知某商品在某地区的销售市场被 A、B、C 三个品牌占有,占有率分别为 50%、30% 和 20%。根据调查,上个月买 A 牌的顾客这个月买 A、B、C 牌的概率分别为 70%、10% 和 20%,上个月买 B 牌的顾客这个月买 A、B、C 牌的概率分别为 10%、80% 和 10%,上个月买 C 牌的顾客这个月买 A、B、C 牌的概率分别为 5%、5% 和 90%。设该商品各品牌的销售状态具有齐次马尔可夫性。(1) 求 3 个月后,A、B、C 三个品牌的商品在该地区的市场占有率。(2) 如果顾客流动倾向长期如上所述,求各品牌的最终市场占有率。

解:用1、2、3分别表示A、B、C三个品牌,X_n 表示第 n 个月该地区的顾客购买商品的品牌选择。依题意知:$\{X_n,n\geqslant 0\}$ 为状态空间是 $\{1,2,3\}$ 的齐次马尔可夫链,且 $P\{X_0=1\}=0.5,P\{X_0=2\}=0.3,P\{X_0=3\}=0.2$。概率转移矩阵为

$$\boldsymbol{P}=\begin{pmatrix}0.70 & 0.10 & 0.20\\ 0.10 & 0.80 & 0.10\\ 0.05 & 0.05 & 0.90\end{pmatrix}$$

由 $\boldsymbol{P}$ 可知,$\{X_n,n\geqslant 0\}$ 为非周期不可约正常返马尔可夫链,所以其平稳分布存在,且平稳分布就是链的极限分布。

设 $t_A{}^{(n)}, t_B{}^{(n)}, t_C{}^{(n)}$ 分别表示A、B、C三个品牌第 n 个月的市场占有率,令 $t^{(n)} = (t_A{}^{(n)}, t_B{}^{(n)}, t_C{}^{(n)})$。这样 $t^{(0)} = (0.5, 0.3, 0.2)$。由平稳状态演进过程可知

$$\boldsymbol{t}^{(n)} = \boldsymbol{t}^{(n-1)}\boldsymbol{P} = \boldsymbol{t}^{(n-2)}\boldsymbol{P}^2 \Rightarrow \boldsymbol{t}^{(n)} = \boldsymbol{t}^{(0)}\boldsymbol{P}^n$$

因此,第一个月的市场占有率分布为

$$\begin{aligned}(t_A^{(1)}, t_B^{(1)}, t_C^{(1)}) &= (t_A^{(0)}, t_B^{(0)}, t_C^{(0)})\boldsymbol{P} \\ &= (0.5, 0.3, 0.2)\begin{pmatrix} 0.70 & 0.10 & 0.20 \\ 0.10 & 0.80 & 0.10 \\ 0.05 & 0.05 & 0.90 \end{pmatrix} \\ &= (0.39, 0.30, 0.31)\end{aligned}$$

以此类推,可得各月的产品市场占有率。表4-1给出了10个月中各品牌市场占有率的变化。从表中可以看出,第三个月A、B、C三个品牌的市场占有率分别为:27.2%,28.6%,44.2%。各品牌市场占有率变化幅度逐月减小,经过一段时间后,变化幅度近似于0,也就是趋于平衡状态。

表4-1

月份	市场占有率(%)		
	A	B	C
0	50.0	30.0	20.0
1	39.0	30.0	31.0
2	31.9	29.4	38.7
3	27.2	28.6	44.2
4	24.1	27.9	48.0
5	22.1	27.1	50.8
6	20.7	26.4	92.9
7	19.8	25.8	54.4
8	19.1	25.4	55.5
9	18.7	25.0	56.3
10	18.4	24.7	56.9

一般情况下,各品牌的最终市场占有率可用式(4-7)直接计算,即

$$(t_A, t_B, t_C) = (t_A, t_B, t_C)\begin{pmatrix} 0.70 & 0.10 & 0.20 \\ 0.10 & 0.80 & 0.10 \\ 0.05 & 0.05 & 0.90 \end{pmatrix}$$

即

$$\begin{aligned} 0.7t_A + 0.1t_B + 0.05t_C &= t_A \\ 0.1t_A + 0.8t_B + 0.05t_C &= t_B \\ 0.2t_A + 0.1t_B + 0.9t_C &= t_C \end{aligned}$$

$$t_A + t_B + t_C = 1$$

解之得 $t_A = 0.1765$，$t_B = 0.2353$，$t_C = 0.5882$。即若消费者偏好无变化，各品牌也没有促销或广告活动，则 A、B、C 三种品牌的最终市场占有率将稳定在 17.65%、23.53% 和 58.82%。

2. 盈利预测

如果马尔可夫过程的每次状态转移都随之而产生一定的损益，则称为有利润的马尔可夫过程。设由状态 i 转移到状态 j 的损益值为 r_{ij}，且过程有 n 个状态，则称矩阵

$$\boldsymbol{R} = \begin{pmatrix} r_{11} & r_{12} & \cdots & r_{1n} \\ r_{21} & r_{22} & \cdots & r_{2n} \\ \vdots & \vdots & & \vdots \\ r_{n1} & r_{n2} & \cdots & r_{nn} \end{pmatrix}$$

为一步转移利润矩阵，简称利润矩阵。如果过程初始状态 i，经过 k 次转移，所获得的总利润记为 $V_i(k)$，则

$$\begin{aligned} V_i(k) &= \sum_{j=1}^{n} p_{ij}[r_{ij} + V_j(k-1)] \\ &= q_i + \sum_{j=1}^{n} p_{ij}V_j(k-1), \quad i = 1,2,\cdots,n \end{aligned}$$

其中，$q_i = \sum_{j=1}^{n} p_{ij}r_{ij}$ 表示在状态 i，经过一次转移所获得利润的期望值，即 $V_i(1) = q_i$，称为即时利润。

例 4.14　根据市场调查，某商品的销路有畅销和滞销两种情况（两个状态）。设畅销为状态 1，滞销为状态 2，对市场调查结果的统计分析表明，市场在两种状态下的相互转移概率如表 4-2 所示。

表 4-2

状态＼概率＼状态	畅销(1)	滞销(2)
畅销(1)	0.6	0.4
滞销(2)	0.4	0.6

即若本月畅销，则下月畅销与滞销的概率分别为 0.6 和 0.4；若本月滞销，则下月畅销与滞销的概率分别为 0.4 和 0.6。此外，若本月畅销下月仍然畅销，则获利 500 万元，若本月畅销下月滞销，则盈利 100 万元；若本月滞销下月畅销，则获利 300 万元，若本月滞销下月仍然滞销，则亏损 200 万元；若现在是畅销，试预测未来 3 个月的盈利情况。

解：由题意商品销售情况的状态转移矩阵 $\boldsymbol{P}$ 和利润矩阵 $\boldsymbol{R}$ 如下

$$\boldsymbol{P}=\begin{pmatrix}0.6 & 0.4\\0.4 & 0.6\end{pmatrix},\quad \boldsymbol{R}=\begin{pmatrix}5 & 1\\3 & -2\end{pmatrix}$$

对于畅销(状态1)和滞销(状态2)有

$k=1$

$$q_1=5\times0.6+1\times0.4=3.4$$
$$q_2=3\times0.4+(-2)\times0.6=0$$
$$V_1(1)=q_1=3.4\text{(百万元)}$$
$$V_2(1)=q_2=0$$

$k=2$

$$\begin{aligned}V_1(2)&=q_1+p_{11}V_1(1)+p_{12}V_2(1)\\&=3.4+0.6\times3.4+0.4\times0=5.44\text{(百万元)}\end{aligned}$$
$$\begin{aligned}V_2(2)&=q_2+p_{21}V_1(1)+p_{22}V_2(1)\\&=0+0.4\times3.4+0.4\times0=1.36\text{(百万元)}\end{aligned}$$

$k=3$

$$\begin{aligned}V_1(3)&=q_1+p_{11}V_1(2)+p_{12}V_2(2)\\&=3.4+0.6\times5.44+0.4\times1.36=7.208\text{(百万元)}\end{aligned}$$
$$\begin{aligned}V_2(3)&=q_2+p_{21}V_1(2)+p_{22}V_2(2)\\&=0+0.4\times5.44+0.4\times1.36=2.992\text{(百万元)}\end{aligned}$$

由此可知,当本月处于畅销时,预计3个月后可获得总利润720.8百万元;当本月处于滞销状态时,预计3个月后可获得总利润299.2百万元。

3. 可靠性预测

例4.15　一个系统由4个主要子系统组成,每个子系统独立工作,在一个单位时间内正常工作的概率均为0.99,且至少有两个子系统正常工作系统才能正常工作。当一个子系统出现问题不能正常工作时,修理或替换需要4个以上的单位时间。如果现在4个子系统都是新的,问在四个单位时间后系统仍然正常的可靠性(可靠度)多大?如果现在已有一个子系统处于不能正常工作状态,求四个单位时间后系统仍然正常的概率。

解:由题意知,当有k个子系统处于正常状态,一个单位时间后坏了i个的概率为

$$C_k^i(0.01)^i(0.99)^{k-i},k=1,2,3,4;i=1,2,\cdots,k$$

设X_n表示n个单位时间后坏了的子系统数,则$\{X_n,n\geqslant0\}$是状态空间为$I=\{0,1,2,3,4\}$的马尔可夫链,其转移概率矩阵为

$$\boldsymbol{P}=(p_{ij})=(C_{4-i}^{j-i}0.01^{j-i}\times0.99^{4-j})$$
$$=\begin{pmatrix}0.9606 & 0.0388 & 0.0006 & 0 & 0\\0 & 0.9703 & 0.0294 & 0.0003 & 0\\0 & 0 & 0.9801 & 0.198 & 0.0001\\0 & 0 & 0 & 0.99 & 0.01\\0 & 0 & 0 & 0 & 1\end{pmatrix}$$

当 $n \leqslant 4$ 时,$X_n \leqslant X_{n+1}$,所以当 $i > j$ 时,$p_{ij} = 0$。
又

$$\boldsymbol{P}^{(4)} = \boldsymbol{P}^4 = \begin{pmatrix} 0.8516 & 0.1396 & 0.0086 & 0.0002 & 0 \\ 0 & 0.8864 & 0.1090 & 0.0046 & 0 \\ 0 & 0 & 0.9228 & 0.0769 & 0.0004 \\ 0 & 0 & 0 & 0.9606 & 0.394 \\ 0 & 0 & 0 & 0 & 1 \end{pmatrix}$$

所以,四个子系统经过4个单位时间后最多坏两个的概率为 $1-(0.0002+0)=0.9998$。此即为该系统四个单位时间后仍然正常工作的可靠度。

此外

$$p = p_{11}^{(4)} + p_{12}^{(4)} = 0.8864 + 0.1090 = 0.9954$$

即,如果现在已有一个子系统处于不能正常工作状态,四个单位时间后系统仍然正常的概率为0.9954。

二、决策问题

例4.16　广告决策问题。公司经营某种商品,市场状态有畅销和滞销两种状态,公司可以采取登广告和不登广告两种措施。经调查统计,若登广告,那么本月畅销下周仍然畅销的概率为0.8,本月滞销下月畅销的概率为0.6;若不登广告,本月畅销下周仍然畅销的概率为0.5,本月滞销下月畅销的概率为0.3;若登广告,公司盈利情况为:畅销到畅销盈利8单位,畅销到滞销盈利6单位,滞销到畅销盈利5单位,滞销到滞销亏损10单位;若不登广告,公司盈利情况为:畅销到畅销盈利12单位,畅销到滞销盈利5单位,滞销到畅销盈利7单位,滞销到滞销亏损6单位。请分析公司的广告策略。

解:设登广告与不登广告分别称为措施1和措施2。商品畅销和滞销分别称为状态1和状态2。

记 ${}_k p_{ij}$ 为在措施 k 下销售状态从 i 转移到 j 的概率,${}_k r_{ij}$ 为在措施 k 下销售状态从 i 转移到 j 的利润,${}_k\boldsymbol{P}$ 为措施 k 下的转移概率矩阵,${}_k\boldsymbol{R}$ 为措施 k 下的转移概率矩阵,$\boldsymbol{P}_i$ 为状态 i 下的转移概率矩阵,$\boldsymbol{R}_i$ 为状态 i 下的利润矩阵。

依题意有:
公司登广告时的转移概率矩阵为

$${}_1\boldsymbol{P} = \begin{pmatrix} {}_1p_{11} & {}_1p_{12} \\ {}_1p_{21} & {}_1p_{22} \end{pmatrix} = \begin{pmatrix} 0.8 & 0.2 \\ 0.6 & 0.4 \end{pmatrix}$$

相应的利润矩阵为

$${}_1\boldsymbol{R} = \begin{pmatrix} {}_1r_{11} & {}_1r_{12} \\ {}_1r_{21} & {}_1r_{22} \end{pmatrix} = \begin{pmatrix} 8 & 6 \\ 5 & -10 \end{pmatrix}$$

公司不登广告时的转移概率矩阵和相应利润矩阵分别为

$${}_2\boldsymbol{P} = \begin{pmatrix} 0.5 & 0.5 \\ 0.3 & 0.7 \end{pmatrix}, \quad {}_2\boldsymbol{R} = \begin{pmatrix} 12 & 5 \\ 7 & -6 \end{pmatrix}$$

相应地在状态 1 和状态 2 下,转移概率矩阵和利润矩阵如表 4-3 所示。

表 4-3

销售状态 i	措施 k	转移概率		利润		即时期望利润 $q_i(k)$
		${}_kp_{i1}$	${}_kp_{i2}$	${}_kr_{i1}$	${}_kr_{i2}$	
畅销	登广告	0.8	0.2	8	6	7.6
	不登广告	0.5	0.5	12	5	8.5
滞销	登广告	0.6	0.4	5	-10	-1
	不登广告	0.3	0.7	7	-6	-2.1

由表 4-3 可得

$$q_1(1) = {}_1p_{11} \times {}_1r_{11} + {}_1p_{12} \times {}_1r_{12} = 0.8 \times 8 + 0.2 \times 6 = 7.6$$

$$q_1(2) = {}_2p_{11} \times {}_2r_{11} + {}_2p_{12} \times {}_2r_{12} = 0.5 \times 12 + 0.5 \times 5 = 8.5$$

$$V_1(1) = \max\{q_1(1), q_1(2)\} = \{7.6, 8.5\} = 8.5$$

即,当初始状态为畅销时,不登广告,第一个月获得利润 8.5。

同理,当初始状态为滞销时,有

$$q_2(1) = {}_1p_{21} \times {}_1r_{21} + {}_1p_{22} \times {}_1r_{22} = 0.6 \times 5 + 0.4 \times (-10) = -1$$

$$q_2(2) = {}_2p_{21} \times {}_2r_{21} + {}_2p_{22} \times {}_2r_{22} = 0.3 \times 7 + 0.7 \times (-6) = -2.1$$

$$V_2(1) = \max\{q_2(1), q_2(2)\} = \{-1, -2.1\} = -1$$

即,当初始状态为滞销时,登广告,第一个月获得利润 -1。

在第 t 个阶段(本例为第 t 个月)时,所获总利润可用式(4-8)计算,并依次进行决策。

$$\begin{cases} V_i(t) = \max\limits_k \left\{ \sum\limits_{j=1}^{n} {}_kp_{ij}({}_kr_{ij} + V_j(t-1)) \right\}, i = 1, 2 \cdots, n \\ V_j(0) = 0 \end{cases} \tag{4-8}$$

同理,当 $t = 2$ 时

$$V_1(2) = \max\{{}_1p_{11}[{}_1r_{11} + V_1(1)], {}_1p_{12}[{}_1r_{12} + V_2(1)]\}$$

$$= \max\{0.8(8 + 8.5) + 0.2(6 - 1), 0.5(12 + 8.5) + 0.5(5 - 1)\} = 14.2$$

$$V_2(2) = \max\{0.6(5 + 8.5) + 0.4(-10 - 1), 0.3(7 + 8.5) + 0.7(-6 - 1)\}$$

$$= 3.7$$

即,当初始状态处于畅销时,则第一个月不登广告,第二个月应该登广告,这时两个月获利期望值为 14.2;当初始状态为滞销时,第一个月和第二个月均应登广告,此时两个月获利期望值为 3.7。

类似的

$$V_1(3) = \max\{0.8(8 + 14.2) + 0.2(6 + 3.7), 0.5(12 + 14.2) + 0.5(5 + 3.7)\}$$

$$= 19.7$$

$$V_2(3) = \max\{0.6(5 + 14.2) + 0.4(-10 + 3.7), 0.3(7 + 14.2) + 0.7(-6 + 3.7)\}$$

$$= 9$$

即,当初始状态处于畅销时,则第一个月不登广告,第二个月应该登广告;第三个月也应登广告,依次类推,可以进行以后各月的广告策略选择。

例 4.17　订货决策。某公司经营某种商品,根据以往资料统计分析,该商品每天的需求量 y 为随机变量,其分布如表 4-4 所示。

表 4-4

需求量 y	0	1	2	3	4	$\geqslant 5$
概率	0.3	0.35	0.20	0.10	0.05	0

公司对这种商品的订货采用 $(1,S)$ 策略,即每天停止营业时,公司若无货时,则向生产厂商订购 S 台,第二天开始营业前厂商将货物送到。同时,公司付给生产厂商 $5+25S$ 的货款,若不订货则不付款。经估算,当公司缺货时,将引起机会损失 50 单位,这样公司采取 $(1,S)$ 策略的费用可用下式描述

$$c(x_{n-1},y_n)=\begin{cases}5+25S+50\max\{y_n-S,0\},x_{n-1}=0\\50\max\{y_n-x_{n-1},0\},x_{n-1}\geqslant 1\end{cases}$$

其中,x_{n-1} 表示第 $n-1$ 天停止营业时公司的存货量。公司需要对决策中的 S 进行决策,以使每天产生的期望费用最小。

解:公司每天停止营业后的存货 x_n 与前一天的存货有关,即 $\{x_n,n\geqslant 0\}$ 为马尔可夫链,当 $S=2$ 时,其状态空间为 $I=\{0,1,2\}$,转移概率矩阵为

$$\boldsymbol{P}=\begin{pmatrix}0.35 & 0.35 & 0.3\\0.7 & 0.3 & 0\\0.35 & 0.35 & 0.3\end{pmatrix}$$

经计算,其稳态概率分布为 $\boldsymbol{t}=(t_0,t_1,t_2)=(7/15,5/15,3/15)$。

当 $x_{n-1}=0$ 时,有

$$\boldsymbol{c}(0,0)=5+25\times 2=55,\boldsymbol{c}(0,1)=55,\boldsymbol{c}(0,2)=55$$
$$\boldsymbol{c}(0,3)=5+25\times 2+50\times 1=105$$
$$\boldsymbol{c}(0,4)=5+25\times 2+50\times 2=155$$

这样,当公司采用 $(1,2)$ 的订货策略时,公司的期望费用为

$$EC(0)=0.3\times 55+0.35\times 55+0.2\times 55+0.1\times 105+0.05\times 155=65$$

同理,当 $x_{n-1}=1$ 时,有

$$c(1,0)=0,c(1,1)=0,c(1,2)=50,c(1,3)=100,c(1,4)=150$$
$$EC(1)=0.3\times 0+0.35\times 0+0.2\times 50+0.1\times 100+0.05\times 150=27.5$$
$$c(2,0)=c(2,1)=c(2,2)=0,c(2,3)=50,c(2,4)=100$$
$$EC(2)=0.3\times 0+0.35\times 0+0.2\times 0+0.1\times 50+0.05\times 100=10$$

因此,在策略为 $(1,2)$ 下,公司每天支付的费用期望值为

$$C=(7/15)\times 65+(5/15)\times 27.5+(3/15)\times 10=41.5$$

当公司采用(1,3) 策略时,其状态空间为 $I=\{0,1,2,3\}$,转移概率矩阵为

$$P=\begin{pmatrix}0.15 & 0.2 & 0.35 & 0.3\\ 0.7 & 0.3 & 0 & 0\\ 0.35 & 0.35 & 0.3 & 0\\ 0.15 & 0.2 & 0.35 & 0.3\end{pmatrix}$$

经计算,其稳态概率分布为 $\boldsymbol{t}=(t_0,t_1,t_2,t_3)=(0.344,0.263,0.246,0.174)$。

同样可计算如下费用

$$c(0,0)=80,c(0,1)=80,c(0,2)=80,c(0,3)=80,c(0,4)=130$$

$$EC(0)=0.3\times 80+0.35\times 80+0.2\times 80+0.1\times 80+0.05\times 130=82.5$$

$$c(1,0)=0,c(1,1)=0,c(1,2)=50,c(1,3)=100,c(1,4)=150$$

$$EC(1)=0.3\times 0+0.35\times 0+0.2\times 50+0.1\times 100+0.05\times 150=27.5$$

类似的

$$EC(2)=10$$

$$EC(3)=2.5$$

因此,在策略为(1,3) 下,公司每天支付的费用期望值为

$$C=0.344\times 82.5+0.263\times 27.5+0.246\times 10+0.174\times 2.5=38.508$$

因此,策略(1,3) 较策略(1,2) 优。

例 4.18　应收账款管理。某百货商场按账龄将应收账款分为两类:0 ~ 30 天的账目和 31 ~ 90 天的账目。如果账户余额的任何部分超过了 90 天还未收回,那么这部分将作为坏账注销。该商场对所有账户余额都进行账龄管理。假设某顾客9月30日的账户余额如表 4-5 所示。

表 4-5

购买日期	计费总额(元)	购买日期	计费总额(元)
8 月 15 日	25	9 月 28 日	50
9 月 18 日	10		合计:85

因为最久的未支付账单(8 月 15 日) 距当前日期已经46 天了,所以 9 月 30 日将85 元应收账款的总余额按账龄列入 31 ~ 90 天的那一类。又假设,10 月 7 日,顾客付清了 8 月 15 日的欠款 25 元,则剩余的60 元的总余额归入 0 ~ 30 天的一类。

现在假设该商场总共有30000 元的应收账款,且管理层现要预计这30000 元中大约有多少钱最后能收回,有多少钱最终成为坏账。如果管理层希望通过一些措施使回收的钱更多,应该选择什么样的决策方案?

解:以 1 元钱的应收账款作为分析对象,观察这 1 元应收账款的变化。把每周看作是马尔可夫链的一个事件,这 1 元所处的状态有以下几种:

状态 1:已支付类

状态 2:坏账类

状态 3:0 ~ 30 天账龄类

状态 4:31 ~ 90 天账龄类

这样就可以通过马尔可夫链分析 1 元在每周的状态,从而识别出在某周或者某一周期系统所处的状态。

根据以往数据统计分析,该商场应收账款在各状态之间的转移情况是如下转移概率矩阵

$$\boldsymbol{P}=\begin{pmatrix}1 & 0 & 0 & 0\\ 0 & 1 & 0 & 0\\ 0.4 & 0 & 0.3 & 0.3\\ 0.4 & 0.2 & 0.3 & 0.1\end{pmatrix}$$

从转移概率矩阵形式可以看出,该商场应收账款的马尔可夫链是有限吸收马尔可夫链。其意义是:1 元应收账款如果已支付,或其账龄超过 90 天而成为坏账,则不会转移到其他状态。因此,1 元应收账款如果转移到状态 1 或者状态 2,系统将永远会保持这一状态。

对转移概率矩阵进行分块有

$$\boldsymbol{P}=\left(\begin{array}{cc:cc}1 & 0 & 0 & 0\\ 0 & 1 & 0 & 0\\ \hdashline 0.4 & 0 & 0.3 & 0.3\\ 0.4 & 0.2 & 0.3 & 0.1\end{array}\right)$$

其中

$$\boldsymbol{R}=\begin{pmatrix}0.4 & 0\\ 0.4 & 0.2\end{pmatrix},\quad \boldsymbol{Q}=\begin{pmatrix}0.3 & 0.3\\ 0.3 & 0.1\end{pmatrix}$$

$$\boldsymbol{E}-\boldsymbol{Q}=\begin{pmatrix}0.7 & -0.3\\ -0.3 & 0.9\end{pmatrix}$$

$$\boldsymbol{N}=(\boldsymbol{E}-\boldsymbol{Q})^{-1}=\begin{pmatrix}1.67 & 0.56\\ 0.56 & 1.30\end{pmatrix}$$

$$\boldsymbol{B}=\boldsymbol{N}\boldsymbol{R}=\begin{pmatrix}1.67 & 0.56\\ 0.56 & 1.30\end{pmatrix}\begin{pmatrix}0.4 & 0\\ 0.4 & 0.2\end{pmatrix}=\begin{pmatrix}0.89 & 0.11\\ 0.74 & 0.26\end{pmatrix}$$

$\boldsymbol{B}$ 的第 1 行的分量 0.89 和 0.11 分别表示 0 ~ 30 天账龄应收账款已支付和成为坏账的概率;$\boldsymbol{B}$ 的第 2 行的分量 0.74 和 0.26 分别表示31 ~ 90 天账龄应收账款已支付和成为坏账的概率。

如果上述 30000 元的应收账款中有 10000 元属于 0 ~ 30 天账龄类,有 20000 元属于 31 ~ 90 天账龄类,则有

$$(10000,20000)\begin{pmatrix}0.89 & 0.11\\ 0.74 & 0.26\end{pmatrix}=(23700,6300)$$

即 30000 元应收账款中将会有 23700 元被收回,而其余的 6300 元将作为坏账损失掉。

公司管理层考虑一项新的信用政策,即对于即时支付应收账款的客户在购买商品时

给予一定的折扣。管理层相信,这一政策将提高应收账款从 0 ~ 30 天账龄类向已支付转变的概率,降低 0 ~ 30 天账龄类向 31 ~ 90 天账龄类转变的概率,并断定以下转移概率矩阵是有效的:

$$P=\left(\begin{array}{cc|cc}1 & 0 & 0 & 0\\ 0 & 1 & 0 & 0\\ \hline 0.6 & 0 & 0.3 & 0.1\\ 0.4 & 0.2 & 0.3 & 0.1\end{array}\right)$$

此时

$$R=\begin{pmatrix}0.6 & 0\\ 0.4 & 0.2\end{pmatrix},\quad Q=\begin{pmatrix}0.3 & 0.1\\ 0.3 & 0.1\end{pmatrix}$$

$$E-Q=\begin{pmatrix}0.7 & -0.1\\ -0.3 & 0.9\end{pmatrix}$$

$$N=(E-Q)^{-1}=\begin{pmatrix}1.5 & 0.17\\ 0.5 & 1.17\end{pmatrix}$$

$$B=NR=\begin{pmatrix}1.5 & 0.17\\ 0.5 & 1.17\end{pmatrix}\begin{pmatrix}0.6 & 0\\ 0.4 & 0.2\end{pmatrix}=\begin{pmatrix}0.97 & 0.03\\ 0.77 & 0.23\end{pmatrix}$$

通过采用新的信用政策,预计有 3% 的账款在 0 ~ 30 天内不能收回,31 ~ 90 天内账款有 23% 无法收回。此时有

$$(10000,20000)\begin{pmatrix}0.97 & 0.03\\ 0.77 & 0.23\end{pmatrix}=(25100,4900)$$

因此,新政策下的坏账支出为 4900 元,较新政策前的 6300 元减少 1400 元。达到 22.22%。如果新政策给客户的购物折扣即其他支出的比例少于 22.22%,公司就可以采用新信用政策。

习题四

1. 若一个马尔可夫链的一步转移概率矩阵为

$$P=\begin{pmatrix}1 & 0 & 0\\ 0 & 1 & 0\\ 2/5 & 2/5 & 1/5\end{pmatrix}$$

试画出其状态转移概率矩阵,并说明各状态的性质。

2. 给定如下转移概率矩阵,其中状态 1 和状态 2 为吸收状态,那么处于状态 3 和状态 4 结束于吸收状态的概率为多少?

$$P=\begin{pmatrix}1 & 0 & 0 & 0\\ 0 & 1 & 0 & 0\\ 0.2 & 0.1 & 0.4 & 0.3\\ 0.2 & 0.2 & 0.1 & 0.5\end{pmatrix}$$

3. 某商品六年共 24 个季度的销售记录如表 4-6 所示(状态 1:畅销,状态 2:滞销)

表 4-6

季　度	1	2	3	4	5	6	7	8	9	10	11	12
销售状态	1	1	2	1	2	2	1	1	1	2	1	2
季　度	13	14	15	16	17	18	19	20	21	22	23	24
销售状态	1	1	2	2	1	1	2	1	2	1	1	1

以频率估计概率。求(1) 销售状态的初始分布;(2) 转移概率矩阵;(3) 三步转移概率矩阵即三步转移后的销售状态分布。

4. 已知本月销售状态的初始分布和转移概率矩阵如下

$$\boldsymbol{t}^{(0)} = (0.4, 0.2, 0.4), \quad \boldsymbol{P} = \begin{pmatrix} 0.8 & 0.1 & 0.1 \\ 0.1 & 0.7 & 0.2 \\ 0.2 & 0.2 & 0.6 \end{pmatrix}$$

试求紧接着的第一个月和第二个月的销售状态分布。

5. 设河流中每天的BOD(生物耗氧量)浓度为齐次马尔可夫链,状态空间 $I = \{1, 2, 3, 4\}$ 是按 BOD 浓度为极低、低、中、高分别表示的,其一步转移概率矩阵(以天为单位)为

$$\boldsymbol{P} = \begin{pmatrix} 0.5 & 0.4 & 0.1 & 0 \\ 0.2 & 0.5 & 0.2 & 0.1 \\ 0.1 & 0.2 & 0.6 & 0.1 \\ 0 & 0.2 & 0.4 & 0.4 \end{pmatrix}$$

若 BOD 浓度为高,则河流处于污染状态。

问题:

(1) 求该马尔可夫链的平稳分布;

(2) 河流再次处于污染状态的平均时间。

6. 某大学学生升级情况的数据总结在表 4-7 所示的转移概率矩阵中。

表 4-7

	毕业	退学	大一学生	大二学生	大三学生	大四学生
毕业	1.00	0.00	0.00	0.00	0.00	0.00
退学	0.00	1.00	0.00	0.00	0.00	0.00
大一学生	0.00	0.20	0.15	0.65	0.00	0.00
大二学生	0.00	0.15	0.00	0.10	0.75	0.00
大三学生	0.00	0.10	0.00	0.00	0.05	0.85
大四学生	0.90	0.05	0.00	0.00	0.00	0.05

问题:

（1）哪些状态是吸收状态？

（2）解释大二学生的转移概率。

（3）计算一名大学生毕业和退学的概率。

（4）在面对 600 名大一新生的开幕词中，院长让学生环顾礼堂四周，因为今天在座新生的 50% 最终将无法毕业。你的马尔可夫过程分析是否支持院长的说法？

（5）目前在校大学生中有 600 名大一新生，520 名大二学生，460 名大三学生和 420 名大四学生。这 2000 名学生中有百分之多少最终能够毕业？

第五章 排 队 论

排队是日常生活和经济管理中经常遇到的问题,如医院等待看病的病人、加油站等待加油的汽车、工厂等待维修的机器、港口等待停泊的船只等。在排队论中把服务系统中这些被服务的客体称为顾客。由于系统中顾客的到来以及顾客在系统中接受服务的时间等均是随机的,因此排队现象是不可避免的。

对于随机服务系统,若扩大系统设备,会提高服务质量,但会增加系统费用。若减少系统设备,能节约系统费用,但可能使顾客在系统中等待的时间增加,从而降低了服务质量,甚至会失去顾客而增加机会成本。因此,对于管理人员来说,排队系统中需要解决的问题是:在服务质量的提高和成本的降低之间取得平衡,找到最适当的解。

排队论优化理论的重要分支。排队论是 1909 年由丹麦工程师爱尔朗(A. K. Erlang)在研究电话系统时首先提出,之后被广泛应用于各种随机服务系统。

第一节 排队系统概述

一、排队系统的组成

一般的排队系统由三个基本组成部分:顾客到达(输入过程)、排队规则和服务机构,如图 5-1 所示。

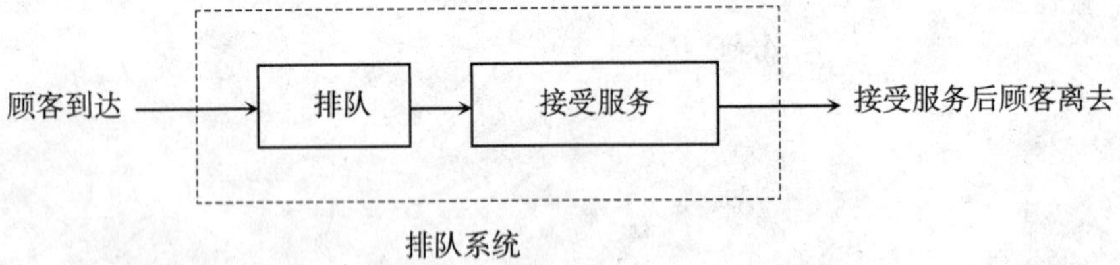

图 5-1

1. 输入过程

输入过程描述顾客来源及顾客是按什么样的规律到达排队系统,包括如下三个方面的内容:

① 顾客总体(顾客源)。指可能到达服务机构的顾客总数。顾客总体数可能是有限的,也可能是无限的。如工厂内出现故障而等待修理的机器数是有限的,而到达某储蓄所的顾客源相当多,可近似看成是无限的。

② 顾客到达的类型。指顾客是单个还是成批到达;

③ 顾客相继到达的时间间隔分布。即该时间间隔分布是确定的(定期运行的班车、航班等)还是随机的,若是随机的,顾客相继到达的时间间隔服从什么分布,分布的参数是什么,到达间隔时间之间是否独立等。例如,设 $T_0=0$,$T_n(n \geqslant 1)$ 表示第 n 个顾客的到达时刻,则

$$T_0 = 0 < T_1 < T_2 < \cdots < T_n < T_{n+1} < \cdots$$

又令 $\tau_n = T_n - T_{n-1}, n \geqslant 1$,则 τ_n 表示第 n 个顾客到达时刻与第 $n-1$ 个顾客到达时刻之差,称 $\{\tau_n, n \geqslant 1\}$ 为顾客相继到达的间隔时间序列。在排队论研究中,一般假定 $\{\tau_n, n \geqslant 1\}$ 相互独立且同分布。

2. 排队规则

排队规则指顾客接受服务的规则:即服务是否允许排队,顾客是否愿意排队,在排队等待的情况下服务的先后顺序是什么等,有以下几种情况。

① 即时制(损失制)。当顾客来到时,服务台全被占用,顾客随即离去,不排队等候。这种排队规则会损失许多顾客,因此又称为损失制。

② 等待制。当顾客来到时,若服务台全被占用,则顾客排队等候服务。在等待制中,又可按顾客接受服务的先后次序的规则分为:先到先服务(FCFS,如自由售票窗口等待买票的顾客)、先到后服务(FCLS,如仓库存放物品,情报系统、天气预报资料总是后到的信息更重要,需要先处理)、随机服务(SIRO,电话交换台服务对话务的接通处理)和优先权服务(PR,如加急信件的处理、病危患者先治疗等)。

③ 混合制。损失制与等待制的混合,分为队长(容量)有限制的混合制系统、等待时间有限制的混合制系统(等待时间 ≤ 固定时间 t_0,否则就离去)以及逗留时间有限制的混合制系统。

3. 服务机构

服务机构有以下几个特征参数。

① 服务台数量。单服务台还是多服务台,多服务台时服务台是串联还是并联。

② 服务时间规律。通常顾客在系统中接受服务的时间是一个随机变量,服务时间服从什么概率分布,每个顾客所需要的服务时间是否独立等。常见的顾客接受服务的时间分布有:负指数分布、超指数分布、几何分布、爱尔朗分布、一般分布、定长分布等。

二、排队系统的分类

早期,Kendall 提出按排队系统的三个最为主要的特征分类,这三个特征是:X 表示相继顾客到达的间隔时间分布;Y 表示服务时间分布;Z 表示服务台个数;并用如下形式的符号描述排队系统,即:$X/Y/Z$。

1971 年,国际会议对排队系统的符号进行了标准化,即 $X/Y/Z/A/B/C$。其中:A 表示系统容量限制,即系统中允许的最大顾客数;B 表示顾客源数目;C 表示服务规则(FCFS、FCLS、SIRO、PR)。例如:

$M/M/1/1/\infty$/FCFS 表示相继顾客到达间隔时间和服务时间服从负指数分布,单台,容量为 1,顾客源无限,先到先服务的等待制排队系统。

$M/D/1/4/\infty/FCFS$ 表示相继顾客到达间隔时间服从负指数分布,服务时间为定长,单台,容量为 4,顾客源无限,先到先服务的等待制排队系统。

当省去后三项时表示 $X/Y/Z/\infty/\infty/FCFS$,例如:

$M/G/1$ 表示输入过程是泊松流(相继顾客到达间隔时间服从负指数分布),服务时间独立且服从一般概率分布,系统中只有一个服务台,系统容量无限的等待制服务系统。

$D/M/c/N$ 表示相继顾客到达间隔时间独立且服从定长分布,服务时间独立且服从负指数分布,系统中有 c 个平行服务台,系统容量为 $N(c \leqslant N)$ 的损失制服务系统。

三、排队论所研究的主要问题

排队论主要研究描述排队系统的一些主要指标的概率特性,所涉及的问题大体分为三类。

1. 系统性状的研究(即参数指标的研究)

研究排队系统的性态问题就是研究各种排队系统的概率规律,通过研究系统的数量指标了解系统的基本特征。这些指标如下:

(1) 队长 L_s—— 系统中的平均顾客数,包括排队的顾客数和正在接受服务的顾客数。

(2) 排队长 L_q—— 系统中排队等待服务的平均顾客数;

(3) 逗留时间 W_S—— 一位顾客在系统中的平均逗留时间,包括排队时间和接受服务时间;

(4) 等待时间 W_q—— 一位顾客排队等待的平均时间;

(5) 系统中没有顾客的概率 P_0—— 即所有服务设施都空闲的概率;

(6) 系统中有 n 个顾客的概率 P_n;

(7) 顾客到达系统时,必须排队等待的概率 P_w;

(8) 忙期 —— 从顾客到达空闲服务机构起到服务机构再次空闲止的时间长度;

(9) 顾客损失率。

2. 排队系统的统计推断

为了了解和掌握一个正在运行的排队系统的规律,就需要通过多次观测、搜集数据,然后用数理统计的方法对得到的数据进行分析,推断所观测的排队系统的概率规律。如顾客相继到达的间隔时间是否独立且同分布,属于何种分布;服务时间服从何种分布;服务时间与相继到达时间是否独立等。

3. 排队系统的最优化问题

(1) 系统的最优设计

在输入及服务参数给定的条件下,确定系统的参数。如在 $M/M/C$ 系统中,在已知到达率及服务率的情况下,如何设置服务台数 C,使得系统的某种指标达到最优。

(2) 动态控制问题

在这类问题中,系统运行的某些特征量可以随时间或状态而变化。例如,系统的服务率可以随着顾客数的改变而改变。动态控制问题大致分为两类:(1) 根据系统的实际情况,假定一个实际可行的控制策略,然后分析系统的性状,根据该策略确定系统的最优运行参数。例如,在 $M/M/C$ 系统中,可以采取这样的服务策略:当队长达到 a 时,增加服务台,一旦队长小于 a,就取消增设的服务台,对于某个目标函数,可以确定最佳的 a;(2) 对于一个具体的系统,研究一个最佳的控制策略。

第二节　常用分布与基本随机过程

排队系统是典型的随机服务系统,因此研究排队系统必然要用到数理统计知识以及随机过程中的相关理论,包括常用的概率分布(如负指数分布、爱尔朗分布和泊松分布等)和基本的随机过程(泊松过程、生灭过程等)。

一、定长分布

定义 5.1　设随机变量 X 以概率 1 取常值 a,即 $P\{X=a\}=1$,则称 X 服从定长分布或称单点分布,其概率分布函数为

$$F(t)=P\{X\leqslant t\}=1, t\geqslant a$$

二、负指数分布

1. 负指数分布的定义

定义 5.2　设 X 为非负随机变量,若其相应的分布函数为

$$F(t)=P\{X\leqslant t\}=1-\mathrm{e}^{-\lambda t}, t\geqslant 0, \lambda>0$$

则称 X 服从参数为 λ 的负指数分布。其密度函数为

$$f(t)=\lambda\mathrm{e}^{-\lambda t},\quad t\geqslant 0$$

随机变量 X 的均值和方差分别为:$EX=1/\lambda$,　$\mathrm{Var}X=1/\lambda^2$

2. 负指数分布性质

(1) 密度函数 $f(t)$ 对 t 严格递减;

(2) 无记忆性。即任取 $y,z\geqslant 0$,有

$$P\{X>y+z\mid X>y\}=P\{X>z\}$$

证:

$$P\{X>y+z\}=1-P\{X<y+z\}$$
$$=1-(1-\mathrm{e}^{-\lambda(y+z)})=\mathrm{e}^{-\lambda(y+z)}$$

同理

$$P\{X>y\}=1-P\{X<y\}=\mathrm{e}^{-\lambda y}$$

又

$$P\{X>y+z\mid X>y\}=\frac{P\{(X>y+z)\cap(X>y)\}}{P\{X>y\}}$$
$$=\frac{P\{X>y+z\}}{P\{X>y\}}=\frac{\mathrm{e}^{-\lambda(y+z)}}{\mathrm{e}^{-\lambda y}}$$
$$=\mathrm{e}^{-\lambda z}=P\{X>z\}$$

得证。

3. 负指数分布与排队系统

排队系统中,相继顾客到达的间隔时间 T 为一个随机变量,若 λ 表示单位时间平均到达的顾客数(到达率),一般情况下,T 服从参数为 λ 的负指数分布。因此有

$$P\{间隔时间\ T \leqslant t\} = 1 - e^{-\lambda t}, t \geqslant 0$$

根据负指数分布的性质有：

(1) 相继顾客到达的间隔时间的期望值为 $ET = \frac{1}{\lambda}$，方差为 $\mathrm{Var}\ T = \frac{1}{\lambda^2}$；

(2) 从任意时刻看，下一个顾客到达的规律与上一个的到达无关，即相邻到达的间隔时间 T 具有无记忆性。即

$$P\{T > t + \Delta t \mid T > \Delta t\} = P\{T > t\} = e^{-\lambda t}$$

同理，排队系统中，顾客接受服务的时间 T 为一个随机变量，若 μ 表示单位时间被服务完的顾客数(服务率)，一般情况下，T 服从参数为 μ 的负指数分布。因此有

$$P\{服务时间\ T \leqslant t\} = 1 - e^{-\mu t}, t \geqslant 0$$

根据负指数分布的性质有：

(1) 服务时间的期望值为 $ET = \frac{1}{\mu}$，方差为 $\mathrm{Var}\ T = \frac{1}{\mu^2}$；

(2) 顾客被服务完的时间是相互独立的。

例如，若单位时间(每分钟)被服务完的顾客数为 $\mu = 0.8$ 位，则有

$$P\{服务时间\ T \leqslant 0.5\ 分\} = 1 - e^{-0.8 \times 0.5} = 1 - 0.6703 = 0.3297$$

$$P\{服务时间\ T \leqslant 1\ 分\} = 1 - e^{-0.8 \times 1} = 1 - 0.4493 = 0.5507$$

$$P\{服务时间\ T \leqslant 2\ 分\} = 1 - e^{-0.8 \times 2} = 1 - 0.2019 = 0.7981$$

三、爱尔朗分布

定义 5.3　如果连续型随机变量 X 的概率分布的密度函数为

$$f(t) = \frac{1}{(n-1)!}\mu^n t^{n-1} e^{-\mu t}, \quad t \geqslant 0$$

则称 X 服从参数为 μ 的 n 阶爱尔朗分布，记为 $X \sim E_n(\mu)$ 或简记为 $X \sim E_n$，其分布函数为

$$F(t) = 1 - e^{-\mu t}\sum_{i=0}^{n-1}\frac{(\mu t)^i}{i!}, \quad t \geqslant 0$$

随机变量 X 的均值和方差分别为：$EX = \frac{n}{\mu}$，$\mathrm{Var}X = \frac{n}{\mu^2}$

定理 5.1　设 $X_1, X_2, \cdots, X_n$ 是 n 个相互独立的随机变量，且均服从参数为 μ 的负指数分布，则随机变量 $X = X_1 + X_2 + \cdots + X_n$ 服从爱尔朗分布。

例如，如果顾客连续接受串联的 n 个服务台服务，各服务台服务时间相互独立，且均服从参数为 μ 的负指数分布，则顾客接受 n 个服务台总共所需时间就服从 n 阶爱尔朗分布。

定理 5.2　设随机变量 X 服从 n 阶爱尔朗分布，则对于一切 $x \geqslant 0$，有

$$\lim_{n\to\infty} P\left\{\frac{X - n/\mu}{\sqrt{n/\mu^2}} \leqslant x\right\} = \int_{-\infty}^{x}\frac{1}{\sqrt{2\pi}}e^{-\frac{t^2}{2}}\mathrm{d}t$$

由以上理论可知，当 $n = 1$ 时，E_1 分布为负指数分布；当 $n \to \infty$ 时，E_n 分布近似正态分布。

四、泊松分布

定义 5.4　设 X 为取非负正数值的随机变量,若 X 的概率分布为

$$P\{X=k\}=\frac{\lambda^k}{k!}e^{-\lambda},\quad k=0,1,\cdots;\quad \lambda>0$$

则称 X 服从参数为 λ 的泊松分布。记为 $X \sim \mathrm{Poi}(\lambda)$。随机变量 X 的均值和方差分别为:$EX=\lambda$, $\mathrm{Var}\,X=\lambda$。

五、泊松过程

泊松过程是应用最为广泛的一类随机过程,它常用来描述排队系统中顾客到达的过程、一个城市中交通事故的次数、保险公司索赔发生的次数等。泊松过程是构造更复杂的随机过程的基本构件,因此,是一个非常重要的随机过程。

1. 泊松过程的定义

定义 5.5　记 $N(t)$ 为 $(0,t)$ 时间内发生的事件数,若 $N(t)$ 是一个随机变量,则 $\{N(t) \mid t\in(0,T)\}$ 就称为一个**随机过程**。

对于随机过程 $\{N(t),t\geqslant 0\}$,若满足

(1) 独立增量性,即 $N(s+t)-N(s)$ 与 $N(s)$ 独立,$\forall s,t\geqslant 0$;即

$$P\{N(s+t)-N(s)\mid N(s)\}=P\{N(s+t)-N(s)\}$$

(2) 增量平稳性,即 $N(s+t)-N(s)$ 的分布不依赖于 s, $\forall s\geqslant 0$;即

$$P\{N(s+t)-N(s)=n\}=P\{N(t)-N(0)=n\}=P\{N(t)=n\}$$

(3) 当 t 充分小时,有

$$P\{N(t)=1\}=\lambda t+o(t)$$
$$P\{N(t)=0\}=1-\lambda t+o(t)$$
$$P\{N(t)\geqslant 2\}=o(t)$$

则称上述过程 $N(t)$ 为**泊松过程**或称**泊松流**或**最简单流**,其中 λ 为泊松过程的参数,且 $N(t)$ 服从泊松分布,即

$$P\{N(t)=n\}=\frac{(\lambda t)^n}{n!}e^{-\lambda t}$$

独立增量性表明:在 $(s,s+t)$ 中发生的事件数与 $(0,s)$ 中发生的事件数是独立的,因此在不相交的区间上事件发生的次数是相互独立的。

增量平稳性表明:在 $(s,s+t)$ 中发生的事件数 $N(s+t)-N(s)$ 与 $(0,t)$ 中发生的事件数 $N(t)=N(t)-N(0)$ 有相同的分布;这个分布不依赖于区间 $(s,s+t)$ 开始的端点 s,而只与其长度 t 有关。而且,当 t 充分小时,在 $(0,t)$ 中发生 $\geqslant 2$ 个事件的概率为 t 的高阶无穷小。

例 5.1　设 $N(t)$ 是参数为 λ 的泊松过程,求

(1) $P\{N(1)=0 \mid N(2)=1\}$

(2) $P\{N(2)=3 \mid N(1)=1\}$

(3) $P\{N(1)=1,N(2)=3,N(4)=6\}$

解：(1)
$$P\{N(1)=0 \mid N(2)=1\}=\frac{P\{N(1)=0,N(2)=1\}}{P\{N(2)=1\}}$$
$$=\frac{P\{N(1)=0\}\cdot P\{N(2)=1 \mid N(1)=0\}}{P\{N(2)=1\}}$$
$$=\frac{P\{N(1)=0\}\cdot P\{N(1+1)-N(1)=1\}}{P\{N(2)=1\}}$$
$$=\frac{P\{N(1)=0\}\cdot P\{N(1)=1\}}{P\{N(2)=1\}}=\frac{e^{-\lambda}\cdot\lambda e^{-\lambda}}{2\lambda e^{-2\lambda}}=\frac{1}{2}$$

(2) 由增量平稳性可得
$$\begin{aligned}P\{N(2)=3 \mid N(1)=1\}&=P\{N(2)-N(1)=2\}\\&=P\{N(1+1)-N(1)=2\}\\&=P\{N(1)=2\}=\frac{\lambda^2}{2}e^{-\lambda}\end{aligned}$$

(3) 由增量平稳性可得
$$\begin{aligned}&P\{N(1)=1,N(2)=3,N(4)=6\}\\&=P\{N(1)-N(0)=1,N(2)-N(1)=2,\\&\quad N(4)-N(2)=3\}\\&=P\{N(1)-N(0)=1\}P\{N(2)-N(1)=2\}\\&\quad P\{N(4)-N(2)=3\}\\&=P\{N(1)=1\}P\{N(1+1)-N(1)=2\}\\&\quad P\{N(2+2)-N(2)=3\}\\&=P\{N(1)=1\}P\{N(1)=2\}\\&\quad P\{N(2)=3\}\\&=\lambda e^{-\lambda}\ \frac{\lambda^2}{2}e^{-\lambda}\ \frac{(2\lambda)^3}{3!}e^{-2\lambda}=\frac{2}{3}\lambda^6e^{-4\lambda}\end{aligned}$$

2. 排队系统与泊松过程

若 $N(t)$ 为$(0,t)$ 时间内到达系统内的顾客数,则 $N(t)$ 是一个随机变量,且$\{N(t) \mid t\in(0,T)\}$ 为一个随机过程。

若该随机过程满足

(1) 在不相重叠的时间区间内,顾客的到达数是相互独立的;

(2) 在$(s,s+t)$ 内的顾客到达数只与区间的长度 t 有关而与时间起点 s 无关。或者说,在一个充分小的间隔时间 Δt 内,即在$(t,t+\Delta t)$ 内到达一个顾客的概率为 $\lambda\Delta t+o(\Delta t)$;

(3) 对于充分小的 Δt,在时间区间$(t,t+\Delta t)$ 内有2个或2个以上顾客到达的概率极小,以至可以忽略,即

$$\sum_{n=2}^{\infty}P\{N(t+\Delta t)-N(t)=n\}=o(\Delta t)$$

则认为顾客到达系统的过程是泊松过程,且

$$P\{N(t)=n\}=\frac{(\lambda t)^n}{n!}e^{-\lambda t},\quad n=1,2,\cdots;\quad t>0,$$

另外，$E[N(t)]=\lambda t, Var[N(t)]=\lambda t$。

其中，λ 表示单位时间内到达系统的顾客数。

3. 相继顾客到达的间隔时间与泊松过程

当输入过程为泊松过程时，顾客相继到达的间隔时间 T 必服从负指数分布，即

$$F(t)=P\{T\leqslant t\}=1-e^{-\lambda t}, t\geqslant 0, \lambda>0$$

因为，对于泊松过程，在 $(0,t)$ 时间区间内有一个顾客到达的概率可表示为

$$P\{N(t)=1\}=1-P\{N(t)=0\}=1-e^{-\lambda t}$$

而在 $(0,t)$ 时间区间内有一个顾客到达的事件等价于相继顾客达到的间隔时间 T 小于 t 的事件，因此有

$$P\{N(t)=1\}=P\{T\leqslant t\}=1-e^{-\lambda t}$$

即
$$F(t)=P\{T\leqslant t\}=1-e^{-\lambda t}, t\geqslant 0, \lambda>0$$

因此，对于泊松过程，当 λ 表示单位时间平均到达的顾客数时，$1/\lambda$ 就表示相继顾客到达的平均时间。

4. 泊松流的合成与分解

定理5.3　设 $\{N_1(t), t\geqslant 0\}$ 与 $\{N_2(t), t\geqslant 0\}$ 分别是参数为 λ_1 与 λ_2 的泊松流，且它们相互独立，则合成流 $\{N_1(t)+N_2(t), t\geqslant 0\}$ 是参数为 $\lambda_1+\lambda_2$ 的泊松流。

证明：(1) 显然 $N_1(0)+N_2(0)=0$；

(2) 任取 n 个时刻 $0<t_1<t_2<\cdots<t_n$，令

$$N(t)=N_1(t)+N_2(t), t\geqslant 0$$

则

$$N(t_1)-N(0)=[N_1(t_1)-N_1(0)]+[N_2(t_1)-N_2(0)]$$
$$\cdots$$
$$N(t_n)-N(t_{n-1})=[N_1(t_n)-N_1(t_{n-1})]+[N_2(t_n)-N_2(t_{n-1})]$$

由于 $\{N_1(t), t\geqslant 0\}$ 与 $\{N_2(t), t\geqslant 0\}$ 是相互独立的泊松流，所以 $N_1(t_j)-N_1(t_{j-1}), N_2(t_j)-N_2(t_{j-1}), j=1,2,\cdots,n$，是相互独立的，于是 $N(t_1)-N(0),\cdots,N(t_n)-N(t_{n-1})$ 是相互独立的，即合成流满足独立增量性。

(3) 对于任意 $t\geqslant 0, s\geqslant 0$，由于 $\{N_1(t), t\geqslant 0\}$ 与 $\{N_2(t), t\geqslant 0\}$ 是相互独立的泊松流，有

$$\begin{aligned}
&P\{[N_1(t+s)+N_2(t+s)]-[N_1(s)+N_2(s)]=k\}\\
&=\sum_{m=0}^{k}P\{N_1(t+s)-N_1(s)=m, N_2(t+s)-N_2(s)=k-m\}\\
&=\sum_{m=0}^{k}P\{N_1(t+s)-N_1(s)=m\}P\{N_2(t+s)-N_2(s)=k-m\}\\
&=\sum_{m=0}^{k}\frac{(\lambda_1 t)^m}{m!}e^{-\lambda_1 t}\cdot\frac{(\lambda_2 t)^{k-m}}{(k-m)!}e^{-\lambda_2 t}\\
&=\frac{[(\lambda_1+\lambda_2)t]^k}{k!}e^{-(\lambda_1+\lambda_2)t}, k=0,1,2,\cdots
\end{aligned}$$

于是合成流为参数 $\lambda_1+\lambda_2$ 的泊松流，证毕。

定理5.4　设$\{N(t),t\geqslant 0\}$是参数为λ的泊松流,每一个顾客以概率$p(0<p<1)$进入系统,令$N'(t)$表示$(0,t]$内到达且进入系统的顾客数,则$\{N'(t),t\geqslant 0\}$是参数为λp的泊松流。

上述定理说明,由若干相互独立的泊松流经过一个合成后得到的流仍为泊松流。一个泊松流经过一个随机过滤器(以概率p过滤)后得到的子流也为泊松流。到达十字路口的车流可看做流的合成,经过十字路口后则是流的分流。

六、生灭过程

生灭过程也是常用的随机过程之一。它可以定量描述许多现象,如生物体的增长与灭亡规律、排队系统中顾客人数的变化规律、在相邻整数点上随机运动的质点的位移规律等。

1. 生灭过程的概念

定义5.6　设随机过程$\{N(t),t\geqslant 0\}$的状态空间为$J=\{0,1,2,\cdots\}$,即$N(t)$的取值为正整数。若$N(t)$满足

(1)$P\{N(t+\Delta t)=n+1\mid N(t)=n\}=\lambda_n\Delta t+o(t),n=0,1,2,\cdots$

(2)$P\{N(t+\Delta t)=n-1\mid N(t)=n\}=\mu_n\Delta t+o(t),n=0,1,2,\cdots$

(3)$P\{N(t+\Delta t)-N(t)\geqslant 2\}=o(t)$

则称$\{N(t),t\geqslant 0\}$是一个**生灭过程**。

其中$\lambda_n>0(n=0,1,2,\cdots)$称为出生率,$\mu_n>0(n=0,1,2,\cdots)$称为死亡率;

对于生灭过程,从理论上可以证明如下结论:

(1)若$N(t)=n$,即系统状态为n,且下一个状态为$n+1$,则从t到状态转移发生的间隔时间X服从参数为λ_n的负指数分布;

(2)若$N(t)=n$,即系统状态为n,且下一个状态为$n-1$,则从t到状态转移发生的间隔时间Y服从参数为μ_n的负指数分布;

(3)随机变量X,Y相互独立,从t算起,$N(t)$在状态n上的停留时间为$Z=\min\{X,Y\}$,且Z服从参数为$\lambda_n+\mu_n$的负指数分布;

(4)从状态n转移到状态$n+1$的概率为$\lambda_n/(\lambda_n+\mu_n),(n=0,1,2,\cdots)$,从状态$n$转移到状态$n-1$的概率为$\mu_n/(\lambda_n+\mu_n)(n=0,1,2,\cdots)$。

判断一个过程是否为生灭过程,只需要证明两点:(1)过程是否只在相邻状态之间转移;(2)过程在各个状态上的停留时间是否独立且服从负指数分布。

2. 生灭过程的状态转移图

上述生灭过程$N(t)$的状态转移可用图5-2表示。

图中的箭头表示状态之间的转移,箭头上的字母表示转移率。生灭过程的状态转移图的特点是:过程只能在相邻状态之间转移。过程从状态0转移到状态2必经过状态1。

3. 生灭过程的状态概率

要研究生灭过程,对其状态概率的描述是最基本的步骤,即

$$p_n(t)=P\{N(t)=n\},n=0,1,2,\cdots,t\geqslant 0$$

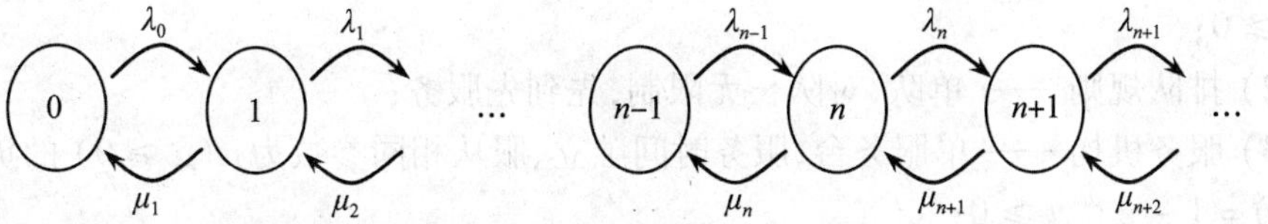

图 5-2

其均值为
$$EN(t)=\sum_{n=0}^{\infty} np_n(t),\quad \forall t$$

一般情况下,依赖于 t 的瞬时量很难得到。但如果求系统的稳定状态的解,则较为简单。一个随机过程的稳态,是指状态的概率分布 $p_n(t)(n=0,1,2,\cdots)$ 趋于平稳,不再随时间变化。通常,用一个随机过程描述其运行规律的随机系统,在它运行的初期,初始状态对其运行特征有显著影响,且随时间变化。在一定条件下,系统运行一段时间后,其运行状态趋于稳定,运行特征不依赖于初始状态,这时就称系统处于稳态。即若下列极限存在

$$p_n=\lim_{t\to\infty}p_n(t),\quad \forall t$$

且满足
$$\sum_{n=0}^{\infty}p_n=1$$

则称系统的稳态存在。此时称 $p_n(n=0,1,2,\cdots)$ 为稳态过程的状态概率分布。

理论上可以证明,生灭过程的稳态是存在的。当一个生灭过程处于稳态时,对于每一个状态而言,必有

转入率 = 转出率

这样,对于状态转移图(图 5-2),当系统状态为 n 时,有

$$p_{n-1}\lambda_{n-1}+p_{n+1}\mu_{n+1}=p_n\lambda_n+p_n\mu_n=p_n(\lambda_n+\mu_n),n=1,2,\cdots$$

即
$$p_{n-1}\lambda_{n-1}+p_{n+1}\mu_{n+1}=p_n(\lambda_n+\mu_n),n=1,2,\cdots$$

当 $n=0$ 时,有

$$p_0\lambda_0=p_1\mu_1$$

当排队系统的输入过程(顾客到达系统的过程)$\{N(t),t\geqslant 0\}$ 为泊松过程时,则 $\{N(t),t\geqslant 0\}$ 也是生灭过程。因此,排队系统的求解可应用生灭过程中的有关概念和理论。

第三节　单服务台排队系统

一、*M/M/*1 排队系统(*M/M/*1/∞/∞ 系统)

1. 系统假设

*M/M/*1 排队系统是指符合下列条件的排队系统:

(1) 输入过程 —— 顾客源是无限的,顾客的到达过程是泊松过程,即顾客相继到达

的间隔时间序列$\{\tau_n, n \geqslant 1\}$独立、服从相同参数为$\lambda(\lambda \geqslant 0)$的负指数分布$F(t) = 1 - e^{-\lambda t}, t \geqslant 0$；

(2) 排队规则——单队，对队长无限制，先到先服务；

(3) 服务机构——单服务台，服务时间独立、服从相同参数为$\mu(\mu \geqslant 0)$的负指数分布$G(t) = 1 - e^{-\mu t}, t \geqslant 0$；

此外，还假定服务时间和顾客到达的间隔时间相互独立。

2. 状态转移情况

设单位时间到达系统的顾客数为λ，单位时间被服务完的顾客数为μ。由于是单服务台，且顾客源无限，因此，系统在各种状态的情况下，其"出生率"等于λ，"死亡率"等于μ。系统在稳态情况下的状态转移如图 5-3 所示。

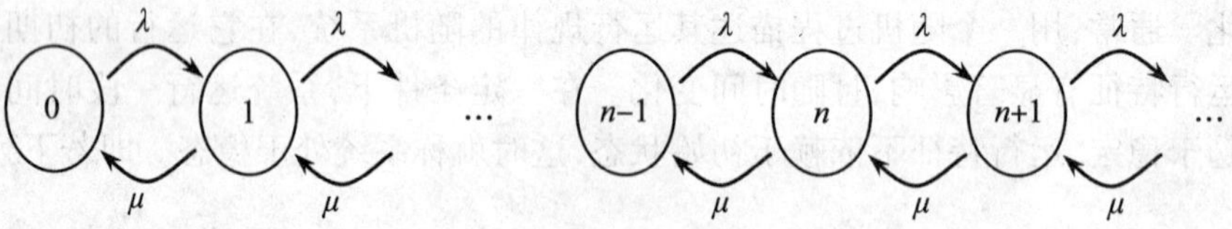

图 5-3

3. 系统参数的求解

(1) 系统状态概率p_n的计算

由系统的状态转移图可知，该系统是一个生灭过程。当系统进入平稳状态后，有如下平衡方程

$$p_0\lambda = p_1\mu$$

$$p_{n-1}\lambda + p_{n+1}\mu = p_n(\lambda + \mu), n = 1,2,\cdots$$

联合求解得

$$p_1 = \frac{\lambda}{\mu}p_0$$

$$p_2 = \left(\frac{\lambda}{\mu}\right)^2 p_0$$

$$\cdots$$

$$p_n = \left(\frac{\lambda}{\mu}\right)^n p_0$$

设

$$\rho = \frac{\lambda}{\mu} < 1$$

有

$$p_1 = \rho p_0$$

$$p_2 = \rho^2 p_0$$

$$\cdots$$

$$p_n = \rho^n p_0$$

由
$$\sum_{n=0}^{\infty} p_n = 1$$
有
$$p_0 = 1 - \rho$$
$$p_n = (1-\rho)\rho^n, n \geqslant 1 \quad \rho < 1$$

其中，$\rho = \frac{\lambda}{\mu}$ 表示平均到达率与平均服务率之比，称为**服务强度**；若 $\rho = \frac{1}{\mu} \Big/ \frac{1}{\lambda}$，则表示一个顾客的平均服务时间与平均到达间隔时间之比。

(2) 系统的运行指标

(1) 系统中的平均顾客数(队长)L_s

$$L_s = \sum_{n=0}^{\infty} np_n = \frac{\rho}{1-\rho} = \frac{\lambda}{\mu-\lambda}$$

即，队长为系统中顾客数的期望值(系统中各种状态的加权平均值)

(2) 系统中等待的平均顾客数(排队长 L_q)

因为是单服务台，当 $n=0$ 时不需等待，当系统中的顾客数为 $n \geqslant 1$ 时，系统中排队等待的顾客数为 $n-1$。因此有

$$L_q = \sum_{n=1}^{\infty}(n-1)p_n = \sum_{n=1}^{\infty} np_n - \sum_{k=1}^{\infty} p_n$$
$$= \frac{\lambda}{\mu-\lambda} - (1-p_0) = \frac{\lambda}{\mu-\lambda} - \frac{\lambda}{\mu} = \frac{\lambda^2}{\mu(\mu-\lambda)}$$

(3) 顾客在系统中的平均逗留时间 W_s

从理论上可以证明，若相继顾客到达的间隔时间服从参数为 λ 的负指数分布，顾客在系统中接受服务的时间服从参数为 μ 的负指数分布，则顾客在系统中的逗留时间服从参数为 $\mu-\lambda$ 的负指数分布。根据负指数分布的均值计算公式有

$$W_s = \frac{1}{\mu-\lambda}$$

(4) 顾客在系统中排队等待的平均时间 W_q

显然，顾客在系统中排队等待的平均时间等于平均逗留时间减去平均服务时间，即

$$W_q = W_s - \frac{1}{\mu} = \frac{1}{\mu-\lambda} - \frac{1}{\mu} = \frac{\lambda}{\mu(\mu-\lambda)}$$

(5) 顾客到达系统必须排队等待的概率 p_w

当系统中的顾客数大于或等于一个顾客时，顾客到达系统必须排队等待，因此

$$p_w = 1 - p_0 = \frac{\lambda}{\mu}$$

上述各指标间的关系如下：

(1) $L_s = \lambda W_s$　　　　(2) $L_q = \lambda W_q$

(3) $W_s = W_q + \frac{1}{\mu}$　　　　(4) $L_s = L_q + \frac{\lambda}{\mu}$

上述四公式称为李特(Little)公式，在 $M/M/c$，$M/G/1$ 等排队模型中均成立。李特公式有非常直观的含义：若系统处于稳态，那么系统中的平均人数就等于顾客在系统中的平

均逗留时间乘以系统的平均到达率。试想有一个顾客刚刚到达系统并排队等候服务，当他开始接受服务时，留在系统中的顾客正好是他在系统中等待期间到达的；当接受完服务离开系统时，系统中的顾客正好是在他系统中逗留期间到达的。因此，顾客数目应等于相应的时间长度乘以到达率。

例5.2　某医院有一台心电图机，已知患者按泊松流到达，平均每小时到达5人，每个患者占用机器的时间服从负指数分布，且平均占用时间为10分钟，心电图室现有3把椅子供患者使用，问：医院是否应该考虑增加心电图机和椅子？

解：把心电图机看做服务台，则系统构成 $M/M/1$ 排队系统。其系统参数为 $\lambda=5$；$\mu=6$；$\rho=\frac{\lambda}{\mu}=\frac{5}{6}$。

系统中的有关运行指标计算如下：

系统中没有顾客的概率　$p_0=1-\rho=0.167$

平均排队的顾客数　$L_q=\frac{\lambda^2}{\mu(\mu-\lambda)}=\frac{5^2}{6(6-5)}=4.167$（人）

系统中平均顾客数　$L_s=\frac{\lambda}{\mu-\lambda}=\frac{5}{6-5}=5$（人）

一位顾客平均排队时间　$W_q=\frac{L_q}{\lambda}=\frac{4.167}{5}=0.8334$（小时）

一位顾客平均逗留时间　$W_S=W_q+\frac{1}{\mu}=0.8334+\frac{1}{6}=1$（小时）

顾客到达系统必须等待排队的概率　$p_w=1-p_0=0.833$

系统中有5个人的概率为　$p_5=\left(\frac{\lambda}{\mu}\right)^5 p_0=\left(\frac{5}{6}\right)^5\times 0.167=0.0671$

计算结果表明，系统中的平均人数达到5人，平均等待的人数超过4人，如果不考虑增加心电图机，现有的3把椅子满足不了等待人数的要求。患者到达后不必排队直接就诊的概率为0.167，而83.3%的患者到达后必须排队等待，且一个患者在系统中平均等待的时间超过50分钟，因此医院应该考虑增加心电图机的数量。

二、$M/M/1/N$ 排队系统

$M/M/1/N$ 排队系统与 $M/M/1$ 排队系统的区别在于，$M/M/1/N$ 系统中的顾客容量限制为 N，排队顾客数量最多为 $N-1$ 个，当系统中顾客的数量为 N，即系统处于状态 N 时，新到达系统的顾客被拒绝从而自动消失。例如，有 K 个床位的旅店，当旅店客满时，后到达的顾客只好离去，因此这是一种混合制排队系统。

设系统顾客到达为泊松流，到达率为 λ，单台服务，服务率为 μ，为一个顾客服务的时间服从参数为 μ 的负指数分布。系统为最大状态为 N 的生灭过程。

系统的状态转移图如图5-4所示。

由生灭过程的平衡方程，有

$$p_0\lambda=p_1\mu$$

$$p_{n-1}\lambda+p_{n+1}\mu=p_n(\lambda+\mu),n=1,2,\cdots,N-1$$

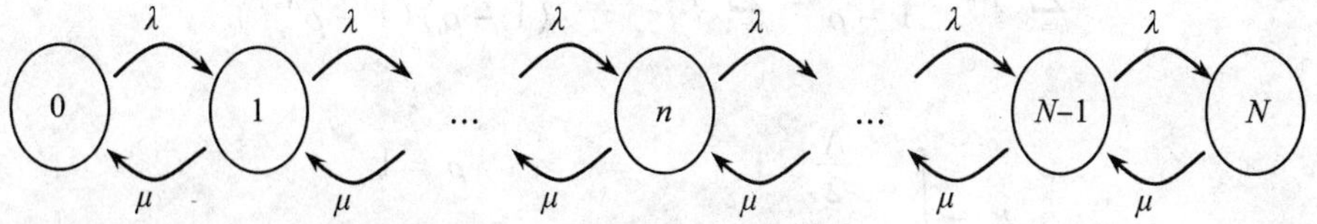

图 5-4

$$p_{N-1}\lambda = p_N\mu$$

令 $\rho = \dfrac{\lambda}{\mu}$,得到

$$p_1 = \frac{\lambda}{\mu}p_0 = \rho p_0$$

$$p_n = (\lambda/\mu)^n p_0 = \rho^n p_0, \quad n = 1,2,\cdots,N$$

再由 $p_0 + p_1 + \cdots + p_N = 1$ 得到

$$p_0(1 + \rho + \rho^2 + \cdots + \rho^N) = 1$$

当 $\rho \neq 1$ 时,有

$$p_0 = \frac{1-\rho}{1-\rho^{N+1}}$$

$$p_n = \frac{1-\rho}{1-\rho^{N+1}}\rho^n, \quad n = 1,2\cdots,N$$

当 $\rho = 1$ 时,有

$$p_0 = p_1 = \cdots = p_N = \frac{1}{N+1}$$

由于系统内允许的顾客数有限,排队的队长不会无限增大,此时不必要求 $\rho < 1$。如果系统处于状态 N,此时到达系统的顾客被拒绝,从而损失掉这一部分顾客,这种情况的概率为

$$p_N = \frac{1-\rho}{1-\rho^{N+1}}\rho^N$$

该概率称为损失顾客概率。即顾客到达系统时,不能进入系统的概率为 p_N,能进入系统的概率为 $1-p_N$,或者说,单位时间内到达系统的 λ 个顾客,实际只有 $\lambda(1-p_N)$ 个进入系统,称 $\lambda_e = \lambda(1-p_N)$ 为实际到达率。因为服务的顾客数就是实际到达的顾客数,所以 $\lambda_e = \lambda(1-p_N) = \mu(1-p_0)$。

类似 $M/M/1$ 系统,可以求出 $M/M/1/N$ 系统的其他一些评价指标。

(1) 系统中的平均顾客数(队长)L_s

当 $\rho = 1$ 时,有

$$L_s = \sum_{n=0}^{N} np_n = \sum_{n=0}^{N} n\frac{1}{N+1} = \frac{N}{2}$$

当 $\rho \neq 1$ 时,有

$$L_s = \sum_{n=0}^{N} np_n = \frac{1-\rho}{1-\rho^{N+1}} \sum_{n=1}^{N} n\rho^n = \frac{\rho(1-\rho^N - N\rho^N + N\rho^{N+1})}{(1-\rho)(1-\rho^{N+1})}$$

所以

$$L_s = \begin{cases} \dfrac{N}{2}, & \rho = 1 \\ \dfrac{\rho(1-\rho^N - N\rho^N + N\rho^{N+1})}{(1-\rho)(1-\rho^{N+1})}, & \rho \neq 1 \end{cases}$$

(2) 系统中等待的平均顾客数(排队长 L_q)

由于 $L_q = L_s - (1-p_0)$,因而有

$$L_q = \begin{cases} \dfrac{N(N-1)}{2(N+1)}, & \rho = 1 \\ L_s - \dfrac{\rho(1-\rho^N)}{1-\rho^{N+1}}, & \rho \neq 1 \end{cases}$$

(3) 顾客在系统中的平均逗留时间 W_s 与平均等待时间 W_q

与 $M/M/1$ 系统类似,$M/M/1/N$ 排队系统中的顾客平均逗留时间为

$$W_s = \frac{L_s}{\lambda(1-p_N)} = \frac{L_s}{\mu(1-p_0)}$$

顾客在系统中排队等待的平均时间为

$$W_q = W_s - \frac{1}{\mu}$$

例 5.3　某理发店只有一个理发师,店内设有 4 把椅子供顾客等候使用,当 4 把椅子全部坐满时,再来的顾客自动离去。经统计,到达理发店的顾客为泊松流,且到达率为 $\lambda = 4$(人/小时),每位顾客的理发时间相互独立、服从负指数分布,平均每人需要 10 分钟时间,即服务率为 $\mu = 6$(人/小时)。试分析:(1) 顾客到达理发店不需要等待的概率;(2) 顾客损失的概率;(3) 理发店中平均等待的顾客数;(4) 一位顾客在理发店中逗留的平均时间。

解: 显然这是一个 $M/M/1/5$ 的排队系统,且 $\lambda = 4, \mu = 6, \rho = \dfrac{\lambda}{\mu} = \dfrac{2}{3}$,根据上述有关公式,有

$$p_0 = \frac{1-\rho}{1-\rho^{N+1}} = \frac{1-2/3}{1-(2/3)^6} = 0.365$$

$$p_5 = \rho^5 p_0 = (2/3)^5 \times 0.365 = 0.048$$

$$\lambda_e = \mu(1-p_0) = 6(1-0.635) = 3.810(\text{人})$$

$$L_s = \frac{(2/3)[1-(2/3)^5 - 5(2/3)^5 + 5(2/3)^6]}{(1-2/3)[1-(2/3)^6]} = 1.423(\text{人})$$

$$L_q = L_s - (1-p_0) = 1.432 - (1-0.365) = 0.788(\text{人})$$

$$W_s = \frac{L_s}{\lambda(1-p_N)} = \frac{1.432}{6(1-0.365)} = 0.3735(\text{小时})$$

即理发店空闲的概率为0.365,顾客流失的概率为0.048,平均每小时损失顾客数为λ

$-\lambda_e = 4 - 3.81 = 0.019$ 人，理发店中平均有 0.788 位顾客排队等待，每位顾客在理发店中逗留的时间为 0.3735 小时。

三、$M/M/1/\infty/m$ 排队系统

系统中符号 m 表示该类排队系统的顾客源是有限的。机器因故障停机待修的问题就是典型的这类问题。设共有 m 台机器（顾客总体），机器因故障停机表示到达，待修的机器形成排队的顾客，机器修理工人就是服务台。每个"顾客"经过服务后，仍然回到原来的总体，因而还会再来。系统符号中的第 4 项 ∞ 表示对系统的容量没有限制，但实际上永远不会超过 m，所以系统的符号形式可以写成 $M/M/1/m/m$。

当顾客源为无限时，顾客的到达率是按总体考虑的。而在顾客源有限的情况下，顾客的到达率必须按个体考虑，即本系统中的到达率为**单个顾客的到达率**（各顾客单位时间到达的次数），仍然用符号 λ 表示。服务台服务率的含义与其他模型相同，仍然用符号 μ 表示。该类系统数量指标的计算公式如下：

$$p_0 = \frac{1}{\sum_{n=0}^{m} \frac{m!}{(m-n)!}\left(\frac{\lambda}{\mu}\right)^n}$$

$$L_q = m - \frac{\lambda + \mu}{\lambda}(1 - p_0)$$

$$L_s = L_q + (1 - p_0)$$

$$W_q = \frac{L_q}{(m - L_s)\lambda}$$

$$W_s = W_q + \frac{1}{\mu}$$

$$p_n = \frac{m!}{(m-n)!}\left(\frac{\lambda}{\mu}\right)^n p_0, \quad 0 \leqslant n \leqslant m$$

例 5.4　一个机修工人负责 3 台机器的维修工作，设每台机器在维修之后平均可运行 5 天，而平均修理一台机器的时间为 2 天，试求稳态下的各种状态概率和各运行指标。

解： 由题意有：$\lambda = \frac{1}{5}$ 台/天，$\mu = \frac{1}{2}$ 台/天，$m = 3$，$\lambda/\mu = \frac{2}{5}$。代入上述计算公式得

$$p_0 = \frac{1}{\left(\frac{2}{5}\right)^0 \frac{3!}{3!} + \left(\frac{2}{5}\right)^1 \frac{3!}{2!} + \left(\frac{2}{5}\right)^2 \frac{3!}{1!} + \left(\frac{2}{5}\right)^3 \frac{3!}{0!}} = 0.282$$

$$p_1 = \frac{2}{5} \times \frac{3!}{2!} p_0 = 0.339$$

$$p_2 = \left(\frac{2}{5}\right)^2 \times \frac{3!}{1!} p_0 = 0.271$$

$$p_3 = \left(\frac{2}{5}\right)^3 \times \frac{3!}{0!} p_0 = 0.108$$

$$L_q = m - \frac{\lambda + \mu}{\lambda}(1 - p_0) = 3 - \frac{1/5 + 1/2}{1/5}(1 - 0.282) = 0.487(\text{台})$$

$$L_s = L_q + (1 - p_0) = 0.487 + (1 - 0.282) = 1.205(\text{台})$$

$$W_q = \frac{L_q}{(m - L_s)\lambda} = \frac{0.487}{(3 - 1.205) \times 1/5} = 1.36(\text{天})$$

$$W_s = W_q + \frac{1}{\mu} = 1.36 + \frac{1}{1/2} = 3.36(\text{天})$$

四、*M/G/*1 排队系统

系统符号中的 G 表示服务时间的分布为任意的概率分布，其余同 $M/M/1$ 系统。因此，该系统称为“单服务台泊松到达、任意服务时间的排队系统”。

这里仍然设系统的顾客平均到达率为 λ，服务台的平均服务率为 μ，当已知服务时间的均方差为 σ 时，系统数量指标的计算公式为：

$$p_0 = 1 - \frac{\lambda}{\mu}$$

$$L_q = \frac{\lambda^2\sigma^2 + (\lambda/\mu)^2}{2(1 - \lambda/\mu)}$$

$$L_s = L_q + \frac{\lambda}{\mu}$$

$$W_q = \frac{L_q}{\lambda}$$

$$W_s = W_q + \frac{1}{\mu}$$

$$p_w = \frac{\lambda}{\mu}$$

显然，当服务时间服从负指数分布时，服务时间的均方差 $\sigma = \frac{1}{\mu}$，上述各公式与 $M/M/1$ 模型各指标的计算公式完全相同。

五、*M/D/*1 排队系统

系统符号中的 D 表示服务时间为固定长度，即为常数，它是 $M/G/1$ 排队系统的一个特例，该系统称为“单服务台泊松到达、定长服务时间的排队系统”。由于服务时间是个常量，故其方差为零。这样，只需要将 $M/G/1$ 模型中 L_q 的计算公式里的 σ 改为零即可，其他公式同 $M/G/1$ 模型。

$$L_q = \frac{\lambda^2\sigma^2 + (\lambda/\mu)^2}{2(1 - \lambda/\mu)} = \frac{(\lambda/\mu)^2}{2(1 - \lambda/\mu)}$$

例 5.5　某汽车冲洗服务营业部，有一套自动冲洗设备，冲洗每辆车所需时间为 6 分钟，到此营业部来冲洗的汽车的到达过程服从泊松分布，每小时平均到达 6 辆，求该排队系统的有关运行指标。

解：由于服务时间定长，因此该服务系统是一个 $M/D/1$ 排队系统，其中 $\lambda = 6$ 辆 / 小时，$\mu = \frac{60}{6} = 10$ 辆 / 小时。代入上述计算公式得系统中没有汽车的概率　$p_0 = 1 - \rho = 1 - \dfrac{\lambda}{\mu} = 1 - \dfrac{6}{10} = 0.4$

平均排队的车辆数　$L_q = \dfrac{(\lambda/\mu)^2}{2(1-\lambda/\mu)} = \dfrac{(0.6)^2}{2(1-6/10)} = 0.45$(辆)

系统中平均车辆数　$L_s = L_q + \dfrac{\lambda}{\mu} = 0.45 + \dfrac{6}{10-6} = 1.05$(辆)

一辆汽车平均排队时间　$W_q = \dfrac{L_q}{\lambda} = \dfrac{0.45}{6} = 0.075$(小时)

一辆汽车平均逗留时间　$W_s = W_q + \dfrac{1}{\mu} = 0.075 + \dfrac{1}{10} = 0.175$(小时)

汽车到达系统必须等待排队的概率　$p_w = 1 - p_0 = 1 - 0.4 = 0.6$

第四节　多服务台排队系统

一、*M/M/c* 排队系统(*M/M/c/∞/∞* 排队系统)

1. 系统假设

M/M/c 排队系统是指符合下列条件的排队系统:

(1) 输入过程 —— 顾客源是无限的,顾客的到达过程是泊松过程,即顾客相继到达的间隔时间序列$\{\tau_n, n \geq 1\}$独立、服从相同参数为$\lambda(\lambda \geq 0)$的负指数分布$F(t) = 1 - e^{-\lambda t}, t \geq 0$;

(2) 排队规则 —— 单队,对队长无限制,先到先服务;

(3) 服务机构 —— 多服务台,各服务台的工作相互独立,且服务时间独立、服从相同参数为$\mu(\mu \geq 0)$的负指数分布$G(t) = 1 - e^{-\mu t}, t \geq 0$。

此外,还假定服务时间和顾客到达的间隔时间相互独立。该排队系统的示意图如图 5-5 所示。

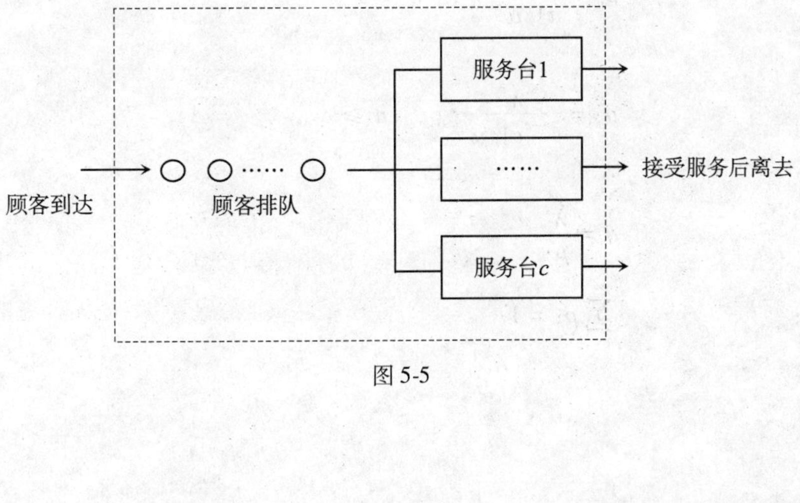

图 5-5

2. 状态转移情况

设单位时间到达系统的顾客数为 λ，每个服务台单位时间服务完的顾客数为 μ。由于顾客到达为泊松过程，且顾客源无限，因此，系统在各种状态的情况下，其"出生率"（顾客达到率）等于 λ。由于是多台服务，系统的服务率（"死亡率"）与系统中的顾客数 n 以及服务台数有关，当 $n<c$ 时，系统服务率为 $n\mu$；当 $n \geqslant c$ 时，系统服务率为 $c\mu$。系统在稳态情况下的状态转移图如图 5-6 所示。

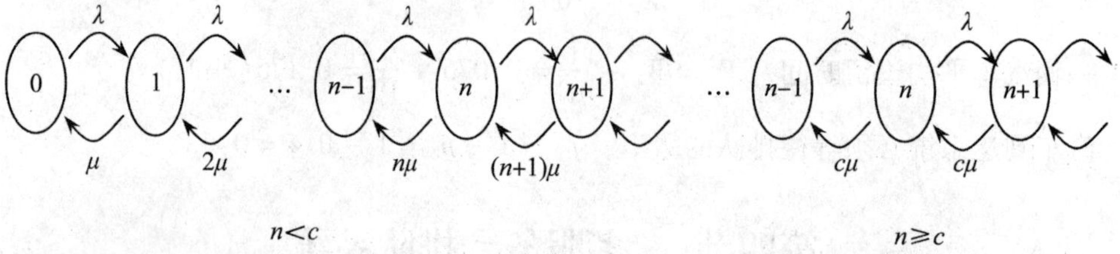

图 5-6

根据该状态转移图有如下平衡方程：

$$\lambda p_0 = \mu p_1$$

$$\lambda p_{n-1} + (n+1)\mu p_{n+1} = n\mu p_n + \lambda p_n, \quad n < c$$

$$\lambda p_{n-1} + c\mu p_{n+1} = (c\mu + \lambda) p_n, \qquad n \geqslant c$$

3. 系统指标计算公式

由上述方程可解得如下系统指标：

$$p_1 = \frac{\lambda}{\mu} p_0$$

$$p_2 = \frac{\lambda^2}{2\mu^2} p_0$$

$$\cdots$$

$$p_n = \frac{\lambda^n}{n!\,\mu^n} p_0, \quad n < c$$

$$\cdots$$

$$p_n = \frac{\lambda^n}{c^{n-c}c!\,\mu^n} p_0, \quad n \geqslant c$$

$$\cdots$$

设
$$\rho = \frac{\lambda}{\mu}$$

由
$$\sum_{n=0}^{\infty} p_n = 1$$

得

$$p_0 = \frac{1}{\sum_{n=0}^{c-1}\frac{\rho^n}{n!} + \sum_{n=c}^{\infty}\frac{\rho^n}{c!\ c^{n-c}}} = \frac{1}{\sum_{n=0}^{c-1}\frac{(\lambda/\mu)^n}{n!} + \frac{(\lambda/\mu)^c}{c!}\left(\frac{c\mu}{c\mu-\lambda}\right)} \tag{5-1}$$

从而得到

$$p_n = \begin{cases} \frac{(\lambda/\mu)^n}{n!}p_0, & n < c \\ \frac{(\lambda/\mu)^n}{c!\ c^{n-c}}p_0, & n \geqslant c \end{cases}$$

从式(5-1)看到,系统如果处于稳态,必须满足 $\lambda < c\mu$,即总服务率必须大于顾客的到达率。当 $c = 1$ 时,上述两式同 $M/M/1$ 排队系统相应指标。

系统中平均排队长为

$$L_q = \sum_{n=c}^{\infty}(n-c)p_n = \sum_{n=c}^{\infty}\frac{n}{c!\ c^{n-c}}p_n p_0 - \sum_{n=c}^{\infty}\frac{c}{c!\ c^{n-c}}p_n p_0$$

$$= \frac{(\lambda/\mu)^c\lambda\mu}{(c-1)!\ (c\mu-\lambda)^2}p_0$$

顾客到达系统必须等待的概率为系统中的顾客数大于或等于 c 的概率,即

$$p_w = \sum_{n=c}^{\infty}p_n = \frac{1}{c!}\left(\frac{\lambda}{\mu}\right)^c\left(\frac{c\mu}{c\mu-\lambda}\right)p_0$$

此外,由李特公式得到

$$L_s = L_q + \frac{\lambda}{\mu}$$

$$W_q = \frac{L_q}{\lambda}$$

$$W_s = W_q + \frac{1}{\mu}$$

例 5.6　对例 5.2 所描述的医院心电图室的排队系统再分析。医院认为心电图室一台心电图机不能满足患者需要,为了提高效率,医院决定增加一台心电图机,所增加的机器工作效率与原机器效率相同。为说明单队和多队的不同,这里采用两种方法计算。(1) 患者排成两队,并假定患者一旦排好队,就不再换到另一个队列(如另设一个心电图室)。(2) 排成一个单一队列(如两台机器在一个房间,并采取叫号的方式排队),即本排队系统所要求的排队规则。

解:(1) 另设一个心电图室。此时系统的服务率未变,而到达率由于分流,只有原来的一半,即 $\lambda = \frac{5}{2} = 2.5$,这相当于将原系统变为两个系统。用 $M/M/1$ 排队系统的计算公式计算的结果如下:

系统中没有患者的概率	$p_0 = 0.5833$
平均排队的患者数	$L_q = 0.2976$(人)
系统中平均患者数	$L_s = 0.7143$(人)
一位患者平均排队时间	$W_q = 0.119$(h)

一位患者平均逗留时间　　$W_s = 0.2857(\text{h})$

患者到达系统必须等待排队的概率　　$p_w = 0.4167$

系统中有5人及以上的概率为　　0.0012

(2) 单队2台,即用 $M/M/2$ 排队系统计算,此时系统的到达率仍然为 $\lambda = 5$,单台服务率为 $\mu = 6$,用 $M/M/2$ 排队系统的计算公式计算的结果如下:

系统中没有患者的概率　　$p_0 = 0.4118$

平均排队的患者数　　$L_q = 0.1751$(人)

系统中平均患者数　　$L_s = 1.0084$(人)

一位患者平均排队时间　　$W_q = 0.035(\text{h})$

一位患者平均逗留时间　　$W_s = 0.2017(\text{h})$

患者到达系统必须等待排队的概率　　$p_w = 0.2451$

从上述两种计算结果可知,增加服务台(心电图机),心电图室的服务水平有了很大的提高。但两种计算方法的结果仍然有较大的区别。从中可以看出,$M/M/2$ 排队系统较 $M/M/1$ 排队系统的服务水平更高,即患者在系统中排队等待的时间与逗留更少,患者到达系统要等待的概率更小。这是因为单队可使服务台利用率更高。

在 $M/M/c$ 排队系统中,$\rho_c = \dfrac{\lambda}{c\mu}$,表示服务机构的利用率,$\rho_c$ 的大小反映了服务机构的经济效益。此外,只有 $\rho_c < 1$,排队系统才具有平衡状态。

二、$M/M/c/N/\infty$ 排队系统

1. 系统假设

系统符号中的 $N(\geqslant c)$ 表示系统容量有限制,其余同 $M/M/c$ 排队系统。当系统中顾客数 n 已达到 N(即排队等待的顾客数已到达 $N-c$)时,再来的顾客即被拒绝,因此,该系统是一种损失制排队系统。

2. 状态转移情况

设系统的顾客平均到达率为 λ,服务台的平均服务率为 μ。由于是损失制,因此不再要求 $\lambda < c\mu$。若令 $\rho = \dfrac{\lambda}{c\mu}$。由于顾客到达为泊松过程,且顾客源无限,因此,系统在各种状态的情况下,其"出生率"(顾客达到率)等于 λ。由于是多台服务,系统的服务率("死亡率")与系统中的顾客数 n 以及服务台数有关,当 $n < c$ 时,系统服务率为 $n\mu$;当 $n \geqslant c$ 时,系统服务率为 $c\mu$。所以,系统在稳态情况下的状态转移图如图5-7所示。

根据该状态转移图有如下平衡方程:

$$\lambda p_0 = \mu p_1$$

$$\lambda p_{n-1} + (n+1)\mu p_{n+1} = n\mu p_n + \lambda p_n, \quad n < c$$

$$\lambda p_{n-1} + c\mu p_{n+1} = (c\mu + \lambda)p_n, \quad n \geqslant c$$

$$\lambda p_{N-1} = c\mu p_N, \quad n = N$$

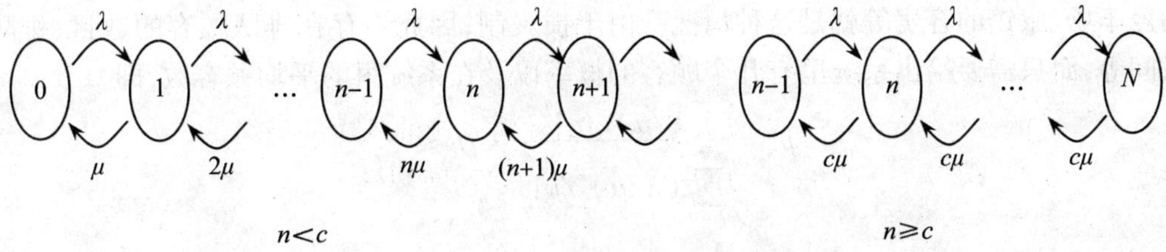

图 5-7

3. 系统指标的计算公式

由上述方程可解得如下系统指标：

$$p_1 = \frac{\lambda}{\mu}p_0$$

$$p_2 = \frac{\lambda^2}{2\mu^2}p_0$$

$$\cdots$$

$$p_n = \frac{\lambda^n}{n!\ \mu^n}p_0, \quad n < c$$

$$\cdots$$

$$p_n = \frac{\lambda^n}{c^{n-c}c!\ \mu^n}p_0, \quad n \geqslant c$$

$$\cdots$$

$$p_N = \frac{\lambda^N}{c^{N-c}c!\ \mu^N}p_0, \quad N = c$$

设
$$\rho = \frac{\lambda}{\mu}$$

由
$$\sum_{n=0}^{\infty} p_n = 1$$

得到系统指标的计算公式为

$$p_0 = \frac{1}{\sum_{k=0}^{c}\frac{(c\rho)^k}{k!} + \frac{c^c}{c!}\cdot\frac{\rho(\rho^c - \rho^N)}{1-\rho}}, \quad \rho \neq 1$$

$$p_0 = \cdots = p_n = \frac{1}{N+1}, \quad \rho = 1$$

$$L_q = \frac{p_0\rho\ (c\rho)^c}{c!\ (1-\rho)^2}\left[1 - \rho^{N-c} - (N-c)\rho^{N-c}(1-\rho)\right]$$

$$L_s = L_q + c\rho(1 - p_N)$$

$$W_q = \frac{L_q}{\lambda(1 - p_N)}$$

$$W_s = W_q + \frac{1}{\mu}$$

当 $N=c$ 时，顾客一看到服务台被占用了，随即就会离开而不会排队等待。例如，街头的停车场、旅馆的客房等就是这种情况。由于损失制，因此不存在排队顾客的数目、排队时间等，而只需要给出系统里有几个顾客的概率以及在系统里的平均顾客数，即

$$p_n = \frac{(\lambda/\mu)^n/n!}{\sum_{k=0}^{c}(\lambda/\mu)^k/k!}, \quad n \leqslant c$$

$$L_s = \frac{\lambda}{\mu}(1-p_c)$$

式中：p_c 为系统中正好有 c 个顾客的概率。

例 5.7　汽车加油站设有 4 条加油管，汽车按每分钟 1 辆泊松到达，平均每辆汽车加油时间为 5 分钟，且服从负指数分布。设除正在加油的汽车之外，加油站最多只能停 3 辆车，如果汽车到来时加油站满员，则汽车自动离去。试分析加油站的运行状况。

解：由题意系统为 $M/M/4/7$ 排队系统，且 $\lambda=1$（辆/分），$\mu=0.2$（辆/分），$c=4$，$N=7$。代入上述有关公式计算得

加油站没有汽车的概率	$p_0=0.0528$
平均排队的汽车数	$L_q=1.4066$（辆）
系统中平均汽车数	$L_s=5.0664$（辆）
一辆汽车平均排队时间	$W_q=1.9227$（分）
一辆汽车平均逗留时间	$W_s=6.9227$（分）
汽车到达系统必须等待排队的概率	$p_w=0.7924$
平均每分钟因系统满员而离去的汽车	0.2684（辆）

从上述计算结果可以看出，加油站利用率较高，但从另一个角度看，加油站损失的顾客较多，机会成本较高。

第五节　排队系统的经济分析

前面已谈到，排队系统的最优化问题分为两类：系统设计最优化和系统控制最优化。前者称为静态问题，后者称为动态问题。由于动态问题需要较深的数学知识，因此，这里仅讨论静态问题。

任何优化问题都必须有优化准则或优化目标。若将排队系统中的顾客和服务机构作为一个整体看待，排队系统最优设计的目标是系统的效益最大，这种效益最大可用系统整体费用最小来描述。排队系统中的费用有两部分，一部分是系统服务机构的服务成本，另一部分是顾客在系统中的等待费用。这两部分费用都与系统的服务水平有关，通常情况下，提高服务水平，系统的服务成本会增加，而顾客的等待费用会降低。因此，对于排队系统，有一个确定服务水平使系统中上述两部分费用之和最小的优化问题，如图 5-8 所示。

一般情况下，服务费用（成本）是可以确切地计算或估计的。但顾客的等待费用就有不同的情况，如机器故障问题中的等待费用可以确切计算，而诸如储蓄所中的顾客等待所

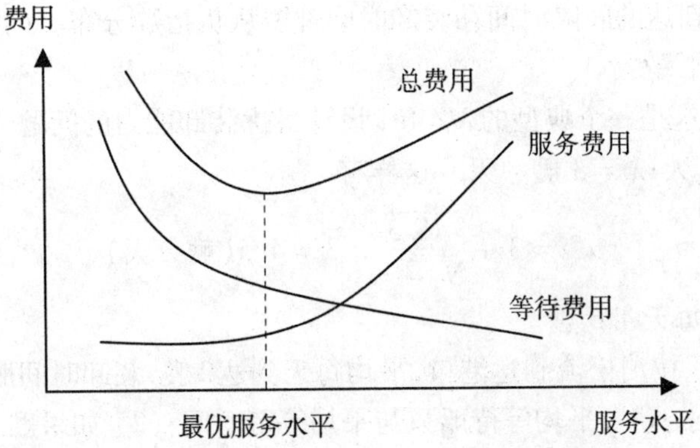

图 5-8

造成的顾客损失则难以确切计算,通常用统计的方法估计。

排队系统的服务水平也可以用不同的形式来描述,主要的描述指标是平均服务率μ,此外还有服务设备如服务台个数等。费用函数一般为非线性的,若为连续的可用微分方法解决,对于离散的问题可用边际分析方法或数值解法求解,对于复杂的问题可用动态规划或非线性规划求解。

一、$M/M/1$ 模型中的最优服务率μ

设每增大 1 单位的μ所需要的单位时间的服务费用为c_s,即增加μ值的边际费用;每个顾客在系统中停留单位时间的费用为c_w,对于该值,可以理解为顾客单位时间创造的价值,即是一种机会成本。顾客可以是本单位的,也可以是外单位的。这样系统的总费用可以描述为

$$\mathrm{TC}(\mu)=c_s\mu+c_wL_s$$

由于
$$L_s=\frac{\lambda}{\mu-\lambda}$$

故
$$\mathrm{TC}(\mu)=c_s\mu+c_w\frac{\lambda}{\mu-\lambda}$$

令
$$\frac{\mathrm{d\,TC}(\mu)}{\mathrm{d}\mu}=c_s-\frac{c_w\lambda}{(\mu-\lambda)^2}=0$$

得
$$\mu^*=\lambda+\sqrt{\frac{c_w}{c_s}\lambda}$$

可以验证
$$\frac{\mathrm{d}^2\mathrm{TC}(\mu)}{\mathrm{d}\mu^2}\Big|_{u^*}>0$$

故$\mu^*=\lambda+\sqrt{\frac{c_w}{c_s}\lambda}$ 为极小点。

例 5.8　兴建一座港口码头,只有一个装卸船只的位置。现要求设计装卸能力,装卸能力用每天装卸的船只数表示。已知单位装卸能力每天平均生产成本为 2 千元,船只到

港后若不能即时装卸,停留一天损失运输费 1.5 千元。预计船只的平均到达率为 $\lambda =$ 3 艘/天。设船只到达的间隔时间和装卸时间都服从负指数分布。问港口装卸能力为多大时,每天的总支出最少?

解:依据题意,这是一个典型的 $M/M/1$ 设计最优装卸能力的问题。其中,$c_s = 2$ 千元/天;$c_w = 1.5$ 千元/天;$\lambda = 3$ 艘/天。这样有

$$\mu^* = 3 + \sqrt{\frac{1.5}{2}} \times 3 = 4.5(\text{艘/天})$$

即最优装卸能力为每天 4.5 艘。

例 5.9 设船只按泊松流到达港口,平均每天到达 2 艘,装卸时间服从负指数分布,平均每天装卸 3 艘。求:(1) 平均等待船只与平均等待时间;(2) 如果船只在港口的停留时间超过一个值 t_0 就要罚款,船只遭到罚款的概率是多少?(3) 若每超过一天罚款 c 元,提前一天奖励 b 元,假定设备费与服务率成正比,每天 $h\mu$ 元,装卸一艘船收入 a 元,使港口每天收入最大的服务率 μ^* 是多少?

解:(1) 依题意知,$\lambda = 2$(艘/天),$\mu = 3$(艘/天),$\rho = \dfrac{\lambda}{\mu} = \dfrac{2}{3}$,于是

平均等待的船只

$$L_q = \frac{\lambda^2}{\mu(\mu - \lambda)} = \frac{2^2}{3(3-2)} = 4/3(\text{艘})$$

船只平均等待时间

$$W_q = \frac{L_q}{\lambda} = \frac{4/3}{2} = \frac{2}{3}(\text{天})$$

(2) 由于当且仅当船只在港口的逗留时间超过 t_0 时才遭到罚款,所以遭到罚款的概率为

$$p = P\{W_s \geqslant t_0\} = \mathrm{e}^{-(\mu-\lambda)t_0} = \mathrm{e}^{-t_0}$$

(3) 从费用方面考虑,每天装卸完 λ 艘船收入 λa 元,每天服务费为 $h\mu$ 元

平均提前时间为

$$t_{\text{前}} = \int_0^{t_0} (t_0 - t)(\mu - \lambda)\mathrm{e}^{-(\mu-\lambda)t}\mathrm{d}t$$

$$= t_0 - \frac{1}{\mu - \lambda}\left[1 - \mathrm{e}^{-(\mu-\lambda)t_0}\right](\text{天})$$

平均延后时间

$$t_{\text{后}} = \int_{t_0}^{\infty} (t_0 - t)(\mu - \lambda)\mathrm{e}^{-(\mu-\lambda)t}\mathrm{d}t$$

$$= \frac{1}{\mu - \lambda}\mathrm{e}^{-(\mu-\lambda)t_0}(\text{天})$$

所以港口一天的总收入为

$$f(\mu) = \mu h + \lambda a - \lambda c t_{\text{后}} + \lambda b t_{\text{前}}$$

$$= \mu h + \lambda a - \frac{c}{\mu - \lambda}\mathrm{e}^{-(\mu-\lambda)t_0} + \lambda b t_0 - \frac{\lambda b}{\mu - \lambda} + \frac{\lambda b}{\mu - \lambda}\mathrm{e}^{-(\mu-\lambda)t_0}$$

$$= \mu h + \lambda \frac{b-c}{\mu-\lambda} e^{-(\mu-\lambda)t_0} - \frac{\lambda b}{\mu-\lambda} + \lambda(a+bt_0)\text{（元）}$$

而

$$\frac{df}{d\mu} = \frac{(\mu-\lambda)t_0+1}{(\mu-\lambda)^2}\left[\frac{\lambda b - h(\mu-\lambda)^2}{(\mu-\lambda)t_0+1} - \lambda(b-c)e^{-(\mu-\lambda)t_0}\right]$$

当 $b=c$ 时，

$$\mu^* = \lambda + \sqrt{\frac{b}{h}\lambda}\text{（艘／天）}$$

当 $b>c$ 时，令

$$y_1 = \frac{\lambda b - h(\mu-\lambda)^2}{(\mu-\lambda)t_0+1}, \quad y_2 = \lambda(b-c)e^{-(\mu-\lambda)t_0}$$

由图 5-9 可以看出，y_1 与 y_2 两条曲线有唯一交点，交点处的横坐标 μ^* 即为最优装卸能力，且 $\mu^* < \lambda + \sqrt{\lambda b/h}$

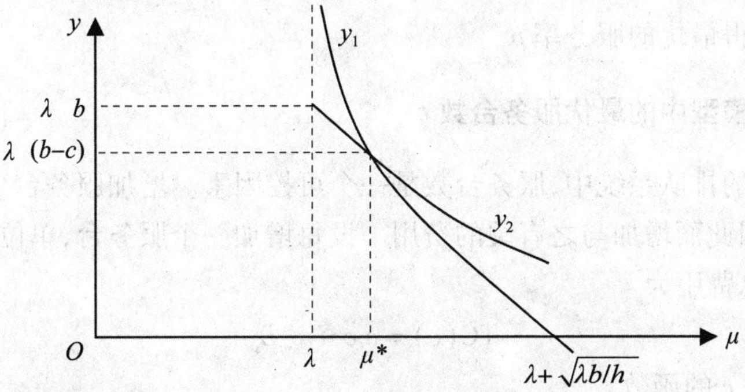

图 5-9

当 $b<c$ 时，由图 5-10 可以看出，y_1 与 y_2 两条曲线仍然有唯一交点，交点处的横坐标 μ^* 即为最优装卸能力，此时 $\mu^* > \lambda + \sqrt{\lambda b/h}$。

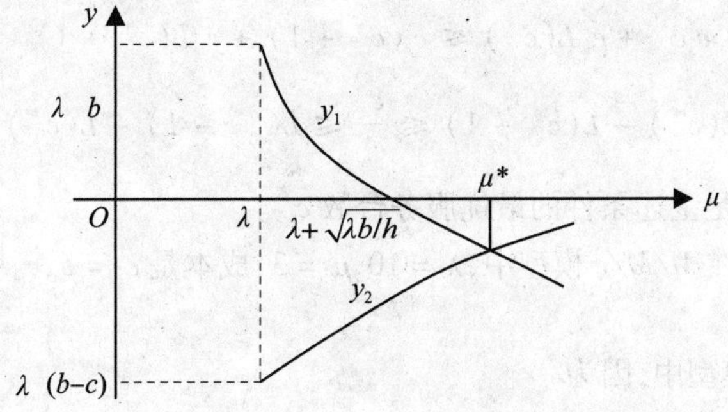

图 5-10

二、$M/M/1/N/\infty$ 模型中的最优服务率 μ

该类模型中的总费用有三部分,除了服务费用和顾客停留等待费用外,还有顾客到达但因系统容量有限而离去所造成的损失。设每服务一个人能带来利润 G。当系统客满时,顾客转而离去,显然这种概率为 p_N,若顾客到达率为 λ,则平均单位时间损失的顾客数为 λp_N,因而平均利润损失为 $G\lambda p_N$。

该类模型系统中的顾客一般为外部顾客,因而顾客的等待费用可以不加考虑,于是系统总费用为

$$\mathrm{TC}(\mu) = c_s\mu + G\lambda p_N = c_s\mu + G\lambda \frac{\lambda^N\mu - \lambda^{N+1}}{\mu^{N+1} - \lambda^{N+1}}$$

令
$$\frac{\mathrm{d}\,\mathrm{TC}(\mu)}{\mathrm{d}\mu} = 0$$

得
$$\frac{\rho^{N+1}[(N+1)\rho - N - \rho^{N+1}]}{(1-\rho^{N+1})^2} = \frac{c_s}{G}$$

用数值解法可求得最优的服务率 μ^*。

三、$M/M/c$ 模型中的最优服务台数 c

在多台服务的排队系统中,服务台数是一个可控因素。增加服务台数目,可以提高服务水平,但也会因此而增加与之有关的费用。设每增加一个服务台,单位时间增加的费用为 c_s,则系统的总费用为

$$\mathrm{TC}(c) = c_s c + c_w L_s$$

上式中的 L_s 也是 c 的函数。

由于 c 不是连续变量,所以不能用微分法。通常采用边际分析方法,即若 $\mathrm{TC}(c^*)$ 是最小的,则必有

$$\mathrm{TC}(c^*) \leqslant \mathrm{TC}(c^*-1)$$
$$\mathrm{TC}(c^*) \leqslant \mathrm{TC}(c^*+1)$$

即
$$c_s c^* + c_w L(c^*) \leqslant c_s(c^*-1) + c_w L(c^*-1)$$
$$c_s c^* + c_w L(c^*) \leqslant c_s(c^*+1) + c_w L(c^*+1)$$

化简后得到
$$L(c^*) - L(c^*+1) \leqslant \frac{c_s}{c_w} \leqslant L(c^*-1) - L(c^*)$$

通过试算,可得到满足上述条件的最优服务台数 c^*。

例 5.10　假定在 $M/M/c$ 模型中,$\lambda = 10$,$\mu = 3$,成本是 $c_s = 5$,$c_w = 25$,求使得总费用最小的服务台数。

解:在 $M/M/c$ 模型中,因为

$$\lambda = 10, \mu = 3, \rho = \frac{\lambda/\mu}{c} = \frac{10}{3c}$$

为使 $\rho < 1$,必须有 $c > 3$

因为

$$p_0=\frac{1}{\sum_{n=0}^{c-1}\frac{(10/3)^n}{n!}+\frac{(10/3)^c}{c!}\left(\frac{3c}{3c-10}\right)}$$

又

$$L(c)=L_q+\frac{\lambda}{\mu}=\frac{(\lambda/\mu)^c\lambda\mu}{(c-1)!\ (c\mu-\lambda)^2}p_0+\frac{\lambda}{\mu}$$

$$=\frac{(10/3)^c 10\times 3}{(c-1)!\ (3c-10)^2}p_0+\frac{10}{3}$$

对于不同的 c 值计算 $L(c)$，结果如表 5-1 所示。

表 5-1

c	$L(c)$	$L(c)-L(c+1)$	$L(c-1)-L(c)$
4	6.62	2.64	—
5	3.98	0.46	2.64
6	3.52	0.13	0.46
7	3.39	—	0.13

又因为

$$\frac{c_s}{c_w}=\frac{5}{25}=0.2$$

由 $L(c)-L(c+1)<\frac{c_s}{c_w}<L(c-1)-L(c)$ 及表 5-1 知

$$0.13<0.2<0.46$$

故 $c^*=6$，即使用 6 个服务台最好。

四、其他优化问题

例 5.11　考虑某种产品的库存问题。如果进货过多，则会带来过多的存储费；如果存货不足，则缺货会造成经济损失。最好的办法是能即时供应，但由于生产与运输等方面的因素，一般难以做到即时供应。因此希望找到一种合理的库存量 s，使得存储费与缺货费之和最小。假定需求是参数为 λ 的泊松流，产品是一件一件地生产，每生产一件产品所需要的时间服从参数为 μ 的负指数分布。单位产品单位时间的存储费为 c，单位产品单位时间缺货费为 h，试确定最优存储量 s 使存储费与缺货费之和最小。

解：把生产产品的工厂看做服务机构，需求看做输入流，于是问题转化成 $M/M/1$ 排队系统，需求量表示队长，p_k 表示生产厂有 k 件订货未交付的概率。设库存量为 s，则缺货时的平均缺货数为

$$E_{缺}=\sum_{n=s}^{\infty}(n-s)p_n$$

$$=\sum_{n=s}^{\infty}n(1-\rho)\rho^n-s\sum_{n=s}^{\infty}(1-\rho)\rho^n$$

$$= \sum_{n=s}^{\infty} n(1-\rho)\rho^n - s\rho^s$$

平均库存数

$$E_{存} = \sum_{n=0}^{s-1} (s-n)p_n$$

$$= s\sum_{n=0}^{s-1} (1-\rho)\rho^n - \sum_{n=0}^{s-1} n(1-\rho)\rho^n$$

$$= s(1-\rho^s) - \frac{\rho}{1-\rho} + \sum_{n=s}^{\infty} n(1-\rho)\rho^n$$

因此单位时间的期望总费用为

$$f(s) = c\left[s(1-\rho^s) - \frac{\rho}{1-\rho} + \sum_{n=s}^{\infty} n(1-\rho)\rho^n\right] + h\left[\sum_{n=s}^{\infty} n(1-\rho)\rho^n - s\rho^s\right]$$

$$= cs - \frac{c\rho(1-\rho^s)}{1-\rho} + h\frac{\rho^{s+1}}{1-\rho}$$

用边际分析方法求解上式,使得上式最小的 s 应满足

$$f(s-1) \geqslant f(s),\ f(s+1) \geqslant f(s)$$

由 $f(s+1) \geqslant f(s)$ 得

$$\rho^{s+1} \leqslant \frac{c}{c+h}$$

于是

$$s \geqslant \left[\ln\frac{c}{c+h}\Big/\ln\rho\right] - 1$$

由 $f(s-1) \geqslant f(s)$ 得

$$\rho^{s+1} \geqslant \frac{c}{c+h}$$

于是

$$s \leqslant \ln\frac{c}{c+h}\Big/\ln\rho$$

这样有

$$\left[\ln\frac{c}{c+h}\Big/\ln\rho\right] - 1 \leqslant s \leqslant \ln\frac{c}{c+h}\Big/\ln\rho$$

即最优 s^* 为靠近 $\ln\frac{c}{c+h}\Big/\ln\rho$ 的正整数即可。

习题五

1. 在 $M/M/1$ 模型中:

(1) 若服务台有 $K\%$ 的时间空闲,试用 K 来表示系统中顾客的平均数 L_s 及平均等待的顾客数 L_q;

(2) 设服务率为 μ,试求 λ 使 $L_q = 1$;

(3) 若 $p_0 = 0.2, W_s = 0.5$,试求 L_q;

(4) 若到达率为 λ,服务率为 2λ,试求 L_q, W_q, W_s, L_s, p_0。

2. 在 $M/M/2$ 模型中:

(1) 若到达率为 λ,服务率为 μ,并设 $\rho = \lambda/(2\mu)$ 试证:

$$W_q = \frac{\rho^2}{\mu(1-\rho^2)}, \quad W_s = \frac{1}{\mu(1-\rho^2)}$$

$$L_q = \frac{2\rho^3}{1-\rho^2}, \quad L_s = \frac{2\rho}{1-\rho^2}$$

(2) 在上述 $M/M/2$ 模型中设 $\lambda = \mu$,试证

$$W_q = \frac{1}{3\lambda}, \quad W_s = \frac{4}{3\lambda}, \quad L_q = \frac{1}{3}, \quad L_s = \frac{4}{3}$$

3. 设一个服务系统有 2 个服务台。顾客相继到达的间隔时间服从均值为 2 小时的负指数分布,服务时间也服从均值为 2 小时的负指数分布。进一步设一个顾客恰在早上 8:00 到达。求:

(1) 下一个顾客在早上 9:00 前到达的概率;在 9:00—10:00 到达的概率;在 10:00 以后到达的概率。

(2) 设在早上 10:00 前无其他顾客到达,问在 10:00—11:00 中有一个顾客到达的概率。

(3) 在 9:00—10:00 中到达 0 个、1 个、2 个或更多顾客(≥ 2)的概率有多大?

4. 考虑 $M/M/c$ 排队系统。

(1) 设 $c = 1, \mu = 1$。当 λ 分别为 0.5,0.8,0.9,0.99 时,试计算相应的 L_q, W_q, W_s, L_s, P_0;

(2) 现设 $c = 2, \mu = 0.5$。求(1) 中列出的诸量,并进行比较。

(3) 设 $c = 2, \mu = 1$。当 λ 分别为 1,1.6,1.8 时,求(1) 中列出的诸量,并进行比较。

5. 设银行有 4 个窗口对顾客提供服务。顾客的到达率 $\lambda = 18$(人/小时)。当所有窗口都忙时顾客排成一队等待服务。假定对一个顾客的服务时间服从均值为 10 分钟的负指数分布。

(1) 画出这个排队系统的状态转移图。

(2) 求 L_q, W_q, W_s, L_s。

6. 某车间的工具仓库只有一个管理员,平均每小时有 4 个工人来借工具,平均服务时间为 6 分钟。到达为泊松流,服务时间服从负指数分布。由于场地等条件限制,仓库内能借工具的人最多不能超过 3 个,求:

(1) 仓库内没有人借工具的概率;

(2) 系统中借工具的平均人数;

(3) 排队等待借工具的平均人数;

(4) 工人在系统中平均花费的时间;

(5) 工人平均等待的时间。

7. 设某航空公司的飞机以 $\lambda = 1$ 架/天的到达率送维修中心检修 1 台发动机(假定是 4 台发动机的客机),平均维修时间为 0.5 天/架。

管理人员提出另一种检修发动机的方式:对送修的飞机的 4 台发动机都进行检修,此时平均维修时间为 1 天/架,其后果是送修的到达率减为 $\lambda = 0.25$ 架/天。试在平均意义上比较这两种检修方式。

8. 某铁路局为经常油漆使用的车厢考虑了两个方案:方案 1 是设置一个手工油漆工场,年总开支费用为 20 万元,每节车厢油漆的时间服从均值为 6 小时的负指数分布;方案 2 是建一个喷漆车间,年总开支为 45 万元,每节车厢油漆的时间服从均值为 3 小时的负指数分布。设要油漆的车厢按泊松流到达,平均每小时 1 节车厢,油漆工场昼夜常年开工(即每年工作时间为 $365 \times 24 = 8760$ 小时),且每节车厢闲置时间的损失为每小时 15 元,请问该铁路局采取哪一个方案比较经济?

9. 一个小型的平价自选市场只有一个收款出口,假设到达收款出口的顾客流为泊松流,平均每小时为 30 人,收款员的服务时间服从负指数分布,平均每小时可服务 40 人。

(1) 计算这个排队系统的数量指标 p_0, L_q, L_s, W_q, W_s。

(2) 顾客抱怨这个排队系统花费的时间太多,商店为了改进服务准备对以下两个方案进行选择。

方案 1:在收款出口,除了收款员外还专雇一名装包员,这样可使每小时的服务率从 40 人提高到 60 人。

方案 2:增加一个收款出口,使排队系统变成 $M/M/2$ 系统,每个收款出口的服务率仍为 40 人。请对这两个排队系统进行评价,并做出选择。

10. 对于 $M/M/1$ 排队系统,已知在单位时间内 μ 增加 1 个单位的成本是 10 元,而顾客的单位等待时间成本是 1 元,到达率是每单位时间 20。求最优服务率 μ^*。

第六章　存储论

存储理论是运筹学中最早成功应用的领域之一，是运筹学的重要分支。本章将通过分析生产经营活动中常见的存储现象，展现管理科学中处理存储问题的优化理论与方法，介绍几种常见的确定型存储问题和随机存储问题的建模和求解方法。

第一节　存储论的基本概念

一、存储与存储问题

存储就是将一些物资（如原材料、外购零件、部件、在制品等）存储起来以备将来使用和消费。存储是缓解供应与需求之间出现供不应求或供大于求等不协调情况的必要和有效的方法和措施。

存储现象是普遍存在的。商店为了满足顾客的需要，必须有一定数量的库存货物来支持经营活动，若缺货就会造成营业额的损失；银行为了进行正常的交易需要储存一定数量的现金。工厂为了生产的正常进行，必须储备一定的原材料等。但存储量是否越大越好呢？首先，有存储就会有费用（占用资金、维护等费用——存储费），且存储越多费用越大。存储费是企业流动资金中的主要部分。其次，若存储过少，就会造成供不应求，从而造成巨大的损失（失去销售、占领市场的机会、违约等）。因此，如何最合理、最经济地制定存储策略是企业经营管理中的一个大问题。这也是本章要研究的内容。

二、存储模型中的几个要素

1. 存储策略

存储策略就是解决存储问题的方法，即决定多少时间补充一次库存以及补充多少数量的策略。常见的有以下几种类型：

（1）t_0 循环策略，即每隔 t_0 时间补充一次库存，补充量为 Q。这种策略在需求比较确定的情况下采用。

（2）(s,S) 策略，在连续检查库存的情况下，当存储量为 s 时，立即订货，订货量为 $Q=S-s$，即将库存量补充到 S，其中，s 称为补充水平或订购水平。该策略需要确定最好的 s 和 S。

（3）(t,s,S) 策略，即每隔 t 时间检查一次库存，当库存量小于等于 s 时，立即补充库存

量到 S；当库存量大于 s 时，可暂时不补充。

(4)（s,Q）策略，在连续检查库存的情况下，当存储量降低到 s 时，补充库存，补充量为 Q。该策略的决策变量为 s 和 Q。

(5)（t,S）策略，以固定时间 t_0 为周期进行周期性库存检查，当存储量不足 S 时，将货物补充到 S。该策略的决策变量为 S。

在解决实际问题时，采取何种策略应由检查方式和实际问题本身的需要所决定。

2. 费用

评价一个存储策略的优劣，一般用存储费用来衡量。解决存储问题的核心就是当选定了存储策略类型后，求出使问题费用最小的有关参数，从而找出最优的存储策略。存储问题中常见的费用有以下几种。

(1) 订货费，即企业向外采购物资的费用，包括订购费和货物成本费。订购费主要指订货过程中的手续费、电信往来费用、交通费等，与订货次数有关；货物成本费是指与所订货物数量有关的费用，如成本费、运输费等。

(2) 生产费，即企业自行生产库存品的费用，包括装备费和消耗性费用。装备费主要指与生产次数有关的固定费用；消耗性费用指与生产数量有关的费用。

(3) 存储费用，主要包括保管费、流动资金占用利息、货损费等，与存储数量及存货性质有关。

(4) 缺货费，指因缺货而造成的损失，如：机会损失、停工待料损失、未完成合同赔偿、缺货补偿以及为维持需求所付出的应急费用等。

随着实际问题的不同，所考虑的费用项目也会不同。

3. 提前时间与再订货点

通常从订货到货物进库有一段时间，为了及时补充库存，一般要提前订货，该提前时间等于订货到货物进库的时间长度。

所谓再订货点是指需要下达新订单时的库存量，因为该库存量正好可以维持提前期的货物需求量。因此，再订货点实际上等于提前期乘以需求速度。

4. 目标函数

要在一类策略中选择最优策略，就需要有一个赖以衡量优劣的准绳，这就是目标函数。在存储模型中，目标函数是指平均费用函数或平均利润函数。最优策略就是使平均费用函数最小或使平均利润函数最大的策略。

存储问题的求解一般有如下步骤：(1) 分析问题的供需特性；(2) 分析系统的费用（订货费、存储费、缺货费、生产费等）；(3) 确定问题的存储策略，建立问题的数学模型；(4) 求使平均费用最小（或平均利润最大）的存储策略（最优存储量、最佳补充时间、最优订货量等）。

第二节　确定性存储模型

一、经济订购批量存储模型

1. 模型假设与存储状态图

该模型的假设如下：

(1) 需求是连续均匀的。设需求速度为常数 R；

(2) 当存储量降至零时，可立即补充，不会造成损失；

(3) 每次订购费为 c_3，单位存储费为 c_1，且都为常数；

(4) 每次订购量均相同，均为 Q。

存储状态图如图 6-1 所示。

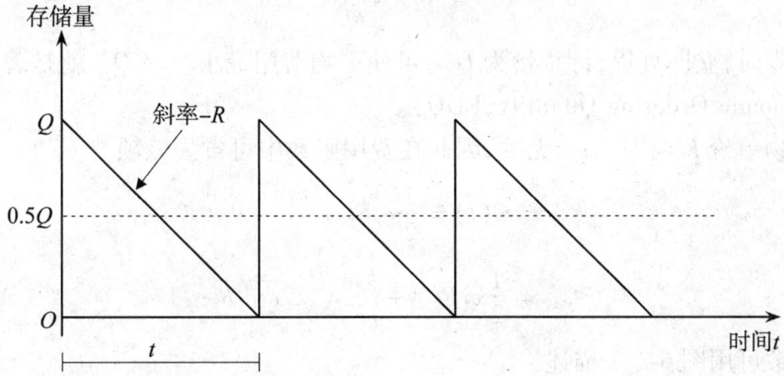

图 6-1

2. 存储模型

(1) 存储策略

该问题的存储策略就是每次订购量，即问题的决策变量 Q，由于问题是需要连续均匀且不允许缺货，变量 Q 可以转化为变量 t，即每隔 t 时间订购一次，订购量为 $Q = Rt$。

(2) 优化准则

t 时间内平均费用最小。由于问题是线性的，因此，t 时间内平均费用最小，总体平均费用就会最小。

(3) 目标函数

根据优化准则和存储策略，该问题的目标函数就是 t 时间内的平均费用，即 $C = C(t)$。费用有：

①t 时间内订货费。

t 时间内订货费 = 订购费 + 货物成本费 = $c_3 + KRt$（其中 K 为货物单价）

②t 时间内存储费。

$$\text{存储费} = \text{平均存储量} \times \text{单位存储费} \times \text{时间} = \frac{1}{2}Qc_1t = \frac{1}{2}c_1Rt^2$$

③t 时间内平均费用(目标函数)。

$$C(t) = \frac{1}{t}\left[\frac{1}{2}c_1Rt^2 + c_3 + KRt\right] = \frac{1}{2}c_1Rt + \frac{c_3}{t} + KR$$

(4) 最优存储策略

在上述目标函数中

令
$$\frac{\mathrm{d}C}{\mathrm{d}t} = \frac{1}{2}c_1R - \frac{c_3}{t^2} = 0$$

得
$$t^* = \sqrt{\frac{2c_3}{c_1R}} \tag{6-1}$$

即每隔 t^* 时间订货一次,可使平均费用最小。

有
$$Q^* = Rt^* = \sqrt{\frac{2c_3R}{c_1}} \tag{6-2}$$

即当库存为零时,立即订货,订货量为 Q^*,可使平均费用最小。该 Q^* 就是著名的经济订货批量(Economic Ordering Quantity,EOQ)。

由于货物单价 K 与 Q^*,t^* 无关,因此在费用函数中可省去该项。

即
$$C(t) = \frac{1}{2}c_1Rt + \frac{c_3}{t}$$

因此有
$$C^* = \frac{1}{2}c_1Rt^* + \frac{c_3}{t^*} = \sqrt{2c_1c_3R} \tag{6-3}$$

费用函数可用图 6-2 来描述。

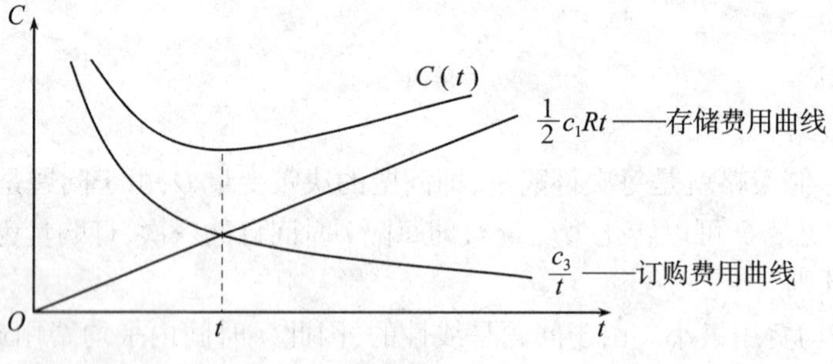

图 6-2

费用函数还可以描述成订购量 Q 的函数,即

$$C(Q) = \frac{1}{2}c_1Q + \frac{c_3R}{Q}$$

例 6.1　某批发公司向附近 200 多家食品零售店提供货源,批发公司负责人为减少存储费用,选择了某种品牌的方便面进行调查研究,以制定正确的存储策略。调查结果如下:(1) 方便面每周需求 3000 箱;(2) 每箱方便面一年的存储费为 6 元,其中包括贷款利

息3.6元,仓库费用、保险费用、损耗费用、管理费用等共2.4元;(3)每次订货费25元,其中包括:批发公司支付给采购人员的劳务费12元,手续费、电话费、交通费等13元;(4)方便面每箱价格30元。

解:根据上述提供的数据有

$$c_1 = \frac{6}{52} = 0.1154 \text{ 元/(周·箱)};c_3 = 25 \text{ 元/次};R = 3000(\text{箱/周})。$$

因此有
$$Q^* = \sqrt{\frac{2c_3R}{c_1}} = \sqrt{\frac{2 \times 25 \times 3000}{0.1154}} = 1140.18(\text{箱})$$

$$t^* = \frac{Q^*}{R} = 1140.18/3000 = 0.38(\text{周}) = 2.66(\text{天})$$

最小费用
$$c^* = \sqrt{2c_1c_2R} = \sqrt{2 \times 0.1154 \times 25 \times 3000} = 131.57(\text{元/周})$$

若提前期为1天,则再订货点为:$1 \times \frac{3000}{7} = 427$(箱)

在此基础上,公司根据具体情况对存储策略进行了一些修改。

(1)将订货周期改为3天,每次订货量为$3000 \times 3 \times \frac{52}{365} = 1282$箱;

(2)为应对每周需求超过3000箱的情况,公司决定每天多存储200箱,这样,第一次订货为1482箱,以后每3天订货1282箱;

(3)为保证第二天能及时到货,应提前一天订货,再订货点为$427 + 200 = 627$箱。

这样,公司一年总费用为

$$C = 0.5 \times 1282 \times 6 + \frac{365}{3} \times 25 + 200 \times 6 = 8087.67(\text{元})$$

二、经济生产批量模型

经济生产批量模型也称不允许缺货、生产需要一定时间模型。

1. 模型假设与存储状态图

该模型的假设为:

(1)需求是连续均匀的,设需求速度为常数R;

(2)每次生产准备费为c_3,单位存储费为c_1,且都为常数;

(3)当存储量降至零时开始生产,单位时间生产量(生产率)为P(常数),生产的产品一部分满足当时的需要,剩余部分作为存储,存储量以$P - R$的速度增加;当生产t时间以后,停止生产,此时存储量为$(P - R)t$,以该存储量来满足需求。当存储量降至零时,再开始一个新的生产周期。

(4)每次生产量相同,均为Q。

设最大存储量为S;总周期时间为T,其中生产时间为t,不生产时间为t_1;存储状态图如图6-3所示。

2. 存储模型

(1)存储策略

一次生产的生产量Q,即问题的决策变量。

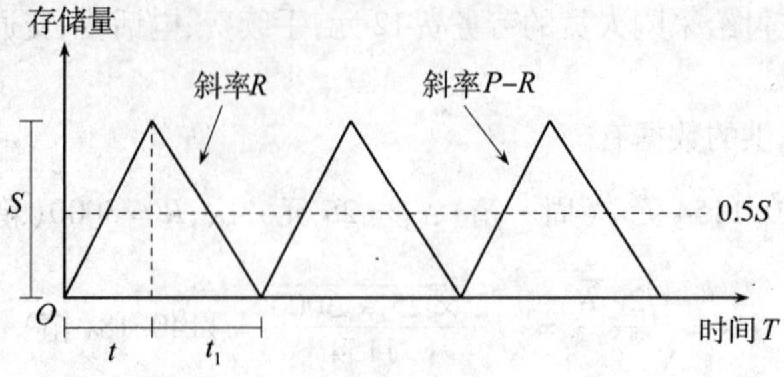

图 6-3

(2) 优化准则

$t+t_1$ 时期内,平均费用最小。

(3) 费用函数

① 生产时间 $t=\dfrac{Q}{P}$;

② 最大存储量 $S=(P-R)t=\dfrac{(P-R)Q}{P}$

③ 不生产时间与总时间 $t_1=\dfrac{S}{R}=\dfrac{(P-R)Q}{P\times R}$

$$t+t_1=\frac{Q}{R}$$

④$t+t_1$ 时期内平均存储费用 $\dfrac{1}{2}Sc_1=\dfrac{c_1}{2}\dfrac{(P-R)Q}{P}$

⑤$t+t_1$ 时期内平均生产费用 $\dfrac{c_3}{t}=\dfrac{c_3R}{Q}$

⑥$t+t_1$ 时期内总平均费用 $C(Q)=\dfrac{c_1}{2}\dfrac{(P-R)Q}{P}+\dfrac{c_3R}{Q}$

(4) 最优存储策略

在上述费用函数的基础上

令 $\dfrac{\mathrm{d}C}{\mathrm{d}Q}=0$

则

最佳生产量 $Q^*=\sqrt{\dfrac{2c_3R}{c_1}}\sqrt{\dfrac{P}{P-R}}$ (6-4)

最佳生产时间 $t^*=\dfrac{Q^*}{P}=\sqrt{\dfrac{2c_3R}{c_1}}\sqrt{\dfrac{1}{P(P-R)}}$ (6-5)

最佳循环时间 $T^*=\dfrac{Q^*}{R}=\sqrt{\dfrac{2c_3}{c_1R}}\sqrt{\dfrac{P}{P-R}}$ (6-6)

循环周期内平均费用　$C=\sqrt{2c_1c_3R}\sqrt{\frac{P-R}{P}}$　(6-7)

例6.2　某装配车间每月需要零件490个,该零件由厂内生产,生产率为每月900个,每批生产准备费为100元,每月每个零件存储费为0.5元。试计算经济生产批量及相关指标。

解:依题意有

$R=490$ 件/月;$P=900$ 件/月;$c_1=0.5$ 元/(件·月);$c_3=100$ 元/次;

因此有

最优生产量　$Q^*=\sqrt{\frac{2\times100\times490}{100}}\times\sqrt{\frac{900}{900-490}}=656$(件)

每月平均成本　$C=\sqrt{2\times0.5\times100\times490}\times\sqrt{\frac{900}{900-490}}=328$(元/月)

最佳循环时间　$T^*=\frac{Q^*}{R}=\frac{656}{490}=1.34$(月)

最大存储水平　$S^*=(P-R)\times\frac{Q^*}{P}=(900-490)\times\frac{656}{900}=299$(件)

三、允许缺货的经济订购批量模型

所谓允许缺货是指企业在存储量降至零后,还可以再等待一段时间后订货。若企业除了支付少量的缺货损失外无其他损失,这样企业就可以利用"允许缺货"的宽松条件,少支付几次订货的固定费用和一些存储费,从经济的角度出发,允许缺货对企业是有利的。

1. 模型假设与存储状态图

该模型的假设为:

(1) 顾客遇到缺货时不受损失或损失很小,顾客会耐心等待直到新的补充到来。当新的补充一到,立即将货物交付给顾客。这是允许缺货的基本假设,即缺货不会造成机会损失。

(2) 需求是连续均匀的。设需求速度为常数 R;

(3) 每次订购费为 c_3,单位存储费为 c_1,单位缺货费为 c_2,且都为常数;

(4) 每次订购量相同,均为 Q。

设最大存储量为 S,则最大缺货量为 $Q-S$,每次订到货后立即交付给顾客。最大缺货量为 $Q-S$;总周期时间为 T,其中不缺货时间为 t_1,缺货时间为 t_2;存储状态图如图6-4所示。

2. 存储模型

(1) 存储策略

一次生产的生产量 Q,即问题的决策变量。

(2) 优化准则

T 时期内,平均费用最小。

(3) 费用函数

① 不缺货时间　$t_1=\frac{S}{R}$;

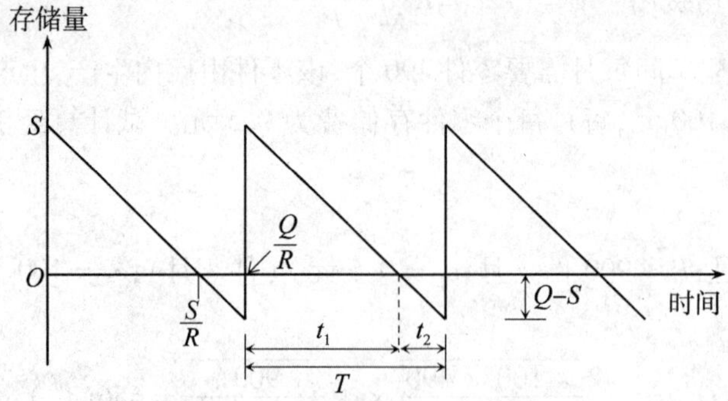

图 6-4

② 缺货时间　　$t_2 = \frac{Q - S}{R}$

③ 总周期时间　　$T = \frac{Q}{R}$

④ 平均存储量　　$\frac{1}{2}S \times \frac{t_1}{T} = \frac{S^2}{2Q}$

⑤ 平均缺货量 $= \frac{1}{2}(Q - S) \times \frac{t_2}{T} = \frac{(Q - S)^2}{2Q}$

⑥T 时期内平均生产费用 $= \frac{c_3}{T} = \frac{c_3 R}{Q}$

⑦T 时期内总平均费用　$C(S,Q) = \frac{c_1 S^2}{2Q} + \frac{c_2 (Q - S)^2}{2Q} + \frac{c_3 R}{Q}$

(4) 最优存储策略

令
$$\frac{\partial C}{\partial S} = \frac{c_1 S}{Q} - \frac{c_2(Q - S)}{Q} = 0$$

$$\frac{\partial C}{\partial Q} = -\frac{c_1 S^2}{2Q^2} + \frac{2c_2 Q(Q - S) - c_2 (Q - S)^2}{2Q^2} - \frac{c_3 R}{Q^2} = 0$$

则最佳订购量　$Q^* = \sqrt{\frac{2c_3 R}{c_1}}\sqrt{\frac{c_1 + c_2}{c_2}}$　(6-8)

最佳(最大)存储量　$S^* = \sqrt{\frac{2c_3 R}{c_1}}\sqrt{\frac{c_2}{c_1 + c_2}}$　(6-9)

最佳循环时间　$T^* = \frac{Q^*}{R} = \sqrt{\frac{2c_3}{c_1 R}}\sqrt{\frac{c_1 + c_2}{c_2}}$　(6-10)

周期内平均费用　$C^* = \sqrt{2c_1 c_3 R}\sqrt{\frac{c_2}{c_1 + c_2}}$　(6-11)

此外,从图 6-4 可以看出,不缺货的时间所占比例可由下式给出

$$\frac{S^*/R}{Q^*/R} = \frac{c_2}{c_1 + c_2}$$

该比例随着单位存储费 c_1 和单位缺货费的不同而改变。特别的，当 $c_2 \to \infty$ 且 c_1 不变时，$Q^* - S^* \to 0$，即不允许缺货，此时 Q^* 同 EOQ；当 $c_1 \to \infty$ 且 c_2 不变时，$S^* \to 0$，即没有存储量最经济。

例 6.3　某批发商经营某种商品，已知该商品的月需求量为 1000 件，每次订购费 50 元。若货物送达后存入仓库，每月每件存储费 1 元。设需求是连续均匀的。(1) 若不允许缺货，求经济订货批量和最低平均费用；(2) 若允许缺货，且每月每缺 1 件商品的损失为 0.5 元，求经济订货批量和最低平均费用。

解：依题意有

$R = 1000$ 件／月；$c_1 = 1$ 元／(件·月)；$c_3 = 50$ 元／次；$c_2 = 0.5$ 元／(件·月)

将上述数据代入相应的计算公式得到如下结果(见表 6-1)：

表 6-1

	不允许缺货	允许缺货
最优订货量	316	548
最低平均费用	316.2 元／月	182.6 元／月
最大存储水平	316 件	182 件
周期	9.62 天	16.67 天
一年订货次数	39 次	22 次

从两种情况的计算结果可以看出，允许缺货一般比不允许缺货有更大的选择余地，一定时期的总费用也可以有所降低。但要注意的是：该模型的应用在允许缺货时机会损失可以忽略的情况下才有意义。

四、允许缺货的经济生产批量模型

该模型与经济生产批量模型相比，放宽了假设条件：允许缺货。与允许缺货的经济订购批量模型相比，不同的是：补充不是靠订货，而是靠生产。

1. 模型假设

该模型的假定如下：

(1) 需求是连续均匀的。设需求速度为常数 R；

(2) 每次生产准备费为 c_3，单位存储费为 c_1，单位缺货费为 c_2，且都为常数；

(3) 缺货一段时间后开始生产，单位时间生产量(生产率)为 P(常数)，生产的产品一部分满足当时的需要，剩余部分作为存储，存储量以 $P - R$ 的速度增加；停止生产时，以存储量来满足需求。

(4) 每次生产量相同，均为 Q。

设最大存储量为 S，则最大缺货量为 H；总周期时间为 T，其中存储时间(不缺货时间)

为 t_1,缺货时间为 t_2。存储状态图如图 6-5 所示。

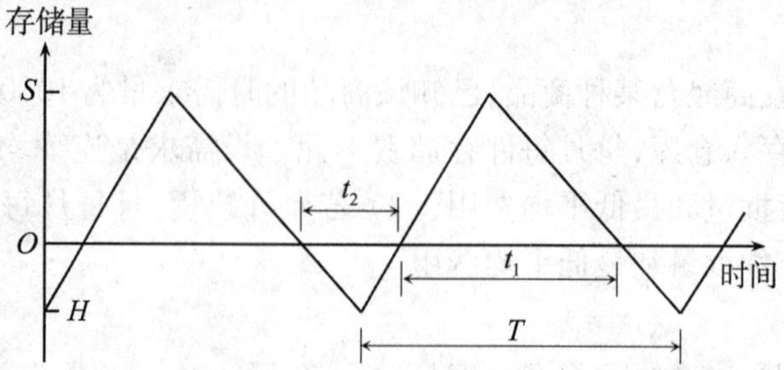

图 6-5

2. 存储模型

(1) 存储策略

一次生产的生产量 Q,即问题的决策变量。

(2) 优化准则

T 时期内,平均费用最小。

(3) 费用函数

① 不缺货时间:包括两部分,一部分是存储增加的时间,另一部分是存储减少的时间,因此有

$$t_1 = \frac{S}{P-R} + \frac{S}{R} = \frac{PS}{(P-R)R}$$

② 缺货时间:也包括两部分,一部分是缺货增加的时间,另一部分是缺货减少的时间,所以有:

$$t_2 = \frac{H}{R} + \frac{H}{P-R} = \frac{PH}{(P-R)R}$$

③ 总周期时间:等于存储时间与缺货时间之和,即:

$$T = t_1 + t_2 = \frac{PS}{(P-R)R} + \frac{PH}{(P-R)R} = \frac{P(S+H)}{(P-R)R}$$

④ 平均存储量 $= \frac{1}{2}S \times \frac{t_1}{T} = \frac{S^2}{2(S+H)}$

⑤ 平均缺货量 $= \frac{1}{2}H \times \frac{t_2}{T} = \frac{S^2}{2(S+H)}$

⑥T 时期内平均生产费用 $= \frac{c_3}{T} = \frac{c_3 R}{S+H} \times \frac{P-R}{P}$

⑦T 时期内总平均费用,即费用函数:

$$C(S,H) = \frac{c_1 S^2}{2(S+H)} + \frac{c_2 H^2}{2(S+H)} + \frac{c_3 R}{(S+H)} \times \frac{P-R}{P}$$

(4) 最优存储策略

令
$$\frac{\partial C}{\partial S} = 0;\quad \frac{\partial C}{\partial H} = 0$$

有最大缺货量 $H^* = \sqrt{\frac{2c_3R}{c_1}} \cdot \sqrt{\frac{c_1 + c_2}{c_2}} \cdot \sqrt{\frac{P-R}{P}}$

最佳(最大)存储量 $S^* = \sqrt{\frac{2c_3R}{c_1}} \cdot \sqrt{\frac{c_2}{c_1 + c_2}} \cdot \sqrt{\frac{P-R}{P}}$ (6-12)

因此最佳订购批量 $Q^* = \frac{(S^* + H^*)P}{P-R}$

即 $$Q^* = \sqrt{\frac{2c_3R}{c_1}} \cdot \sqrt{\frac{c_1 + c_2}{c_2}} \cdot \sqrt{\frac{P}{P-R}} \quad (6\text{-}13)$$

最佳循环时间 $T^* = \frac{Q^*}{R} = \sqrt{\frac{2c_3}{c_1R}} \cdot \sqrt{\frac{c_1 + c_2}{c_2}} \cdot \sqrt{\frac{P}{P-R}}$ (6-14)

周期内平均费用 $C^* = \sqrt{2c_1c_3R} \cdot \sqrt{\frac{c_2}{c_1 + c_2}} \cdot \sqrt{\frac{P}{P-R}}$ (6-15)

例 6.4　在例 6.2 中,若装配车间允许缺货,且每月每缺一个零件损失 1.5 元。试计算经济生产批量及相关指标。

解:依题意有

$R = 490$ 件/月;$P = 900$ 件/月;$c_1 = 0.5$ 元/(件·月);$c_3 = 100$ 元/次;$c_2 = 1.5$ 元/(件·月)。将它们代入式(6.12)~(6.15)有

最优生产量 = 757(件)

最低每月费用 = 129.4(元)

最大存储水平 = 259(件)

最大缺货量 = 86(件)

周期 = 47(天)

与例 6.2 的结果相比,该结果表明在不造成机会成本的情况下,允许缺货可以节约成本。

五、经济订货批量折扣模型

在经济订货批量模型中,我们假定模型中商品的价格是固定不变的,因此,在需求一定的情况下,平均存储费与平均订货费之和最小等价于总费用最小。在很多情况下,购买商品的数量与商品的价格有关,一般是购买的数量越多,商品的价格越低。由于订货量不同,商品的价格也不同,所以我们在决定最优订货量时,不仅要考虑到存储费和订货费,而且要考虑到商品的购买成本。

1. 模型构造与分析

根据上述分析,在有价格折扣的情况下,一个订货周期内的平均费用应用下列函数描述,即

$$C(Q) = \frac{1}{2}c_1Q + \frac{c_3R}{Q} + R \cdot K(Q)$$

式中 $K(Q)$ 为商品价格,为订货量 Q 的函数。要使一个订货周期内的平均费用最小,同样

令
$$\frac{\mathrm{d}C}{\mathrm{d}Q}=\frac{1}{2}c_1-\frac{c_3R}{Q^2}+R\frac{\mathrm{d}K}{\mathrm{d}Q}=0$$

有
$$Q_0^*=\sqrt{\frac{2c_3R}{c_1+2R\frac{\mathrm{d}K}{\mathrm{d}Q}}}$$

由于$\frac{\mathrm{d}K}{\mathrm{d}Q}<0$,因此,$Q_0^*>Q^*$,即有价格折扣时的最优订货量要大于没有价格折扣时的最优订货量。

当$\frac{\mathrm{d}K}{\mathrm{d}Q}$为常数时,可直接从上述公式中求出有价格折扣时的最优订货量。但一般情况是,随着订货量的进一步增加,商品的价格折扣也会降低,即$\frac{\mathrm{d}K}{\mathrm{d}Q}$的绝对值会越来越小,也即 Q_0^* 有下降的趋势。

2. 模型的求解

上面进行的是在商品价格变化为连续情况下的分析,实际情况是商品的价格折扣是离散的,即当订货量为 $G_i \leqslant Q < G_{i+1}$ 时,商品的价格为 K_i,此时,平均费用为:

$$C_i=\frac{1}{2}c_1Q+\frac{c_3R}{Q}+R\cdot K_i \tag{6-16}$$

为此,有如下求解步骤:

(1) 先求出最佳批量 $Q^*=\sqrt{2c_3\frac{R}{c_1}}$,并确定落在哪个区,若落在 $G_i \leqslant Q < G_{i+1}$,此时 $C_i=\sqrt{2c_3c_1R}+RK_i$;

(2) 取 $Q=G_{i+1},G_{i+2},\cdots$,代入式(6-16) 计算 C_i,C_i 最小者对应的 G 值为最优订货批量。

图 6-6 中,G_3 即为最优订货批量。

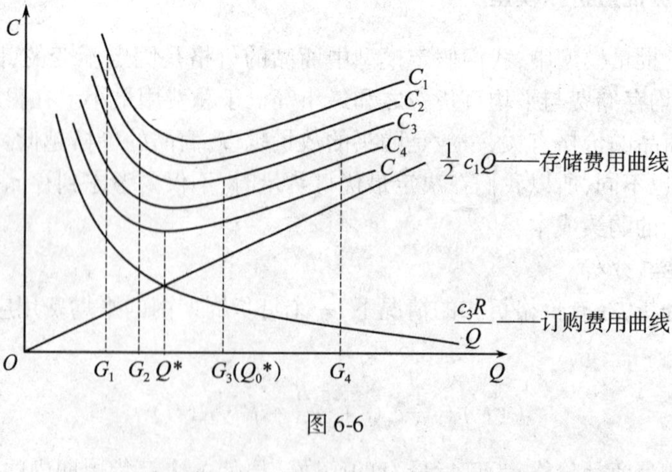

图 6-6

例 6.5　某企业必须定期补充产品的库存量,假定产品以箱为单位进货,产品的需求量为每周 6 箱，每次订购费为 200 元，每箱每周存储费为 2 元，每箱产品的价格按表 6-2 所示的进货批量执行。

表 6-2

订货量(箱)	1 ~ 49	50 ~ 99	100 以上
单价(元/箱)	500	480	475

解：依题意有：$R = 6$ 箱/周；$c_1 = 2$ 元/(个·周)；$c_3 = 200$ 元/次；因此有

$$Q^* = \sqrt{\frac{2c_3R}{c_1}} = \sqrt{\frac{2\times 200\times 6}{2}} \approx 35$$

$$C(Q^*) = \frac{1}{2}c_1Q^* + \frac{c_3R}{Q^*} + R\times K_1$$

$$= \frac{1}{2}\times 2\times 35 + \frac{200\times 6}{35} + 6\times 500$$

$$= 3069(\text{元})$$

同理有

$$C(50) = \frac{1}{2}\times 2\times 50 + \frac{200\times 6}{50} + 6\times 480 = 2954(\text{元})$$

$$C(100) = \frac{1}{2}\times 2\times 100 + \frac{200\times 6}{100} + 6\times 475 = 2962(\text{元})$$

因此，该问题的最优订货量为每次 50 箱，最小费用为 2954 元/周。

六、存储空间或订购资金受到限制的经济订购模型

1. 存储空间受到限制的经济订购模型

当订购多种产品，各产品每单位所占空间不同，而总存储空间 V 有限。这里介绍两种算法。

(1) 算法一

设 S_i 为第 i 种产品每单位占有空间，另外设变量 AC 为每单位空间成本。这样，第 i 种产品的单位存储费为 $c_1 + AC$，因此，在不考虑空间限制的条件下，第 i 种产品的经济订购批量应为：

$$Q_i = \sqrt{2R_ic_{3i}/(c_{1i} + AC\times S_i)}$$

具体算法是，从 $AC = 0$ 开始，设定 $AC \rightarrow$ 计算 $Q_i \rightarrow$ 计算平均存储空间 $v_i = Q_i\times S_i/2$，若 $\sum v_i \leqslant V$，计算停止，否则，再设 AC，重新计算。$\sum v_i$ 最接近 V 的 AC 所对应的 Q_i 为经济订购批量。

例 6.6　某采购部门需要采购三种物资，每次订购费为 1000 元，单位存储费为物资价值的 20%，总存储空间为 300 个单位，各物资单位时间的需求量，单位产品占用空间，单位

产品价格等数据如表6-3所示,求经济订购批量。

表6-3

产品种类	产品价格(元/件)	需求量(件)	单位产品占用存储空间
1	100	500	1
2	200	400	2
3	300	200	3

解:从$AC=0$开始,设定AC,然后计算Q_i,再计算平均存储空间$v_i = Q_i \times S_i/2$,具体结果如表6-4所示。从表中可以看出,当$AC=12$时,$\sum v_i$为小于V的最大者,因此,三种产品的经济订购批量分别为:176、111和64。

表6-4

AC(天)	Q_1(件)	Q_2(件)	Q_3(件)	$\sum Q_i \times S_i/2$
0	223	141	81	375
1	218	138	79	366
5	200	126	73	336
10	182	115	66	306
11	179	113	65	301
12	176	111	64	297
13	174	110	63	292

(2) 算法二

建立模型:

$$\min C = \sum_{i=1}^{n} [c_{3i}R_i/Q_i + (c_{1i}Q_i/2)]$$

$$\text{s.t.}\quad \sum S_i \times Q_i/2 \leqslant V$$

构造拉格朗日函数

$$\min C = \sum_{i=1}^{n} [c_{3i}R_i/Q_i + (c_{1i}Q_i/2) + \lambda(\sum S_i \times Q_i/2 - V)]$$

求导并解方程组得

$$Q_i = Q_i^* \times \frac{2 \times V \times c_{1i}}{S_i \times \sum C_i^*} \tag{6-17}$$

例6.7　利用式(6-17)计算例6.6中在存储空间限制为300个单位的条件下三种物资的经济订购批量。

解：无存储空间限制时三种物资的经济订购批量为表 6-4 中的第一行。对应的三种物资的存储费用可用下式计算

$$C_i^* = \sqrt{2R_i c_{1i} c_{3i}}\ ,\quad i = 1,2,3$$

有限制时三种物资的经济订购批量按式(6-17) 计算，结果如表 6-5 所示，计算结果与方法一所得结果相近。

表 6-5

物资 i	Q_i^*(件)	C_i^*(元)	Q_i(件)
1	223	4472	178
2	141	5657	113
3	81	4899	65
合计		15028	

2. 订购资金受到限制的经济订购模型

当订购多种产品，各产品价格不同，而存货的总投入资金 K 有限时，解法同受到空间限制的经济订购批量模型的算法二相同，具体如下：

设产品 i 的价格为 k_i，用于采购的总投入为 K，主要包括产品购买成本和订购成本，这样问题的数学模型为

$$\min C = \sum_{i=1}^{n} \left[c_{3i} R_i / Q_i + (c_{1i} Q_i / 2) \right]$$

$$\text{s.t.}\quad \sum k_i \times Q_i/2 + \sum c_{3i} \leqslant K$$

构造拉格朗日函数

$$\min C = \sum_{i=1}^{n} \left[c_{3i} R_i / Q_i + (c_{1i} Q_i / 2) + \lambda \left(\sum k_i \times Q_i/2 - K + \sum c_{3i} \right) \right]$$

求导解方程组得到：

$$Q_i = Q_i^* \times \frac{2 \times (K - \sum c_{3i}) \times c_{1i}}{k_i \times \sum C_i^*} \tag{6-18}$$

例 6.8　例 6.6 中，若单位时间用于采购的总资金限度分别为 30000 元和 60000 元，利用式(6-18) 计算三种物资的经济订购批量。

解：利用例 6.6 及例 6.7 中有关计算数据，并利用式(6-18) 计算在总资金受到限制的情况下三种物资的经济采购量，结果如表 6-6 所示。从表中可以看出，当总资金限制为 30000 元时，系数 $\beta_i < 1$，这样取 $Q_i = \beta_i Q_i^*$，当总资金限制为 60000 元时，系数 $\beta_i > 1$，此时，资金充裕，取 $Q_i = Q_i^*$。

七、物价膨胀模型

当物价为时间的函数时，订购批量的成本函数可描述为：

$$C(t)=\frac{1}{2}c_1Rt+\frac{c_3}{t}+R\cdot k(t)$$

表 6-6

物资 i	Q_i^*(件)	C_i^*(元)	$\beta_i=\frac{2\times(K-\sum c_{3i})\times c_{1i}}{k_i\times\sum C_i^*}$		$Q_i=\beta_iQ_i^*$(件)	
			$K=30000$ 元	$K=60000$ 元	$K=30000$ 元	$K=60000$ 元
1	223	4472	0.7187	1.5172	161	223
2	141	5657	0.7187	1.5172	102	141
3	81	4899	0.7187	1.5172	59	81
合计		15028				

该模型称为物价膨胀模型。显然,随物价函数 $k(t)$ 的形式不同,该模型的形式也相应不同,这里仅讨论两种形式。

1. 线性膨胀模型

即,假定价格函数为时间的线性函数,设 $k(t)=k_0t$,

有
$$C(t)=\frac{1}{2}c_1Rt+\frac{c_3}{t}+R\cdot k_0t$$

令
$$\frac{\mathrm{d}c}{\mathrm{d}t}=0$$

得到
$$t^*=\sqrt{\frac{2c_3}{(c_1+2k_0)R}}$$

$$Q^*=Rt^*=\sqrt{\frac{2Rc_3}{c_1+2k_0}}$$

2. 指数膨胀模型

即,假定价格函数为时间的指数函数,设 $k(t)=k_0t^{\beta}$,

有
$$C(t)=\frac{1}{2}c_1Rt+\frac{c_3}{t}+R\cdot k_0t^{\beta}$$

当 $\beta=3$ 时,令
$$\frac{\mathrm{d}c}{\mathrm{d}t}=0$$

得到
$$t^*=\frac{1}{2}\sqrt{\frac{-c_1R+\sqrt{c_1^2R^2+48c_3k_0R}}{3k_0R}}$$

经济订购批量
$$Q^*=Rt^*$$

八、允许缺货订购模型的再探讨

在前面构造允许缺货的经济订购批量模型中,假定在缺货情况下不会造成机会损失,但完全竞争的市场中很难做到这一点。这里将讨论在有机会损失的情况下允许缺货的经济订购批量模型。

1. 存储状态图

若缺货造成机会损失(缺货阶段不补货),则存储状态图如图 6-7 所示。

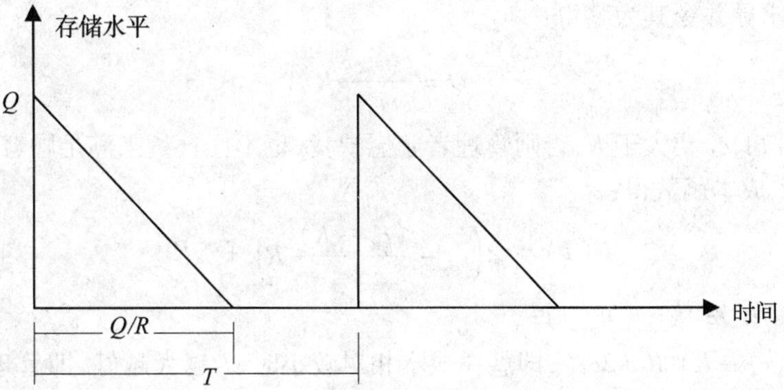

图 6-7

设商品购买成本为 K,出售价格为 P,则可定义该部分损失为销售损失,包括两个部分:(1) 利润损失 $=P-K$;(2) 信誉损失、补救行为、应急程序等造成的损失,记为 c_4(单位产品损失)。

2. 利润分析

T 时间内净收入为:

$$G = PQ - \left[KQ + c_3 + c_1 \times \frac{Q}{2} \times \frac{Q}{R} + c_4(RT - Q)\right]$$

单位时间内净收入为:

$$\pi = \frac{G}{T} = \frac{Q}{T \times R}\left[(P - K + c_4)R - \frac{c_3 R}{Q} - \frac{c_1}{2}Q\right] - c_4 \times R$$

令
$$Z = Q/(T \times R)\text{(满足需求所占比例)}$$
$$L = P - K + c_4\text{(销售损失)}$$

得到
$$\pi = Z\left[LC \times R - \frac{c_3 R}{Q} - \frac{c_1}{2}Q\right] - c_4 R$$

固定 Z,令
$$\frac{\mathrm{d}\pi}{\mathrm{d}Q} = 0$$

得到
$$Q^* = \sqrt{\frac{2c_3 R}{c_1}}$$

$$\pi = Z \times (R \times LC - \sqrt{2Rc_1c_3})$$

当 $R \times LC > \sqrt{2Rc_1c_3}$,$Z = 1$ 时,净收入最大;

当 $R \times LC < \sqrt{2Rc_1c_3}$,$Z = 0$ 时,净收入最大;

当 $R \times LC = \sqrt{2Rc_1c_3}$,$Z$ 取任意值时,净收入为 0

3. 成本分析

T 时间单位成本为：

$$c(Q,T)=\frac{1}{T}\left[KQ+c_3+\frac{c_1}{2R}Q^2+c_4(TR-Q)\right]$$

固定 T，对 Q 求导并令其为零得：

$$Q=\frac{c_4-K}{c_1}R$$

由上式可知，c_4 要大于 K，否则管理者宁愿缺货，也不愿补货来满足顾客需求。

将 Q 代入成本函数得：

$$C(T)=\frac{1}{T}\left(c_3-\frac{(c_4-K)^2}{2c_1}R\right)+c_4R$$

该函数在 $[0,\infty)$ 上无极小点。

当 $c_3>(c_4-K)^2R/(2c_1)$，即惩罚成本相对较小时，T 越大越好，即管理者不补货最好，说明此时惩罚成本相对较小，而运行成本相对较高；

当 $c_3\leqslant(c_4-K)^2R/(2c_1)$ 时，T 越小越好，在 Q 已确定的情况下，T 的最小值为 $T=Q/R$，即：

$$T=\frac{Q}{R}=\frac{c_4-K}{c_1}$$

代入成本函数得到：

$$C(Q)=\frac{1}{2}c_1Q+\frac{Rc_3}{Q}+KR$$

即不允许缺货的成本函数。

第三节　单一周期报童模型

前面第二节讨论的存储模型中，均将需求率当做常量，因此均属于确定性模型。但实际上，更多的情况下，需求是一个随机变量。

所谓单一周期报童模型是泛指一次性的进货决策，实质上属于单一周期库存决策问题。该类问题的一般性描述为，某种商品的市场需求是随机变量，其分布已知。这类商品或更新快或不能长期保存，它们在某段时间内只能进货一次，期末未售出商品降价处理或完全损失掉，如季节性服装、贺年卡、食品、报纸等。这类问题中，如订货量过大，会导致商品不能完全售出而增加损失；若订货量过小，则会因供不应求而造成机会损失。

一、需求为离散随机变量的报童模型

1. 报童问题

报童每天销售的报纸数量是个随机变量，每出售一份报纸赚 h 元，若当天报纸未售出则该天赔 k 元。根据以往经验，每天报纸的需求量为 r 的概率为 $P(r)$，问报童每天最好准备多少报纸？

这是一个典型的需求为离散随机变量的单一周期存储问题。

2. 最优订购量模型

设报童每天订 Q 份报纸

当 $Q \geqslant r$ 时,报童损失为:$k(Q-r)$ 元

当 $Q < r$ 时,报童机会成本为:$h(r-Q)$ 元

由于 r 是离散的,故报童订 Q 份报纸的期望损失为:

$$C(Q)=k\sum_{r=0}^{Q}(Q-r)P(r)+h\sum_{r=Q+1}^{\infty}(r-Q)P(r)$$

使期望损失最小的最佳订购量 Q^* 必满足如下两个条件:

(1) $C(Q^*) \leqslant C(Q^*+1)$

(2) $C(Q^*) \leqslant C(Q^*-1)$

由(1)有

$$k\sum_{r=0}^{Q^*}(Q^*-r)P(r)+h\sum_{r=Q^*+1}^{\infty}(r-Q^*)P(r)$$

$$\leqslant k\sum_{r=0}^{Q^*+1}(Q^*+1-r)P(r)+h\sum_{r=Q^*+2}^{\infty}(r-Q^*-1)P(r)$$

简化得

$$k\sum_{r=0}^{Q^*}P(r)-h\sum_{r=Q^*+1}^{\infty}P(r)\geqslant 0$$

即

$$\sum_{r=0}^{Q^*}P(r)\geqslant\frac{h}{k+h}$$

由(2)有

$$k\sum_{r=0}^{Q^*}(Q^*-r)P(r)+h\sum_{r=Q^*+1}^{\infty}(r-Q^*)P(r)$$

$$\leqslant k\sum_{r=0}^{Q^*-1}(Q^*-1-r)P(r)+h\sum_{r=Q^*}^{\infty}(r-Q^*+1)P(r)$$

即

$$\sum_{r=0}^{Q^*-1}P(r)\leqslant\frac{h}{k+h}$$

因此,最优订购量 Q^* 应满足下列不等式:

$$\sum_{r=0}^{Q^*-1}P(r)\leqslant\frac{h}{k+h}\leqslant\sum_{r=0}^{Q^*}P(r)$$

例 6.9 某报亭出售某种报纸,其每天的需求量为 500 ~ 1000 份,需求的概率分布如表 6-7 所示。

表 6-7

需求数(百份)	5	6	7	8	9	10
概率	0.06	0.1	0.23	0.31	0.22	0.08
累计概率	0.06	0.16	0.39	0.70	0.92	1

又已知该报纸每售出100份利润22元,每积压100份损失20元,问报亭每天应订购多少份这种报纸才能使利润最大?

解:由题意有:$h = 22, k = 20$

所以
$$\frac{h}{k+h} = \frac{22}{22+20} = 0.5238$$

由表中累计概率可知

$$\sum_{r=0}^{7} P(r) = 0.39 \leqslant 0.5238 \leqslant \sum_{r=0}^{8} P(r) = 0.70$$

故报亭每天订购该种报纸的份数应为700 ~ 800份。

二、需求为连续随机变量的报童模型

1. 问题描述

某商品单位成本为K,单位售价为P,单位存储费为c_1,需求r是连续的随机变量,密度函数为$\varphi(r)$,其分布函数为$F(a) = \int_0^a \varphi(r)\,\mathrm{d}r$,生产或订购数量为$Q$,问如何确定$Q$,才能使利润期望值最大?

2. 存储模型

期望收入为

$$ER(Q) = \underbrace{\int_0^Q Pr\varphi(r)\,\mathrm{d}r}_{\text{当} r < Q} + \underbrace{\int_Q^\infty PQ\varphi(r)\,\mathrm{d}r}_{\text{当} r > Q}$$

期望费用为

$$EF(Q) = \underbrace{\int_0^Q c_1(Q-r)\varphi(r)\,\mathrm{d}r}_{\text{存储费}} + \underbrace{KQ}_{\text{成本费}}$$

因此,期望利润为

$$\begin{aligned}
E\pi(Q) &= \int_0^Q Pr\varphi(r)\,\mathrm{d}r + \int_Q^\infty PQ\varphi(r)\,\mathrm{d}r - \int_0^Q c_1(Q-r)\varphi(r)\,\mathrm{d}r - KQ \\
&= \int_0^Q Pr\varphi(r)\,\mathrm{d}r + \int_Q^\infty Pr\varphi(r)\,\mathrm{d}r - \int_Q^\infty Pr\varphi(r)\,\mathrm{d}r \\
&\quad + \int_Q^\infty PQ\varphi(r)\,\mathrm{d}r - \int_0^Q c_1(Q-r)\varphi(r)\,\mathrm{d}r - KQ \\
&= \underbrace{P\int_0^\infty r\varphi(r)\,\mathrm{d}r}_{\text{收入(常量)}} - \underbrace{\left[P\int_Q^\infty (r-Q)\varphi(r)\,\mathrm{d}r + c_1\int_0^Q (Q-r)\varphi(r)\,\mathrm{d}r + KQ\right]}_{\text{机会成本与费用}}
\end{aligned}$$

令
$$EC(Q) = P\int_Q^\infty (r-Q)\varphi(r)\,\mathrm{d}r + c_1\int_0^Q (Q-r)\varphi(r)\,\mathrm{d}r + KQ \tag{6-19}$$

当$EC(Q)$最小时,$E\pi(Q)$最大,因此现在需要求出使$EC(Q)$最小的订购量Q。

由高等数学知识可知，对于函数

$$g(y)=\int_{a(y)}^{b(y)}\varphi(x,y)\mathrm{d}x$$

有

$$\frac{\mathrm{d}g(y)}{\mathrm{d}y}=\int_{a(y)}^{b(y)}\frac{\partial\varphi(x,y)}{\partial y}\mathrm{d}x+\varphi(b(y),y)\frac{\mathrm{d}b(y)}{\mathrm{d}y}-\varphi(a(y),y)\frac{\mathrm{d}a(y)}{\mathrm{d}y}$$

在式(6 - 19)中，第一项中令 $\varphi(r,y)=(r-Q)\varphi(r),a(y)=Q,b(y)=+\infty$，第二项中令 $\varphi(r,y)=(Q-r)\varphi(r),a(y)=0,b(y)=Q$，这样有

$$\frac{\mathrm{d}EC(Q)}{\mathrm{d}Q}=-P\int_{Q}^{\infty}\varphi(r)\mathrm{d}r+c_1\int_{0}^{Q}\varphi(r)\mathrm{d}r+K$$

令

$$F(Q)=\int_{0}^{Q}\varphi(r)\mathrm{d}r$$

再令

$$\frac{\mathrm{d}EC(Q)}{\mathrm{d}Q}=0$$

有

$$c_1F(Q)-P[1-F(Q)]+K=0$$

即

$$F(Q)=\frac{P-K}{P+c_1}\tag{6-20}$$

在式(6-20)中，令 $h=P-K,k=K+c_1$，则 h 表示订货不够造成的机会损失，k 表示订货过多引起的损失(货物成本与存储费之和)。于是式(6-20)可写成

$$F(Q)=\frac{P-K}{(P-K)+(K+c_1)}=\frac{h}{h+k}$$

由该式可解得 Q^*。若 $P\leqslant K$，由 $F(Q)\geqslant0$ 可知上述等式不成立，此时 $Q^*=0$，即价格小于成本时不能订货。

此外，上面模型中缺货时只考虑了机会成本，若缺货时付出的费用 c_2 大于产品价格，即 $c_2>P$ 时，上述期望费用函数应为：

$$EC(Q)=c_2\int_{Q}^{\infty}(r-Q)\varphi(r)\mathrm{d}r+c_1\int_{0}^{Q}(Q-r)\varphi(r)\mathrm{d}r+KQ$$

这样令

$$\frac{\mathrm{d}EC(Q)}{\mathrm{d}Q}=0$$

可以得到

$$F(Q)=\frac{c_2-K}{c_2+c_1}$$

例 6.10　某公司出售某种商品，其单位成本为10元/件，单位售价为15元/件，单位存储费为2元/件。需求量为随机变量，且服从分布 $N(200,30^2)$，试确定最佳订货量。

解：依题意有　$K=10,P=15,c_1=2,\mu=200,\sigma=30$

即

$$h=P-K=5,k=K+c_1=12$$

因此有

$$F(Q)=\frac{h}{h+k}=\frac{5}{5+12}=0.294$$

即

$$\Phi\left(\frac{Q-\mu}{\sigma}\right)=0.294$$

又

$$\Phi\left(-\frac{Q-\mu}{\sigma}\right)=1-\Phi\left(\frac{Q-\mu}{\sigma}\right)=1-0.294=0.706$$

查正态分布表有

$$\Phi(0.54)=0.706$$

即
$$-\frac{Q-\mu}{\sigma}=0.54$$

所以
$$Q=\mu-0.54\sigma=200-0.54\times 30=184,$$

即该公司这种商品的最佳订货量为184件。

三、有订购费用的报童模型

将报童模型进行扩展，考虑更一般的模型，主要区别是假定期初已有一定的货物量I，此外如果进行货物补充，则需要花费订购费用c_3，其他条件与报童问题一样，决策是确定最优的货物补充量，这里仅考虑连续的情况。为使模型具有一般性，假设订货过少造成的缺货损失为h，订货过多造成的成本（包括购买成本和存储成本等）为k。

设货物补充量为Q，则总库存量为
$$S=I+Q$$

系统的运行成本除了报童模型中的成本外，还应包括补货启动费用c_3，故系统运行结束后的总成本如下：
$$\begin{aligned}EC(S)&=P\int_S^{\infty}(r-S)\varphi(r)\mathrm{d}r+c_1\int_0^S(S-r)\varphi(r)\mathrm{d}r+KQ+c_3\\&=P\int_S^{\infty}(r-S)\varphi(r)\mathrm{d}r+c_1\int_0^S(S-r)\varphi(r)\mathrm{d}r+K(S-I)+c_3\end{aligned}$$

令
$$\frac{\mathrm{d}EC(S)}{\mathrm{d}S}=-P\int_S^{\infty}\varphi(r)\mathrm{d}r+c_1\int_0^S\varphi(r)\mathrm{d}r+K=0$$

有
$$c_1F(S)-P[1-F(S)]+K=0$$

即
$$F(S)=\frac{P-K}{P+c_1}=\frac{h}{h+k}$$

从上式获得最优的总库存量S^*后，可进一步分析最优的货物补充量。

假设有一阈值s^*，如果$I\leqslant s^*$，则最优补充为$Q^*=S^*-I$；如果$I>s^*$，则最优补充量为$Q^*=0$。

阈值s^*的大小可按照以下方式确定。

考虑不补充货物所产生的成本小于或等于补货所产生的成本，可得到如下关系式：
$$\begin{aligned}&P\int_s^{\infty}(r-s)\varphi(r)\mathrm{d}r+(K+c_1)\int_0^s(s-r)\varphi(r)\mathrm{d}r+Ks\\\leqslant\ &P\int_{S^*}^{\infty}(r-S^*)\varphi(r)\mathrm{d}r+(K+c_1)\int_0^{S^*}(S^*-r)\varphi(r)\mathrm{d}r+K(S^*-I)+c_3\end{aligned}$$

显然，当$s=S^*$时上述关系成立。在$s\leqslant S^*$的范围内，下列方程关于s的解集中的最小者为最优的阈值s^*：
$$\begin{aligned}&P\int_s^{\infty}(r-s)\varphi(r)\mathrm{d}r+(K+c_1)\int_0^s(s-r)\varphi(r)\mathrm{d}r+Ks\\=\ &P\int_{S^*}^{\infty}(r-S^*)\varphi(r)\mathrm{d}r+(K+c_1)\int_0^{S^*}(S^*-r)\varphi(r)\mathrm{d}r+K(S^*-I)+c_3\end{aligned}\tag{6-21}$$

例 6.11　某超市在每年情人节前要大量买入巧克力以应对需求高峰。根据过去历史数据统计,情人节期间市场需求服从参数为[1000,3000]的均匀分布,单位为千克。假设补货启动费用c_3为500元/次,进货单价K为60元/千克,销售单价P为100元/千克。当前库存量I为500千克,未售出的部分情人节后以20元/千克全部售出,试求最优的订货量和最优的阈值s^*。

解:依题意有,订货过少单位损失为$h = P - K = 100 - 60 = 40$,订货过多单位损失$k = 60 - 20 = 40$,这样有

$$F(S^*) = \frac{h}{h+k} = \frac{40}{40+40} = 0.5$$

对于均匀分布有

$$\int_0^{S^*} \varphi(r)\mathrm{d}r = \int_{1000}^{S^*} \frac{1}{3000-1000}\mathrm{d}r = 0.5$$

解得$S^* = 2000$千克。

考虑式(6-21)有

$$100\int_s^{3000}(r-s)\frac{1}{2000}\mathrm{d}r + 40\int_{1000}^{s}(s-r)\frac{1}{2000}\mathrm{d}r + 60s$$

$$= 100\int_{2000}^{3000}(r-2000)\frac{1}{2000}\mathrm{d}r + 40\int_{1000}^{2000}(2000-r)\frac{1}{2000}\mathrm{d}r + 60(2000-500) + 500$$

求解得到$s = 1842$千克,故最优阈值为$s^* = 1842$千克。由于现有存货$I = 500$千克,小于s^*,因此需要补货,且最优订货量为$Q^* = S^* - I = 2000 - 500 = 1500$千克。

第四节　需求为随机的多周期模型

在多周期的模型里,上一周期未售完的产品,可存储到下一周期销售。因此其费用不包括机会成本,而只有订货费和存储费。由于需求是随机的,我们不能准确地知道周期的确切长度,也无法准确确定到达再订货点的时间,因此,多周期模型的存储策略也与确定性存储模型不同。

一、(s,Q)存储控制系统的优化问题

对存储量连续不断地进行检查,当存储量降到某一存储水平s时,立即提出订货,订货量为一固定常数Q,该系统称为连续存盘的固定订货量系统,简称(s,Q)系统,对应的存储策略为(s,Q)策略,其模型称为(s,Q)模型。传统的(s,Q)系统使用的是双堆系统。

1. 模型假设

单位时间内需求量x为随机变量,概率分布及其密度函数$f(x)$已知,平均需求量为R,一次订货成本为c_3,单位存储费为c_1。

提前时间为L,提前期的需求是L的函数,记为$r(L)$;提前期内允许缺货,缺货成本分三部分:① 延迟交货,单位成本为c_2;② 失去销售机会的机会成本;单位产品成本π;③ 一

次性缺货成本(应急成本)c_4,与缺货次数有关。

令 p 为延迟交货产品所占比例,q 为失去销售机会产品所占比例,则 $p+q=1$,且单位产品缺货成本为 $B=pc_2+q\pi$。

令安全库存为SS,有 $s=\text{SS}+r(L)$。

2. 存储状态图与优化模型

从存储状态图6-8可知,单位时间订货次数为 Q/R,单位时间订购费用为 c_3R/Q,单位时间存储成本为 $c_1(Q/2+\text{SS}+qb)=c_1(Q/2+s-r(L)+qb)$,其中,$b$ 为提前期内缺货量的期望值,pb 为延期交货的产品,不进入库存,而 qb 为失去销售机会的量,进入库存。

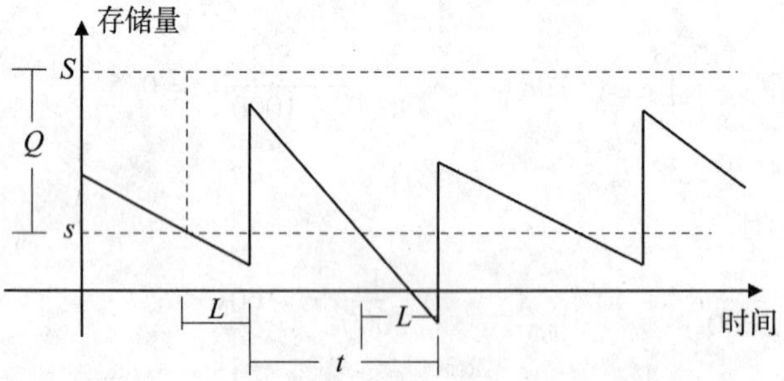

图6-8

其中,
$$b=\int_s^{\infty}(x-s)f(x)\,\mathrm{d}x=\int_s^{\infty}xf(x)\,\mathrm{d}x-s[1-F(S)]$$

这样单位缺货成本为:
$$\frac{BbR}{Q}+\frac{P_sc_4R}{Q}$$

式中,P_s 为提前期内缺货的概率,且

$$P_s=P\{x>s\}=\int_s^{\infty}f(x)\,\mathrm{d}x=1-F(s)$$

问题的数学模型为:

$$\min C(s,Q)=\frac{c_3R}{Q}+c_1\left(\frac{Q}{2}+s-r(L)+qb\right)+\frac{BbR}{Q}+\frac{P_sc_4R}{Q}$$

求偏导得到方程组:

$$-\frac{c_3R}{Q}+\frac{c_1}{2}-\frac{BbR}{Q^2}-\frac{P_sc_4R}{Q^2}=0$$

$$c_1\left[1-q\int_s^{\infty}f(x)\,\mathrm{d}x\right]-\frac{BR\int_s^{\infty}f(x)\,\mathrm{d}x}{Q}-\frac{Rc_4f(s)}{Q}=0$$

解方程组得到:

(1) $Q=\sqrt{2R(c_3+Bb+P_sc_4)/c_1}$

(2) $P_s=P\{x>s\}=\int_s^{\infty}f(x)\,\mathrm{d}x=1-F(s)=\dfrac{c_1Q-c_4Rf(s)}{qc_1Q+BR}$

$$(3)\ b = \int_s^{\infty} (x - s) f(x) \mathrm{d}x = \int_s^{\infty} x f(x) \mathrm{d}x - s[1 - F(S)]$$

从上述求解结果中可以看出，计算 Q 需要参数 P_s 和 b，而计算 P_s 又需要 Q，因此，需要迭代计算。具体过程为：设 $Q = Q^*$，代入(2)式求 s；将 s 分别代入(2)式、(3)式计算 P_s 及 b；再由(1)式计算 Q，若满足精度，停止，否则重复计算。

当提前期内需求服从均匀分布，且 $c_4 = 0$ 时，

令

$$f(x) = \begin{cases} 1/a, & 0 \leqslant x \leqslant a \\ 0, & \text{其他} \end{cases}$$

则

$$\int_s^{\infty} f(x) \mathrm{d}x = 1 - s/a$$

$$b = \int_s^{\infty} (x - s) f(x) \mathrm{d}x = \frac{a}{2} + \frac{s^2}{2a} - s$$

$$s = aF(s) = a\left(1 - \frac{c_1 Q}{qRQ + BR}\right)$$

$$Q = \sqrt{(2c_3 R + RBa + RBs^2/a - 2RBs)/c_1}$$

当提前期内需求服从指数分布，且 $c_4 = 0$ 时，

令

$$f(x) = \begin{cases} \dfrac{1}{\lambda} \mathrm{e}^{-\frac{x}{\lambda}}, & x \geqslant 0 \\ 0, & x < 0 \end{cases}$$

则

$$\int_s^{\infty} f(x) \mathrm{d}x = \mathrm{e}^{-\frac{s}{\lambda}}$$

$$b = \int_s^{\infty} (x - s) f(x) \mathrm{d}x = \lambda \mathrm{e}^{-\frac{s}{\lambda}}$$

$$s = -\lambda \ln \frac{c_1 Q}{qRQ + BR}$$

$$Q = \sqrt{(2c_3 R + \lambda RB\mathrm{e}^{-s/\lambda})/c_1}$$

当提前期内需求服从均值为 μ 方差为 σ^2 的正态分布时(且 $c_4 = 0$)，有

$$\int_s^{\infty} f(x) \mathrm{d}x = 1 - F(s) = \Phi\left(\frac{s - \mu}{\sigma}\right) = \frac{RQ}{qRQ + BR}$$

$$b = \int_s^{\infty} (x - s) f(x) \mathrm{d}x = \sigma f\left(\frac{s - \mu}{\sigma}\right) + (\mu - s)\Phi\left(\frac{s - \mu}{\sigma}\right)$$

$$Q = \sqrt{(2c_3 R + RBb)/c_1}$$

例 6.12　VV 汽车销售公司是 VV 汽车销售代理商，每次从发出订单到收到订货的时间间隔相同，每辆汽车的持有成本(存储费、保养费、利息等)为 2000 元，每次订购准备成本(订货手续、运费等)为 500 元。缺货时顾客愿意下期提货的占比 p 为 80%，这时公司给予价格优惠，利润损失 1000 元，缺货时顾客放弃购买的占比 q 为 20%，公司利润损失 6000 元。

(1) 年销售量是[0,1200]上的均匀分布，提前期为常数 10 天，$L = \frac{10}{356} = 0.027$(年)，

求(s,Q) 策略;

(2) 每年销售量服从均值为 600 的指数分布,提前期为常数 10 天,求(s,Q) 策略;

解:由题意知 $c_1 = 2000$ 元,$c_3 = 500$ 元,$B = 0.8 \times 1000 + 0.2 \times 6000 = 2000$ 元。

(1) 年平均需求量 $R = \frac{1200}{2} = 600$ 辆,提前期内的平均需求量为 $RL = 600 \times 0.027 = 16.2$ 辆,需求量概率密度函数为

$$f(x) = \begin{cases} 1/32.4, & 0 \leqslant x \leqslant 32.4 \\ 0, & 其他 \end{cases}$$

$$Q^{(1)} = \sqrt{\frac{2Rc_3}{c_1}} = \sqrt{\frac{2 \times 600 \times 500}{2000}} = 17.32(辆)$$

将 $Q^{(1)} = 17.32$ 辆代入下式计算 $s^{(1)}$,得

$$s^{(1)} = a\left(1 - \frac{c_1 Q}{qRQ + BR}\right) = 32.4\left(1 - \frac{2000 \times 17.32}{0.2 \times 2000 \times 17.32 + 2000 \times 600}\right) = 31.47(辆)$$

将 $s^{(1)}$ 代入到下式计算 $Q^{(2)}$

$$Q^{(2)} = \sqrt{(2c_3R + RBa + RBs^2/a - 2RBs)/c_1} = 17.7768(辆)$$

依次类推,$Q^{(2)} = 17.7768$ 辆,$s^{(2)} = 31.45$ 辆;$Q^{(3)} = 17.8007$ 辆,$s^{(3)} = 31.44$ 辆;…;$Q^{(5)} = 17.802$ 辆,$s^{(5)} = 31.44$ 辆。可以认为 $Q = 18$ 辆,$s = 31$ 辆,安全库存 $SS = s - d(L) = 31 - 16 = 15$ 辆。

因此,VV 汽车销售公司的订购策略是:当库存量降到 31 辆时马上订货,每次订货 18 辆汽车,安全库存量是 15 辆。

(2) 提前期内的平均需求量为 $d(L) = 600 \times 0.027 = 16.2$ 辆,即提前期内的需求量服从参数 λ 为 16.2 的指数分布,利用上述关于指数分布的计算公式进行迭代计算,得到 $Q = 40$ 辆,$s = 44$ 辆,安全库存 $SS = s - d(L) = 44 - 16 = 28$ 辆。

此时,VV 汽车销售公司的订购策略是:当库存量降到 44 辆时马上订货,每次订购 40 辆汽车,安全库存量是 28 辆。

二、(s,S) 存储控制系统的优化问题

(s,S) 存储控制系统是考虑交易期间已有的订单,为了使缺货的概率小一些,对库存量给定一个下限 s 和一个上限,实时检查当前库存,当库存为 s 时提出订货,使存储量达到预定目标水平 S,其他假设同(s,Q) 系统。对应的存储策略为(s,S) 策略。

(s,S) 系统的求解可以通过(S,Q) 系统的解来实现,即

$$s = s' + O/2 \quad 和 \quad S = s' + Q$$

式中,O 是顾客的平均订货量,s',Q 是(s,Q) 模型的最优解。

三、(t,S) 存储控制系统的优化问题

(t,S) 存储控制系统是考虑固定周期 t 检查存储量,订货量为 $Q = S - I$,其中 S 为预定存储目标(存储上限),I 为当前库存量,决策变量为 t,S,当每次检查成本为 j 时,系统模型为:

$$\min C(t,S)=\frac{j+c_3}{t}+c_1\left(S-r(L)-\frac{r(t)}{2}+qb\right)+\frac{Bb}{t}+\frac{P_s c_4}{t}$$

四、(t,s,S) 存储控制系统的优化问题

(t,s,S) 存储控制系统是考虑固定周期 t 检查存储量,当存储量 I 小于或等于 s 时订货,订货量为 $Q=S-I$;当存储量大于 s 时不订货。决策变量为 t,s,S,设每次检查成本为 j,期望订货时间为 t_1,通常 t_1 不等于 t,因为在 t 时间内检查库存时,存在 $I>s$ 的情况。系统模型为:

$$\min C(t,S)=\frac{j}{t}+\frac{c_3}{t_1}+c_1\left(S-r(L)+\frac{r(t_1)}{2}+qb\right)+\frac{Bb}{t_1}+\frac{P_s c_4}{t_1}$$

由于需求是随机变量,若要保证每周期不缺货或缺货在某一个确定的数量上几乎不可能。但我们可以考虑在一定置信水平下不缺货,或缺货在某一确定的数量上。例如,在某一段时间内出现缺货的概率为 α,即出现不缺货的概率为 $1-\alpha$。这里的置信水平即服务水平。

五、订货批量与再订货点服务水平模型

问题的描述　某种商品,周期内平均需求量为 R,单位存储费为 c_1,每次订货费为 c_3,商品备运期(提前期)为 m 天,m 天内商品的需求量为 r,r 为服从某种分布的随机变量,一般认为其服从均值为 μ、均方差为 σ 的正态分布。服务水平为允许缺货的概率小于 α。求每周期的最优订货量和满足服务水平的再订货点。

该问题的特点是:其存储策略为最优订货批量和再订货点,即当存储量降至再订货点时订货,则可满足给定的服务水平。

1. 每周期的最优订货量

按经济订货批量模型计算,即

$$Q^*=\sqrt{\frac{2c_3R}{c_1}}$$

2. 满足服务水平的再订货点

由概率论的知识可知:　$P\left\{\frac{r-\mu}{\sigma}\leqslant\frac{x-\mu}{\sigma}\right\}=1-\alpha$

即不会缺货的概率为:　$1-\alpha$。

查概率表　$\Phi\left(\frac{x-\mu}{\sigma}\right)=1-\alpha$

可得到　$\frac{x-\mu}{\sigma}=\beta_{1-\alpha}$

这样有　$x=\mu+\sigma\beta_{1-\alpha}$

x 即为满足服务水平的再订货点。

例 6.13　某公司经营某种装饰材料。根据统计,这种装饰材料一星期的需求量服从均值为 $\mu=850$ 箱、均方差为 $\sigma=120$ 箱的正态分布。又已知,该种材料每年每箱存储费为

9.6元，每次订货费为250元。公司规定的服务水平为允许缺货的概率小于5%。问公司应如何制定满足服务水平的存储策略，使得一年的订货费和存储费的总和最小？

解：依题意有：$c_1 = 9.6$ 元/(箱·年)；$c_3 = 250$ 元/次；提前期：一星期；服务水平：缺货的概率小于0.05；$R = 850 \times 52 = 44200$ 箱/年

(1) 最优订货量

$$Q^* = \sqrt{\frac{2c_3R}{c_1}} = \sqrt{\frac{2 \times 250 \times 44200}{9.6}} = 1517(\text{箱})$$

(2) 再订货点

$$\Phi\left(\frac{x-\mu}{\sigma}\right) = 1 - \alpha = 1 - 0.05 = 0.95$$

查正态分布表有　　$\Phi(1.645) = 0.95$

故　　$\frac{x-\mu}{\sigma} = 1.645$

即　　$x = 850 + 120 \times 1.645 = 1047(\text{箱})$

故商品的再订货点为1047箱，每次订货量为1517箱。

六、定期检查存储量模型

该模型的存储策略是：管理者定期检查产品的存储量，根据现有的库存量来确定订货量。在该模型中管理者所要作出的决策是：依据规定的服务水平制定出产品的存储补充水平 M。然后根据下式确定本次订货量，即

$$Q = M - H$$

其中，H 为本次检查中的库存量。

以一个例子来说明存储补充水平的确定。

例6.14　某商品，每14天检查一次库存量。经统计，该商品每14天的需求量服从均值为 $\mu = 550$ 箱、均方差为 $\sigma = 85$ 箱的正态分布。现分别就商品缺货的概率小于0.05和0.025两种情况确定商品的存储补充水平。

解：设商品的存储补充水平为 M，依题意有：

$$\Phi\left(\frac{M_1-\mu}{\sigma}\right) = 1 - \alpha_1 = 1 - 0.05 = 0.95$$

$$\frac{M_1-\mu}{\sigma} = 1.645$$

$$M_1 = 550 + 85 \times 1.645 = 690(\text{箱})$$

$$\Phi\left(\frac{M_2-\mu}{\sigma}\right) = 1 - \alpha_2 = 1 - 0.025 = 0.975$$

$$\frac{M_2-\mu}{\sigma} = 1.96$$

$$M_2 = 550 + 85 \times 1.96 = 717(\text{箱})$$

即，两种服务水平下的存储补充水平分别为690箱和717箱，且服务水平越高，存储补

充水平越大。如本次检查时商品的库存量为 20 箱，则在第一种服务水平条件下，本次订货量为 670 箱（及时补充）。

习题六

1. 某建筑工地每月需要水泥 1200 吨，每吨定价为 1500 元，不允许缺货。设每吨每月的存储费为价格的 2%，每次订货费为 1800 元，需要提前 7 天订货。试求经济订购批量、每月总费用和再订货点。

2. 某工厂生产某种零件，每年该零件的需求量为 18000 个，该厂每月可生产该种零件 3000 个，每次生产的设备准备费为 500 元，每个零件每月的存储费为 0.15 元。求每次生产的最佳批量、每年生产与存储总费用和每年生产次数。

3. 某公司经营某种商品，该商品的需求量为每月 250 箱，每箱成本为 150 元，每次订货费为 100 元，每箱每年存储费为 10 元。由于该公司有许多固定客户，因此允许缺货，缺货费为每箱每月 3 元。求最佳经济订货批量、每年总费用、最大库存量和最大缺货量。

4. 在第 3 题中，若公司自己生产该种商品，公司的生产能力为每月 400 箱，一次生产准备费为 120 元，其他数据相同。求最佳经济生产批量、每年总费用、最大库存量和最大缺货量。

5. 某制造厂在装配作业中需要一种外购件，不允许缺货，试确定最佳订购批量。有关数据如下：

全年需求量为 300 万件，需求率为一常数；安排一次订货费用为 100 元；每件每月存储费为 0.1 元；卖主的价格如表 6-8 所示。

表 6-8

批量（万件）	$0 < Q < 1$	$1 \leqslant Q < 3$	$3 \leqslant Q < 5$	$Q \geqslant 5$
单价（元）	1	0.98	0.96	0.94

6. 某食杂店年销售味精总额 200000 元。已知每次订购费为 800 元，年库存保持费为价格的 20%。供货者提议：一次购货不少于 100000 元，可给予 3% 的折扣。问该食杂店是否接受折扣优惠？

7. 某季节性商品的需求量在 170 件至 220 件之间，需求的概率分布如表 6-9 所示。

表 6-9

需求数（件）	170	180	190	200	210	220
概率	0.13	0.20	0.23	0.21	0.13	0.10

每卖出一件该商品盈利 5 元，每积压一件损失 3 元，问一次进货应购多少件，才能使获

得的期望利润最大？

8. 某木材公司经营长白山红松，公司直接从林业局进货，一般情况下，签订合同后一个月（30 天）收到木材。根据以往统计分析，知道在一个月里此种木材的需求量服从以均值为 450 立方米，均方差为 70 立方米的正态分布，又知道每次订货费为 1800 元，每立方米红松的成本为 700 元，存储一年的存储费为成本的 25%，公司规定服务水平为允许存储量不够造成的缺货情况为 5%。公司应如何制定存储策略，使得一年的存储费和订货费的总和最少？

9. 某文具商店每半个月（15 天）对商品进行一次清货盘点，然后根据商品库存的数量向供应商订货，据了解某种品牌的笔记本要在订货后两天送到店里，把以往的数据进行统计分析得知这种笔记本在这 17 天里的需求服从均值 $\mu = 280$ 本，均方差 $\sigma = 40$ 本的正态分布，公司规定其服务水平为允许存储量不足造成的缺货情况为 10%，请确定其存储补充水平 M。

第七章　组 合 优 化

根据变量的取值范围我们自然地将最优化问题分为连续优化问题和离散优化问题两大类,变量取值连续的优化问题称为函数优化问题,而变量取值为离散的优化问题称为组合优化问题。组合优化的研究对象是离散现象中所出现的优化问题、性质与算法,在计算科学、管理科学与现代生产技术中有着广泛的应用。本章主要介绍组合优化的基本概念和常见的组合优化问题及其求解方法。

第一节　组合优化的基本概念

一、函数优化问题与组合优化问题

1. 函数优化问题

函数优化问题可以用一个四元组描述如下:

$$< G, F, D, \text{opt} >$$

其中 F 表示约束函数集,G 表示目标函数集,D 表示变量取值范围,$\text{opt} \in \{\max, \min\}$ 表示最大化或最小化目标函数。

例 7.1　对于非线性规划问题

$$\begin{aligned}
&\min f(\boldsymbol{x}) = (x_1 - 3)^2 + (x_2 - 3)^2 \\
&\text{s.t.}\quad x_1 + x_2 \leqslant 3 \\
&\qquad\quad x_1 \leqslant 2 \\
&\qquad\quad x_2 \leqslant 2 \\
&\qquad\quad x_1, x_2 \geqslant 0
\end{aligned}$$

这里 $f(\boldsymbol{x}) = (x_1 - 3)^2 + (x_2 - 3)^2$ 为目标函数,不等式 $x_1 + x_2 \leqslant 3, x_1 \leqslant 2, x_2 \leqslant 2$ 为约束条件。使用函数优化问题的描述方法表示为 $< G, F, D, \text{opt} >$,其中

$$\begin{aligned}
&G: f(\boldsymbol{x}) = (x_1 - 3)^2 + (x_2 - 3)^2 \\
&F = \{x_1 + x_2 \leqslant 3, x_1 \leqslant 2, x_2 \leqslant 2, x_1, x_2 \geqslant 0\} \\
&D = \{(x_1, x_2) \mid x_1 + x_2 \leqslant 3, x_1 \leqslant 2, x_2 \leqslant 2, x_1, x_2 \geqslant 0\} \\
&\text{opt} = \min
\end{aligned}$$

2. 组合优化问题

组合优化问题(Combinational Optimization Problem, COP)以最优化决策变量的一个函数为目标,这些变量本身只能取离散值,并且还可能受到一些条件的限制。实际上,组

合优化问题的目标就是从一个有限集或者可数无限集里寻找一个对象——典型地说是一个整数、集合、排列或者图。最小化目标函数的组合优化问题可以表示为

$$\min f(\boldsymbol{x})$$
$$\text{s.t.}\quad g_i(\boldsymbol{x}) \geqslant b_i,\quad i = 1,2,\cdots,l$$

组合优化问题 Q 可以描述成一个五元组

$$Q = < I, C, Y, F, \text{opt} >$$

其中,I 表示问题 Q 的输入数组组成的集合;C 表示可行解中元素组成的集合;Y 表示问题 Q 的可行解组成的集合;F 是 Q 的可行解对应目标函数值组成的集合;$\text{opt} \in \{\max,\min\}$ 表示问题 Q 是一个最大化问题还是一个最小化问题。

例 7.2　0/1 背包问题。0/1 背包问题是组合优化中一个著名的问题,其描述为:给定 n 件物品,任意物品 i 的重量和价值分别为 w_i 和 c_i,怎样选择一些物品装入容量为 v 的背包中,使得装入物品的总价值最大。

该问题的五元组描述中的各分量可以表示为

$$I = \{w_1, w_2, \cdots, w_n; c_1, c_2, \cdots, c_n; v\}$$
$$C = \{(w_i, c_i) \mid w_i \leqslant v, i = 1,2,\cdots,n\}$$
$$Y = \{\boldsymbol{y} \mid \boldsymbol{y} = (w_{r_i}, c_{r_i}), \sum_i w_{r_i} \leqslant v; 1 \leqslant r_i \leqslant n\}$$
$$F = \{f \mid f = \sum_i c_{r_i}, (w_{r_i}, c_{r_i}) \in y, y \in Y\}$$
$$\text{opt} = \min$$

例 7.3　旅行商问题(简称 TSP),又称货郎担问题。问题描述:有一货物推销员从城市 1 出发到城市 $2,3,\cdots,n$ 去推销货物,最后回到城市 1,怎样选择路线使总行程最短(其中,城市 i 到城市 j 的距离 d_{ij} 为已知,$i = 1,2,3,\cdots,n; j = 1,2,3,\cdots,n$)。

很多问题表面上看似乎与 TSP 无关,但本质上它们可以归结为 TSP 问题。如计算机线路问题、行车路线问题、数据聚类问题以及工序排序问题等。

3. 问题及实例

定义 7.1　一个优化问题可以看做是含有一组参数的一个提问,给这些参数赋以具体的值,就得到该问题的一个实例,通常用 I 表示一个问题的实例。

例如线性规划问题 LP:

$$\max\quad z = \boldsymbol{cx}$$
$$\text{s.t.}\quad \boldsymbol{Ax} = \boldsymbol{b}$$
$$\boldsymbol{x} \geqslant \boldsymbol{0}$$

其中,矩阵 $\boldsymbol{A} = (a_{ij})_{m\times n}$,$m$ 维列向量 $\boldsymbol{b}$ 以及 n 维行向量 $\boldsymbol{c}$ 就是问题的一组参数,提问就是在集合 $R = \{\boldsymbol{x} \mid \boldsymbol{Ax} = \boldsymbol{b}, \boldsymbol{x} \geqslant 0\}$ 中哪一点或者哪些点使函数 $z = \boldsymbol{cx}$ 的值最大。给 $\boldsymbol{A}, \boldsymbol{b}, \boldsymbol{c}$ 赋上具体的数值,就得到 LP 的一个实例。给 $\boldsymbol{A}, \boldsymbol{b}, \boldsymbol{c}$ 赋上不同的值,就得到 LP 问题的不同实例。

从上述定义可知,一个优化问题实际上是所有实例的一个集合,通常用 Π 表示一个优化问题。一个优化问题有别于它的实例,在一个实例里有输入数据以及用于求解的足够信息,而一个问题则是实例的总体。例如式(7-1) 就是线性规划问题,而式(7-2) 则是该

问题的一个实例。

$$\begin{aligned} \max z &= c_1x_1 + c_2x_2 \\ a_{11}x_1 + a_{12}x_2 &\leqslant 100 \\ a_{21}x_1 + a_{22}x_2 &\leqslant 120 \\ x_1, x_2 &\geqslant 0 \end{aligned} \tag{7-1}$$

$$\begin{aligned} \max z &= 6x_1 + 4x_2 \\ 2x_1 + 3x_2 &\leqslant 100 \\ 4x_1 + 2x_2 &\leqslant 120 \\ x_1, x_2 &\geqslant 0 \end{aligned} \tag{7-2}$$

4. 组合优化的定义

到目前为止，并没有一个统一的定义来描述组合优化。这里给出其中一个简单的定义。

定义 7.2　组合优化是在给定有限集的所有具备某些条件的子集中，按某种目标找出一个最优子集的一类数学规划。

从最广泛的意义上说，组合规划与整数规划的领域是一致的，都是指在有限个可供选择的方案组成的集合中，选择使目标函数达到极值的最优子集。

二、算法及其复杂性

组合优化问题的求解是非常困难的，其主要原因是求解这些问题的算法往往需要极长的运行时间与极大的存储空间，以致根本不可能在现有计算机上实现，即所谓的"组合爆炸"。正是这些问题的代表性和复杂性激起了人们对组合优化理论与算法的研究兴趣。

1. 算法

算法就是计算方法的简称，它要求使用一组定义明确的规则在有限步骤内求解某一问题。在计算机上，就是运用计算机解题的步骤或过程。在这个过程中，无论是形成解题思路还是编写程序，都是在实施某种算法。前者是推理实现的算法，后者是操作实现的算法。

作为算法，应该具有五种重要特征：(1) 有穷性，即一个算法必须保证执行有限步后结束；(2) 确切性，即算法的每一个步骤必须有明确的定义；(3) 输入，即一个算法有零个或多个输入，以刻画运算对象的初始情况；(4) 输出，即一个算法有零个或多个输出，以反映对输入数据进行加工后的结果；(5) 可行性，即算法原则上能够精确地运行。

2. 计算复杂性

计算复杂性通常指计算机求解问题的难易程度。求解组合优化问题时，涉及计算时间和计算需要的存储空间。计算复杂性包括时间复杂性和空间复杂性两个方面。时间复杂性用计算时间衡量，空间复杂性用计算占用的内存大小衡量。就实际应用而言，更多地关注时间复杂性方面。

定义 7.3　如果一个问题的规模是 n，解这一问题的某一算法所需要的时间为 $T(n)$，它是 n 的某一函数，$T(n)$ 称为这一算法的"时间复杂性"。

如果算法中基本操作(加、减、乘、除、比较等)执行的次数是问题规模 n 的一个函数 $f(n)$,则算法时间度量通常记为:$T(n)=O(f(n))$,表示随问题规模 n 的增大,算法执行时间的增长率和 $f(n)$ 的增长率相同。

观察如下几组计算程序段

```
(1)s = s + 1
(2)int s = 0
    {for(int i = 0;i ≤ n;i ++)
      s ++;}
(3)int s = 0
    for(int i = 0;i ≤ n;i ++)
     {for(int j = 0;j ≤ n;j ++)
      s ++;}
(4)int s = 0
    for(int i = 2;i ≤ n;i ++)
     {for(int j = 1;j ≤ i - 1;j ++)
      s ++;}
```

对于程序段(1),$f(n)=1$,所以其计算复杂度为 $O(1)$。对于程序段(2)运算次数为 n,即 $f(n)=n$,所以其计算复杂度为 $O(n)$。对于程序段(3)运算次数为 n^2,即 $f(n)=n^2$,所以其计算复杂度为 $O(n^2)$。对于程序段(4)运算次数为 $(n-1)(n-2)/2$,即 $f(n)=(1/2)n^2+(3/2)n+1$,该段程序执行次数关于 n 的增长率为 n^2,所以其计算复杂度也为 $O(n^2)$。

按数量级递增排列,常见的时间复杂度依次有:常数阶 $O(1)$,对数阶 $O(\log n)$,线性阶 $O(n)$,线性对数阶 $O(n\log n)$,平方阶 $O(n^2)$,立方阶 $O(n^3)$,k 次方阶 $O(n^k)$,指数阶 $O(2^n)$ 等。

表 7-1 给出了不同时间复杂度算法在 10^6 次/秒速度的计算机上求解不同规模问题所需要的时间对比。

表 7-1

$T(n)$ 微秒	n	$n\log n$	n^2	n^3	n^5	2^n	3^n	$n!$
$T(10)$	10	33	100	1 毫秒	0.1 秒	1 毫秒	59 毫秒	3.6 秒
$T(40)$	40	213	1600	64 毫秒	1.7 秒	12.7 天	3.9 世纪	10^3 世纪
$T(60)$	60	254	3600	216 毫秒	1.3 分	366 世纪	10^{13} 世纪	10^{66} 世纪

可以看出,不同 $T(n)$ 的算法随着 n 的增大,运算时间的增长速度是不同的。当 $T(n)$ 为指数形式的算法,且 n 比较大时,实际应用是非常困难的。一般称 $T(n)$ 为对数函数、线性函数或多项式函数(包括幂函数)的算法为"好"的算法,$T(n)$ 为指数函数或者阶乘函数的算法为"坏"的算法。

三、问题复杂性分类

1. 图灵机(Turing Machine)

图灵机是英国数学家A. M. Turing于1936年提出的一种抽象计算模型。其更抽象的意义为一种数学逻辑机,可以看做等价于任何有限逻辑数学过程的终极强大逻辑机器。

图灵机不是一种具体的机器,而是一种思想模型;虽然简单但运算能力极强,可以计算出所有想象到的可计算函数。它有一条无限长的纸带,纸带分成了一个一个的小方格,每个方格有不同的颜色。有一个机器头在纸带上移来移去。机器头有一组内部状态,还有一些固定的程序。在每个时刻,机器头都要从当前纸带上读入一个方格信息,然后结合自己的内部状态查找程序表,根据程序输出信息到纸带的方格上,并转换自己的内部状态,然后进行移动。

经典的计算机实际上就是一个通用的图灵机,Von Neumann计算机是图灵机的一种物理化。图灵机被公认为现代计算机的原型,这台机器可以读入一系列的0和1,这些数字代表了解决某些问题所需要的步骤,按这个步骤走下去,就可以解决某一特定的问题。虽然图灵机只是一种理论的计算模型,但图灵的这一创新思想奠定了整个现代计算机的理论基础。

如果不加特殊说明,通常所说的图灵机都是确定型图灵机。在确定型图灵机计算模型下,有一类问题的计算复杂性至今未知。为此,人们提出了能力更强的计算模型——非确定型图灵机计算模型NDTM(Nondeterministic Turing Machine)。在该计算模型下,许多问题可在多项式时间内求解。非确定型图灵机和确定型图灵机的不同之处在于,它在计算的每一时刻,根据当前状态和读写头所读的符号,机器存在多种状态转移方案,机器将任意地选择其中一种方案继续运作,直到最后停机为止。

2. 多项式时间算法

如果一个算法,其时间复杂度为$O(n^k)$,其中n为问题规模,k为非负整数,则认为问题存在多项式时间算法。多项式时间算法是一种有效的算法,在现实世界中,有很多问题存在多项式时间算法。但还有一些问题,它们的时间复杂度是以指数函数或者阶乘函数衡量的,其计算时间随问题的规模增大而快速增长。因此,把存在多项式时间算法的问题称为易解的问题,而把那些有指数时间算法或者阶乘时间算法的问题称为难解的问题。

定义7.4　多项式时间算法是指存在以某个输入长度(问题规模)n为变量的多项式函数$p(n)$,使其时间复杂度函数为$O(p(n))$的算法。

定义7.5　指数时间算法是指任何其时间复杂度函数不可能用多项式函数去界定的算法。

3. P类问题与NP类问题

对于一个问题,如果存在一个图灵机,对这个问题的任何实例都能给出回答,那么这个问题就称为可解的。如果存在一个图灵机,又存在一个多项式p,在给定问题的实例后,这个图灵机在$p(n)$步内给出回答,那么该问题称为多项式时间可解。

定义7.6　确定型图灵机在多项式时间内可解决的全部问题类记为P,非确定型图灵机在多项式时间内可解决的全部问题类记为NP。由于确定型图灵机是非确定型图灵机的特殊情形,故 P ⊆ NP。

4. NP 完全问题与 NP 难题

定义 7.7　假定给出了两个问题类 q 和 q_0,如果存在一个确定型图灵机 M_q 和一个多项式 p,对于 q 中任意一个实例 x,M_q 都能在 $p(n)$ 时间内计算出 q_0 中的一个实例 y(其中 n 是实例规模),使得 x 是 q 中有肯定答案的实例,当且仅当 y 是 q_0 中有肯定答案的实例,我们就说 q 多项式时间归约到 q_0。

定义 7.8　对于一个问题 q_0,如果 q_0 属于 NP,且 NP 中任意一个问题都可以多项式时间归约到 q_0,则称 q_0 为 NP 完全的,简称 NPC,或称 q_0 具有 NP 完全性。

定义 7.9　对于一个判定问题 q_0,如果存在一个 NP 完全问题 q,使得 q 可以多项式时间归约到 q_0,则称 q_0 为 NP 困难问题。

第二节　图论与网络优化问题

20 世纪中叶以后,由于生产管理、军事、交通运输、计算机网络等领域的需要,出现了很多离散问题,图论可为离散问题的研究提供数学模型。图论与线性规划、动态规划等优化理论的内容和方法相互渗透,促进了组合优化理论和算法的研究。现在图论已被广泛应用于解决物理学、生物学、电讯工程、管理科学、社会科学和计算机科学等各个领域中的各种各样的实际问题,取得了良好的效果。图论在管理中的应用主要有三个方面 —— 最短路问题、最小树问题和网络最大流问题,这里将介绍图论中的一些基本概念以及讨论图论在管理科学应用中的几个问题。

一、图的基本概念

1. 问题的提出

为了说明图的基本概念,先看以下几个问题。

例 7.4　Konisberg 七桥问题。Konisberg 在 18 世纪是属于东普鲁士的一座城市,它位于 Pregel 河畔,河中有两个小岛,河两岸和两岛通过七座桥彼此相连(如图 7-1(a) 所示)。当地居民热衷于讨论:一个步行者能否从陆地某一处出发通过每座桥恰好一次而回到出发地。

如果把图 7-1(a) 中的两岸和两岛抽象成四个点 A,B,C,D,把桥看做它们之间的连线,则形成了图 7-1(b)。于是七桥问题就变成为:能否从图中任一点出发,找出一条仅且通过每条边各一次,最后回到该点的回路。

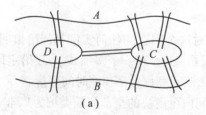

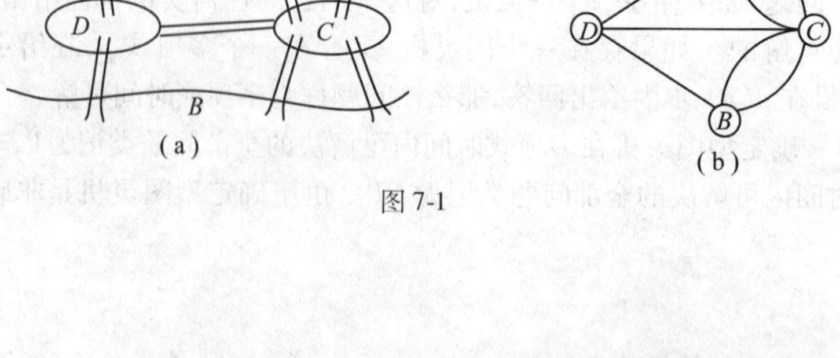

图 7-1

例 7.5　设备更新问题。某工厂使用一台机器，决策者每年年初都要决定机器是否需要更新。若购置新机器，就要支付购置费用；若继续使用，则需要支付维修费用，而且维修费用随机器使用年限的增加而增多。已知机器今后四年内的价格依次为 11，11，12，12 万元，购得该设备后第 1，2，3，4 年内的维修费用分别为 5，6，8，11 万元。试制订今后四年内机器的更新计划，使得总的支付费用最少。

用点 v_i 表示第 i 年年初购进新的机器，其中 v_5 表示第四年年底。用弧 (v_i, v_j) 表示在第 i 年年初购进的机器一直使用到第 j 年年初，而弧上的数字表示机器从第 i 年年初到第 j 年年初的总费用。比如弧 (v_1, v_3) 表示从第 1 年年初用 11 万元购进一台新机器，一直使用到第 3 年年初（即第 2 年年底），支付维修费 $5+6=11$ 万元，总费用为 22 万元。因此，弧上的数字为 22。这样，就构成了图 7-2。于是设备更新问题便成为在图 7-2 中寻找一条从点 v_1 到点 v_5 的最短路。

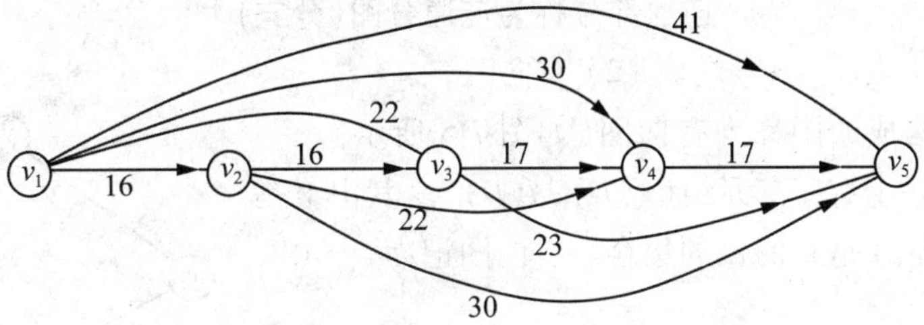

图 7-2

综上例子，可以看出，很多实际中比较复杂的问题都可以用图来描述。而利用图这种简易的模型，我们往往能快速地找到这类问题的解决方法。

2. 图的基本概念

图是由点和连线组成的。其中，我们把无方向的连线称为**边**，有方向的连线称为**弧**。

（1）无向图

由点和边构成的图称为**无向图**（如图 7-3 所示）。一个无向图 G 是一个有序二元组 $(V(G), E(G))$，记为 $G=(V,E)$。其中 $V=\{v_1, v_2, \cdots, v_n\}$，是 G 的所有点的集合；$E=\{e_1, e_2, \cdots, e_m\}$，是 G 的所有边的集合，而 $e_k=(v_i, v_j)$，是 v_i 到 v_j 的边。在图 7-3 所示的图 G 中，$V=\{v_1, v_2, v_3, v_4, v_5\}$，$E=\{e_1, e_2, \cdots, e_8\}$。

在图 G 中，如果某个边的两个端点相同，称此边为**环**。图 7-3 中 e_8 便是一个环。如果两个端点之间有一条以上的边，则称这些边为**多重边**（如图 7-3 中的 e_1 和 e_2）。

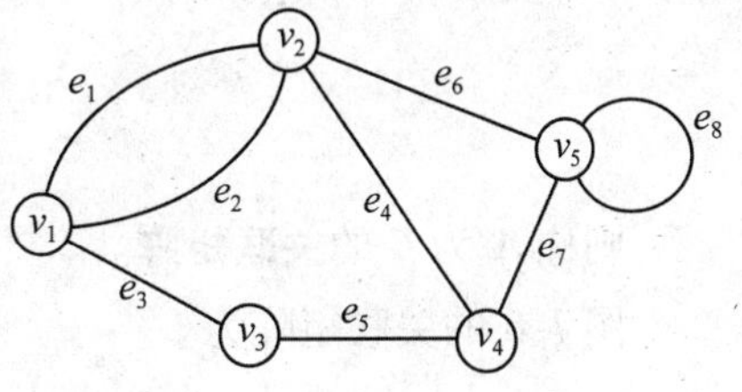

图 7-3

一个无环但有多重边的图称为**多重图**。无环也无多重边的图称为**简单图**。以后我们谈到图，若无特殊说明，均指简单图。

对于图 $G=(V,E)$ 和图 $G'=(V',E')$，如果 $V'\subseteq V,E'\subseteq E$，则称 G' 是 G 的一个**子图**。如果 $V'=V,E'\subseteq E$，则称 G' 是 G 的**支撑子图**。

对于图 $G=(V,E)$，它的一个顶点和边的交错序列 $\{v_{i1},e_{i1},v_{i2},e_{i2},\cdots,v_{i(t-1)},e_{i(t-1)},v_{it}\}$，如果满足 $e_{ik}=(v_{ik},v_{i(k+1)})$，其中 $k=1,2,\cdots,t-1$，则称其为连接 v_{i1} 和 v_{it} 的一条**链**，简记为 $(v_{i1},v_{i2},\cdots,v_{it})$。两个端点 v_{i1} 和 v_{it} 分别为链的起点和终点。通常情况下，我们所指的链的各顶点 $v_{i1},v_{i2},\cdots,v_{it}$ 都互不相同。

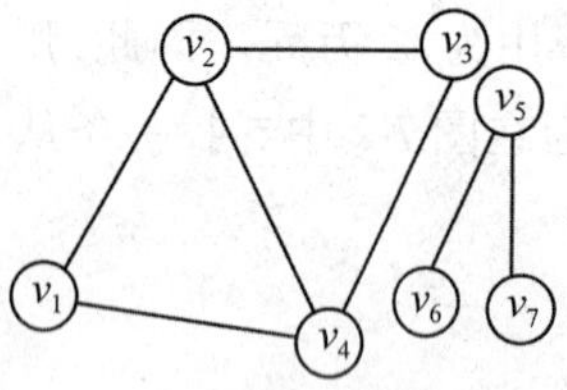

图 7-4

若链的两个端点重合，则称此链为**圈**。若圈所包含的边数为奇数，则圈为**奇圈**，否则为**偶圈**。图 7-3 中，(v_1,v_3,v_4,v_5) 为一条链，(v_1,v_2,v_4,v_3,v_1) 就是一个圈。

图 G 中，若任何两点之间，至少存在一条链，则称图 G 为**连通图**，否则称其为**非连通图**（如图 7-4 所示）。图的每一个连通部分称为**连通分图（分支）**。

（2）有向图

由点和弧构成的图称为**有向图**（如图 7-5 所示）。一个有向图 D 是一个有序二元组 $(V(D),A(D))$。其中 V 是 D 的顶点的集合，A 是 D 的弧的集合。有向图记为 $D=(V,A)$。

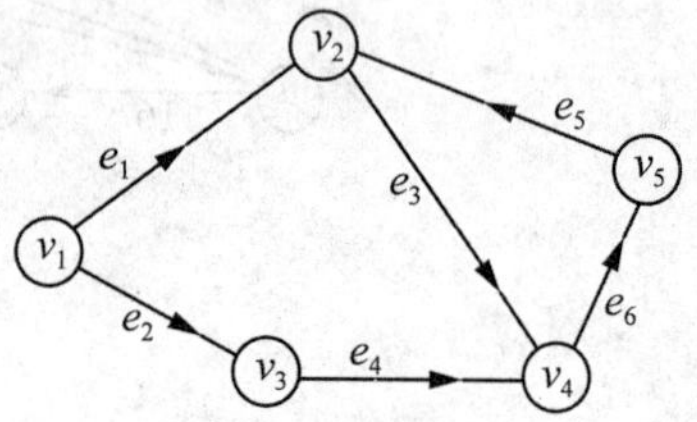

图 7-5

对于有向图 D，$P=\{v_{i1},a_{i1},v_{i2},a_{i2},\cdots,v_{i(t-1)},a_{i(t-1)},v_{it}\}$ 是一个由 D 的顶点和弧组成的交错序列。若有 $a_{ik}=(v_{ik},v_{i(k+1)})(k=1,2,\cdots,t-1)$，则称 P 是一条连接 v_{i1} 和 v_{it} 的**路**，简记为 $(v_{i1},v_{i2},\cdots,v_{it})$。若路的两个端点相同，则称为**回路**。图 7-5 中，(v_1,v_3,v_4,v_5) 是一条 v_1 到 v_5 的路，(v_2,v_4,v_5,v_2) 是一条以 v_2 为端点的回路。

对于无向图，链与路，圈与回路，这两对概念是一致的。

同样，有向图也可以类似地定义前面无向图所定义的一些概念。这里就不再赘述。

3. 图的矩阵表示

（1）关联矩阵

对任一个图 $G=(V,E)$，其中 $V=\{v_1,v_2,\cdots,v_n\}$，$E=\{e_1,e_2,\cdots,e_m\}$，则可以将图 G 表示成一个 $n\times m$ 矩阵，$\boldsymbol{A}=(a_{ij})$，其中

$$a_{ij}=\begin{cases}1,\text{当点 } v_i \text{ 与边 } e_j \text{ 关联}\\0,\text{其他}\end{cases}$$

则称 $\boldsymbol{A}$ 为 G 的**关联矩阵**。

图 7-6 的关联矩阵为

$$\begin{array}{c} \\ v_1 \\ v_2 \\ v_3 \\ v_4 \\ v_5 \end{array}\begin{array}{c} \begin{array}{cccccc} e_1 & e_2 & e_3 & e_4 & e_5 & e_6 \end{array} \\ \begin{bmatrix} 1 & 1 & 1 & 0 & 0 & 0 \\ 1 & 0 & 0 & 0 & 0 & 1 \\ 0 & 0 & 1 & 1 & 0 & 0 \\ 0 & 0 & 0 & 1 & 1 & 0 \\ 0 & 1 & 0 & 0 & 1 & 1 \end{bmatrix} \end{array}$$

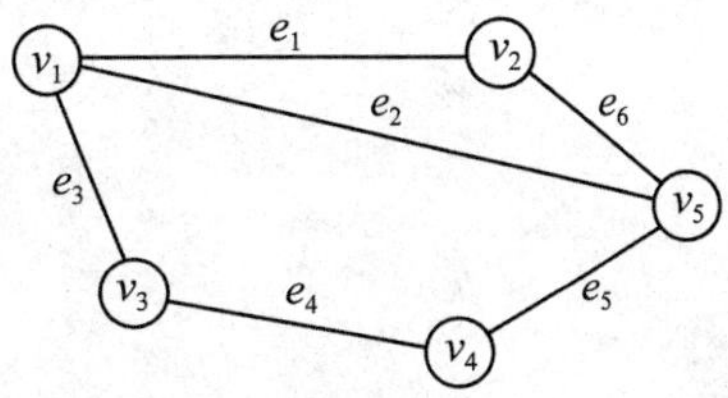

图 7-6

对有向图 $D=(V,A)$，$V=\{v_1,v_2,\cdots,v_n\}$，$A=\{a_1,a_2,\cdots,a_m\}$，也可以用 $n\times m$ 关联矩阵 $\boldsymbol{A}=(a_{ij})$ 来表示，其中

$$a_{ij}=\begin{cases}1, 当弧\ a_j\ 以点\ v_i\ 为始点\\ -1, 当弧\ a_j\ 以点\ v_i\ 为终点\\ 0, 其他\end{cases}$$

有向图 7-5 的关联矩阵为

$$\begin{array}{c} \\ v_1 \\ v_2 \\ v_3 \\ v_4 \\ v_5 \end{array}\begin{array}{c} \begin{array}{cccccc} e_1 & e_2 & e_3 & e_4 & e_5 & e_6 \end{array} \\ \begin{bmatrix} 1 & 1 & 0 & 0 & 0 & 0 \\ -1 & 0 & 1 & 0 & -1 & 0 \\ 0 & -1 & 0 & 1 & 0 & 0 \\ 0 & 0 & -1 & -1 & 1 & 0 \\ 0 & 0 & 0 & 0 & 1 & -1 \end{bmatrix} \end{array}$$

（2）邻接矩阵

对于图 $G=(V,E)$，$V=\{v_1,v_2,\cdots,v_n\}$，$E=\{e_1,e_2,\cdots,e_m\}$，还可以用一个 $n\times n$ 矩阵 $\boldsymbol{B}=(b_{ij})$ 表示它，其中

$$b_{ij}=\begin{cases}1, 当点\ v_i\ 与点\ v_j\ 相邻\\ 0, 其他\end{cases}$$

这个矩阵就称为 G 的**邻接矩阵**。图 7-6 的邻接矩阵为

$$\begin{array}{c} \\ v_1 \\ v_2 \\ v_3 \\ v_4 \\ v_5 \end{array}\begin{array}{c} \begin{array}{ccccc} v_1 & v_2 & v_3 & v_4 & v_5 \end{array} \\ \begin{bmatrix} 0 & 1 & 1 & 0 & 1 \\ 1 & 0 & 0 & 0 & 1 \\ 1 & 0 & 0 & 1 & 0 \\ 0 & 0 & 1 & 0 & 1 \\ 1 & 1 & 0 & 1 & 0 \end{bmatrix} \end{array}$$

同样，有向图 $D=(V,A)$，$V=\{v_1,v_2,\cdots,v_n\}$，$A=\{a_1,a_2,\cdots,a_m\}$，也对应着一个 $n\times n$ 邻接矩阵 $\boldsymbol{B}=(b_{ij})$，其中

$$b_{ij}=\begin{cases}1, 当点\ v_i\ 到点\ v_j\ 有一条弧\\ 0, 其他\end{cases}$$

有向图 7-5 的邻接矩阵为

$$\begin{array}{c} \\ v_1 \\ v_2 \\ v_3 \\ v_4 \\ v_5 \end{array}\begin{array}{c} \begin{matrix} v_1 & v_2 & v_3 & v_4 & v_5 \end{matrix} \\ \begin{bmatrix} 0 & 1 & 1 & 0 & 0 \\ 0 & 0 & 0 & 1 & 0 \\ 0 & 0 & 0 & 1 & 0 \\ 0 & 0 & 0 & 0 & 1 \\ 0 & 1 & 0 & 0 & 0 \end{bmatrix} \end{array}$$

利用图的关联矩阵和邻接矩阵,我们可以将很多抽象的图问题,转化为有关矩阵的变换和计算。在计算机应用中,关联矩阵和邻接矩阵也是图的最常用的存储结构。

二、最短路问题

1. 赋权图和最短路

在图 G 中,如果给每条边都赋予一个实数,作为边的**权**,则称 G 为**赋权图**,记为 $G=(V,E,W)$,边 $e=(v_i,v_j)$ 的权记为 $w(e)$ 或 w_{ij}。同样,对有向图,也可类似地定义为**赋权有向图**,记为 $D=(V,A,W)$。

在实际中,赋权图具有广泛的应用。图 7-7 是一个赋权图,它的权表示各个城市之间铺设光纤所需要的费用。

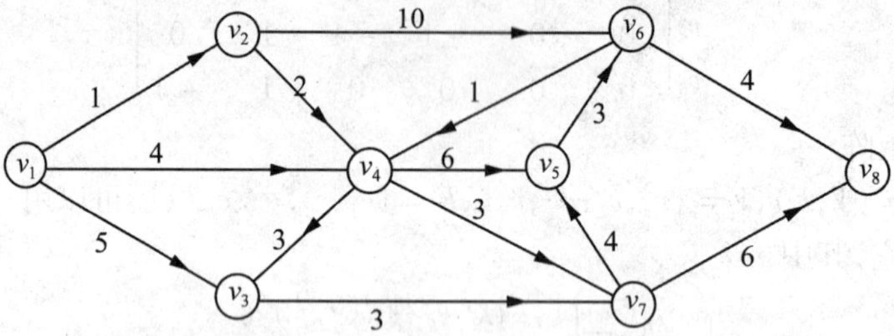

图 7-7

在这个例子中,从城市 v_1 到城市 v_8 有多种光纤铺设路线。例如(v_1,v_2,v_6,v_8),(v_1,v_3,v_4,v_7,v_8)等,都是从 v_1 到 v_8 的铺设路线。但是,尽管有这么多的路线,其所需费用却是不同的。因此,我们所要解决的问题就是,期望能够找到一条从 v_1 到 v_8 的路线,其所需的铺设费用最小。这其实就是最短路的问题。

一般的,给定一个赋权有向图 $D=(V,A,W)$,w_{ij} 表示弧(v_i,v_j)的权。现给定两个顶点 v_0 和 v_n,**最短路**问题就是要从点 v_0 到点 v_n 的所有路中,找出一条权的和最小的路。

设 P 是 v_0 到 v_n 的一条路,其所有弧的权之和称为 P 的**路长**,记为 $l(P)$。而点 v_0 到点 v_n 的最短路 P_0 的路长则可记为:$l(P_0)=\min l(P)$。最短路 P_0 的路长也称为点 v_0 到点 v_n 的**距离**,记为 $d(v_0,v_n)$。设 O 是图 D 的一个回路,如果 O 的路长 $l(O)<0$,则称 O 是 D 的一个**负回路**。

2. 最短路方程

如果 x,y,z 是欧氏空间的任意三个点,$d(x,y)$ 表示 x 和 y 之间的距离,则有:

$$d(x,y) \leqslant d(x,z) + d(z,y)$$

并且,仅当 z 在 x 和 y 的连线上时,等式成立。

对于不含负回路的赋权有向图 $D=(V,A,W)$,其中 $V=\{v_0,v_1,\cdots,v_n\}$。若用 d_k,d_m 分别表示从点 v_0 到点 v_k、点 v_0 到点 v_m 的距离,则对一切 $k,m=1,2,\cdots,n,k\neq m$ 有

$$\begin{cases} d_0 = 0 \\ d_k \leqslant d_m + w_{mk} \end{cases} \tag{7-3}$$

并且,只有当弧 (v_m,v_k) 在点 v_0 到 v_k 的最短路上时,$d_k = d_m + w_{mk}$。

因 d_k 是点 v_0 到点 v_k 的最短路 P_0 的路长,故这条路必存在最后一条弧 (v_m,v_k),且点 v_0 沿 P_0 到点 v_m 的路也必然是最短路。因此,式(7-3)可写为

$$\begin{cases} d_0 = 0 \\ d_k = \min\limits_{m\neq k}\{d_m + w_{mk}\} \end{cases} \tag{7-4}$$

显然,点 v_0 到各点的最短路的路长必满足方程式(7-4)。同时,也可以得到结论:在一条弧的权为正值的有向图 D 中,任意一条从某个顶点出发的有向路 P 的路长都大于从这个顶点出发,沿 P 到 P 的某个中间顶点的有向路的路长。

然而,要想直接求解方程式(7-4)是非常困难的。因此,要解决图的最短路问题,还需寻找简易的算法。

3. Dijkstra 标号法

Dijkstra 提出了一个按路长递增次序产生最短路的算法。其基本思想是:对图 $D=(V,A,W)$,指定某顶点 v_0,把图的顶点集合 V 分成两组,以已经求出最短路的顶点集合为第一组,记为 S(称为永久标号集,P 标号);其余尚未确定最短路的顶点为第二组,记为 $\overline{S}$(称为临时标号集,T 标号)。按最短路的路长递增次序逐个地把 $\overline{S}$ 中的顶点移入 S 中,直至从 v_0 出发可以到达的顶点都在 S 中。在这个过程中,需始终保持从 v_0 到 S 中各顶点的最短路的路长都不大于从 v 到 $\overline{S}$ 中的任何顶点的最短路的路长。另外,在处理过程中,需要为每个顶点保存一个距离。S 中的顶点的距离指从 v_0 到此顶点的最短路的路长;$\overline{S}$ 中顶点的距离是指从 v_0 到此顶点的只包括以 S 中的顶点为中间顶点的那部分还不完整的最短路的路长。

Dijkstra 算法适用于每条弧的权大于零的情况,其具体算法如下:

设 $T(v_j)$ 表示 v_j 点的 T 标号,即初始点 v_0 到 v_j 的临时最短距离;$P(v_i)$ 表示 v_i 点的 P 标号,即初始点 v_0 到 v_i 的最短距离,则 Dijkstra 算法的具体步骤如下:

第 1 步:令 $S=\{v_0\}$,$P(v_0)=0$,始点 v_0 用标号(0,0)标之。

第 2 步:按下式计算与 S 相邻的点 v_j 的 T 标号,即

$$T(v_j) = \min_{v_i\in S}\{P(v_i) + w_{ij}\},\quad j\in J$$

式中,v_j 为与 S 相邻的点;J 为与 S 相邻的点的下标集;w_{ij} 为 v_i 到 v_j 的距离。

第 3 步:按下式计算永久性标号 $P(v_l)$,即

$$P(v_l) = \min_{j\in J}\{T(v_j)\}$$

即在已计算的 T 标号中的最小值及其对应的点 v_l 赋予永久性标号;

第4步：令 $S:=S+\{v_l\}$，回到第2步，直到所有的点都被赋予 P 标号。

例7.6　用 Dijkstra 算法求图7-7的最短路。

解：步骤如下：

(1) 给始点 v_1 标号 $[0,0]$，$S=\{v_1\}$，$P(v_1)=0$。

(2) 与 S 相关联的点有 v_2,v_4,v_3 标号，即 $J=\{2,4,3\}$，这样有

$$T(v_2)=\min_{v_i\in S}\{P(v_i)+w_{i2}\}=\min\{P(v_1)+w_{12}\}=0+1=1$$

同理有

$$T(v_3)=\min\{P(v_1)+w_{13}\}=0+5=5$$

$$T(v_4)=\min\{P(v_1)+w_{14}\}=0+4=4$$

$$P(v_2)=\min\{T(v_2),T(v_3),T(v_4)\}=1$$

给点 v_2 永久性标号 $[v_1,1]$，并将 v_2 归入 S 中，$S=\{v_1,v_2\}$。

(3) 这时。与 S 相关联的点有 v_3,v_4,v_6，即 $J=\{3,4,6\}$，这样有

$$T(v_4)=\min_{v_i\in S}\{P(v_i)+w_{i4}\}=\min\begin{Bmatrix}P(v_1)+w_{14}\\P(v_2)+w_{24}\end{Bmatrix}=\min\begin{Bmatrix}0+4\\1+2\end{Bmatrix}=3$$

$$T(v_3)=\min\{P(v_1)+w_{13}\}=0+5=5$$

$$T(v_6)=\min\{P(v_2)+w_{26}\}=1+10=11$$

$$P(v_4)=\min\{T(v_6),T(v_3),T(v_4)\}=3$$

给点 v_4 永久性标号 $[v_2,3]$，表示从 v_1 到 v_4 的最短路为3，且经过 v_3 点到达。将 v_4 归入 S 中，$S=\{v_1,v_2,v_4\}$。

(4) 这时，与 S 相关联的点有 v_3,v_5,v_6,v_7，即 $J=\{3,5,6,7\}$，按公式计算有

$$T(v_3)=\min_{v_i\in S}\{P(v_i)+w_{i3}\}=\min\begin{Bmatrix}P(v_1)+w_{13}\\P(v_4)+w_{43}\end{Bmatrix}=\min\begin{Bmatrix}0+5\\3+3\end{Bmatrix}=5$$

$$T(v_5)=\min\{P(v_4)+w_{45}\}=3+3=6$$

$$T(v_7)=\min\{P(v_4)+w_{47}\}=3+3=6$$

$$T(v_6)=\min\{P(v_2)+w_{26}\}=1+10=11$$

$$P(v_3)=\min\{T(v_5),T(v_6),T(v_3),T(v_7)\}=5$$

给点 v_3 永久性标号 $[v_1,5]$。$S=\{v_1,v_2,v_4,v_3\}$。

用同样的方法可给其他点标号，具体见图7-8。

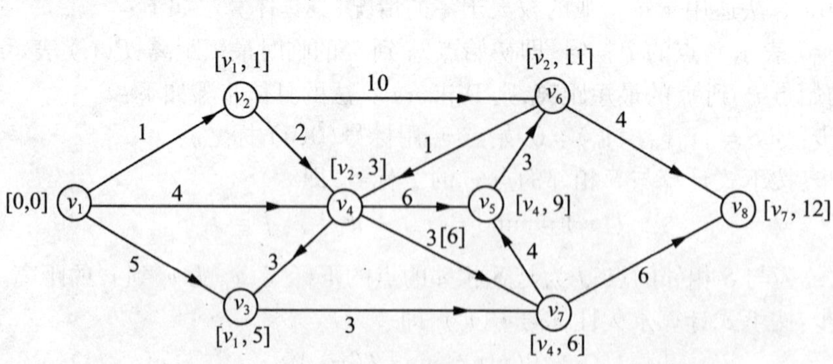

图7-8

从点 v_8 的标号$[v_7,12]$中，我们得到从点 v_1 到点 v_8 的最短路的路长为12。由点 v_8 逆向推导，得到点 v_1 到点 v_8 的最短路为(v_1,v_2,v_4,v_7,v_8)。

4. Warshall-Floyd 算法

Dijkstra 算法只适合于每条弧的权大于零的情况。因此，当图含有权小于零的弧时，Dijkstra 算法就不适用。鉴于此，Warshall 和 Floyd 提出了新的解决方法。

若点 v_i 是点 v_0 到点 v_j 的路上的点，则可知，点 v_0 到点 v_j 的最短路的路长必满足

$$l_j = \min\{l_i + w_{ij}\}$$

Warshall-Floyd 算法的具体步骤为：

第1步：令 $l_j^{(1)} = w_{0j}(j = 0,1,2,\cdots,n)$

第2步：对 $k = 2,3,\cdots,n, l_j^{(k)} = \min\{l_i^{(k-1)} + w_{ij}\}$，其中$(v_i,v_j) \in A$，当进行到 $k = m$ 时，对所有 $j = 0, 1,\cdots,n$，都有：$l_j^{(m)} = l_j^{(m-1)}$，则算法终止。$l_j^{(m)}(j = 0,1,\cdots,n)$ 即为 v_0 到各点的最短路的路长。

第3步：利用已求出来的点 v_0 到各点的路长逐步逆向寻找点 v_0 到点 v_n 的最短路。若点 v_p 为点 v_0 到点 v_n 的最短路上的倒数第二点，可以从使弧$(v_i,v_n) \in A$ 的点 v_i 中得到点 v_p，使 $l_n = l_p + w_{pn}$。然后利用点 v_0 到点 v_p 的最短路路长 l_p，寻求一点 v_j，使 $l_p = l_j + w_{jp}$。如此逐步寻找，直到点 v_0 为止。最后便得到点 v_0 到点 v_n 的最短路。

例7.7　求图7-9中点 v_1 到各点的最短路。

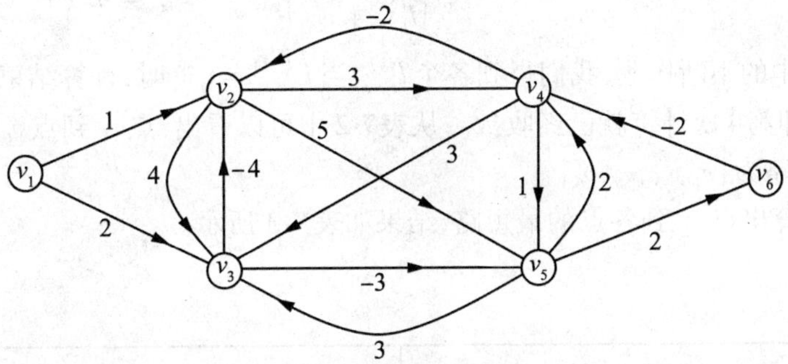

图7-9

解：(1) 构建表7-2。其中 w_{ij} 是连接边(v_i,v_j)的权，且令 $w_{ii} = 0$；若边$(v_i,v_j) \notin E$，即没有通路，则令 $w_{ij} = \infty$。

表7-2

	w_{ij}						$l_j^{(k)}$			
	v_1	v_2	v_3	v_4	v_5	v_6	$k=1$	$k=2$	$k=3$	$k=4$
v_1	0	1	2	∞	∞	∞	0	0	0	0
v_2	∞	0	4	3	5	∞	1	-2	-2	-2

续表

	w_{ij}						$l_j^{(k)}$			
	v_1	v_2	v_3	v_4	v_5	v_6	$k=1$	$k=2$	$k=3$	$k=4$
v_3	∞	-4	0	∞	-3	∞	2	2	2	2
v_4	∞	-2	5	0	1	∞	∞	4	1	1
v_5	∞	∞	3	2	0	2	∞	-1	-1	-1
v_6	∞	∞	∞	-2	∞	0	∞	∞	1	1

(2) 令 $l_j^{(1)} = w_{1j}(j=1,2,\cdots,6)$。

(3) 对 $k=2,3,\cdots,n, l_j^{(k)} = \min\{l_i^{(k-1)} + w_{ij}\}$

比如:求 $l_3^{(3)}$

$$l_3^{(3)} = \min\{l_i^{(2)} + w_{ij}\} = \min\begin{Bmatrix} l_1^{(2)} + w_{13} \\ l_2^{(2)} + w_{23} \\ l_3^{(2)} + w_{33} \\ l_4^{(2)} + w_{43} \\ l_5^{(2)} + w_{53} \\ l_6^{(2)} + w_{63} \end{Bmatrix} = \min\begin{Bmatrix} 0+2 \\ -2+4 \\ 2+0 \\ 4+5 \\ -1+3 \\ \infty+\infty \end{Bmatrix} = 2$$

通过在表中的不断作业,我们得到各个 $l_j^{(k)}$,当 $l_j^{(k-1)} = l_j^{(k)}$ 时,计算结束,例如在表7-2中,$l_j^{(3)} = l_j^{(4)}$,即第4次计算就已经收敛。从表7-2中可以看出,点 v_1 到点 v_6 的最短路的路长为1,其最短路为 $\{v_1, v_3, v_5, v_6\}$。

同样可以算出点 v_2 到各点的最短路,结果如表7-3所示。

表7-3

	w_{ij}						$l_j^{(k)}$				
	v_1	v_2	v_3	v_4	v_5	v_6	$k=1$	$k=2$	$k=3$	$k=4$	$k=5$
v_1	0	1	2	∞	∞	∞	∞	∞	∞	∞	∞
v_2	∞	0	4	3	5	∞	0	0	0	0	0
v_3	∞	-4	0	∞	-3	∞	4	4	4	4	4
v_4	∞	-2	5	0	1	∞	3	3	3	1	1
v_5	∞	∞	3	2	0	2	5	1	1	1	1
v_6	∞	∞	∞	-2	∞	0	∞	7	3	3	3

结果显示,计算5次后,点 v_2 到各点的距离收敛,其中点 v_2 到点 v_4 的距离为1,从点 v_2 到点 v_4 的距离收敛先后顺序可找出从点 v_2 到点 v_4 的最短路的路径,如点 v_2 到点 v_3 的距离

最先收敛,其次是到点 v_5 的距离收敛,再次是到点 v_6 的距离收敛,最后是到点 v_4 的距离收敛,因此,点 v_2 到点 v_4 的最短路径为 $\{v_2, v_3, v_5, v_6, v_4\}$。

三、最小树问题

1. 引例

例 7.8　某公司管理层决定铺设最先进的光纤网络,为它的主要中心之间提供高速通信通道。图 7-10 中的节点显示了该公司的主要中心(包括总部、巨型计算机、研究区、生产配送中心等)的分布图,虚线是铺设纤维光缆可能的位置,每条虚线旁边的数字表示如果选择在这个位置铺设光纤需要花费的成本(单位:百万元)。

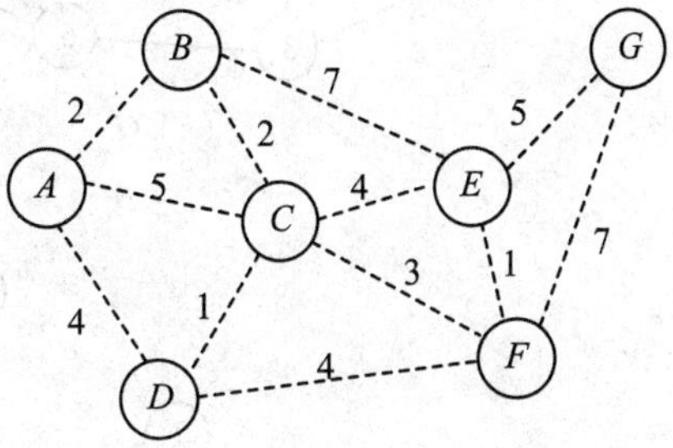

图 7-10

为了充分利用光纤技术在中心之间的高速通信优势,不需要在每两个中心之间都用一条光纤把它们直接联系起来,而是某个中心与网络中的任意一个中心相连,即可接入网络并与网络中的任意中心进行高速的信息交流。现在的问题是要确定铺设哪些光纤既能实现每两个中心之间的高速通信,又使整个铺设成本最低。实际上,这就是一个最小支撑树问题。

2. 树及其性质

树是一个连通但无圈(或回路)的无向图。一般记为 $T = (V, E)$。

设图 T 是一棵顶点数为 n 的树,它具有如下性质:

(1) T 中任意两点均有唯一的路相连。

(2) 若 $n > 1$,则 T 中至少有两个次数为 1 的顶点。

(3) T 的边数 $q(T) = n - 1$

(4) T 中任意两点添加一条边就形成圈;

(5) T 中去掉任一条边,就变成非连通图。

3. 支撑树

对于图 $G = (V, E)$ 和树 $T = (V', E')$,如果 T 是 G 的支撑子图,即有 $V' = V, E' \subseteq E$,则称 T 是 G 的**支撑树**(或**生成树**)。

图 7-11(b) 和图 7-11(c) 便是图 7-11(a) 的两棵支撑树 T_1 和 T_2。

显然,如果图 G 有支撑树,它必然是连通的,因为支撑树是连通的。同样,如果图 G 是连通的,它必然有支撑树。

4. 最小树

设 $T = (V, E')$ 是赋权图 $G = (V, E, W)$ 的一个支撑树。令

$$w(T) = \sum_{e \in E'} w(e)$$

称 $w(T)$ 为 T 的权。G 中权最小的支撑树称为 G 的最小支撑树(简称最小树)。

在图 7-11(a) 中,给各条边赋权如图 7-12 所示。

则图 7-11(b) 所示的树 T_1 的权为 $w(T_1) = 45$, 图 7-11(c) 所示的树 T_2 的权为

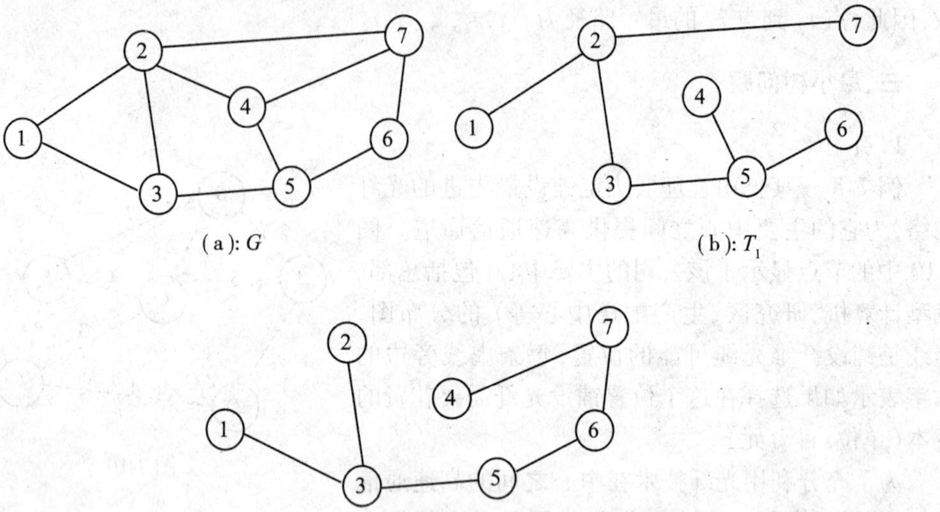

(a): G　　(b): T_1

(c): T_2

图 7-11

$w(T_2)=30$。

显然对于连通图 7-12，有很多支撑树，各树的权也会不同，因此存在权最小的支撑树。

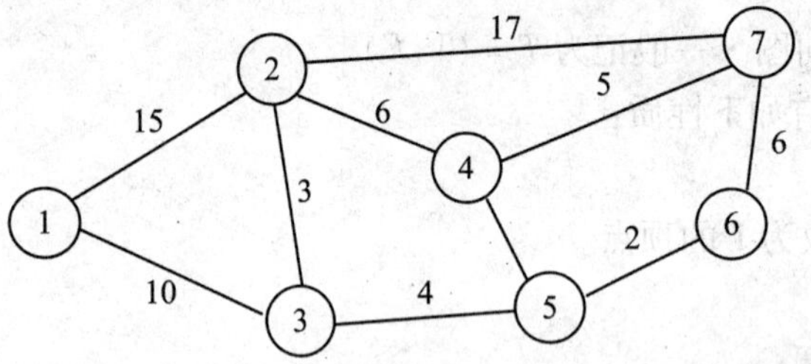

图 7-12

对于一个给定的赋权图 G，如何找出它的一个最小树呢？下面我们就来讨论求一个图的最小树的几种方法。

(1) Kruskal 算法（避圈法）

此算法的基本思想就是：首先从图中选一条权最小的边，然后连续地从未被选取的边中选一条权最小的边，并使其与已选取的边不构成圈（回路），在此过程中，如果有多条边的权最小，则从中任选一条。当所选边的数目等于图的顶点数减 1 时，算法停止。这些边便构成了图的最小树。

Kruskal 算法的具体步骤如下：

第一步：将图的所有边按照权由小到大的顺序排列：

第二步：在第一步的排列中从左到右依次选取一条边 e_i，使其与已选取的边不构成圈，然后转向第三步。

第三步：判断所选的边的数目是否等于 $n-1$（即图的顶点数减 1），如果是，则停止算法，所选边已构成图的最小树；否则转到第二步。

例 7.9　用 Kruskal 算法求例 7.8 所给出的赋权图 7-10 的最小树。

① 选择权最小的边 (C,D) 和 (E,F)，并把相应的节点相连得到图 7-13(a)。

② 选择权次小的边 (A,B) 和 (B,C)，并把相应的节点相连得到图 7-13(b)。

③ 在图 7-13(b) 的基础上，选择权第三小的边(C,F)，并把相应的节点相连且不与图中任何边构成圈，得到图 7-13(c)。

④ 在图 7-13(c) 的基础上，选择权第四小的边(E,G)，并把相应的节点相连且不与图中任何边构成圈，得到图 7-13(d)。

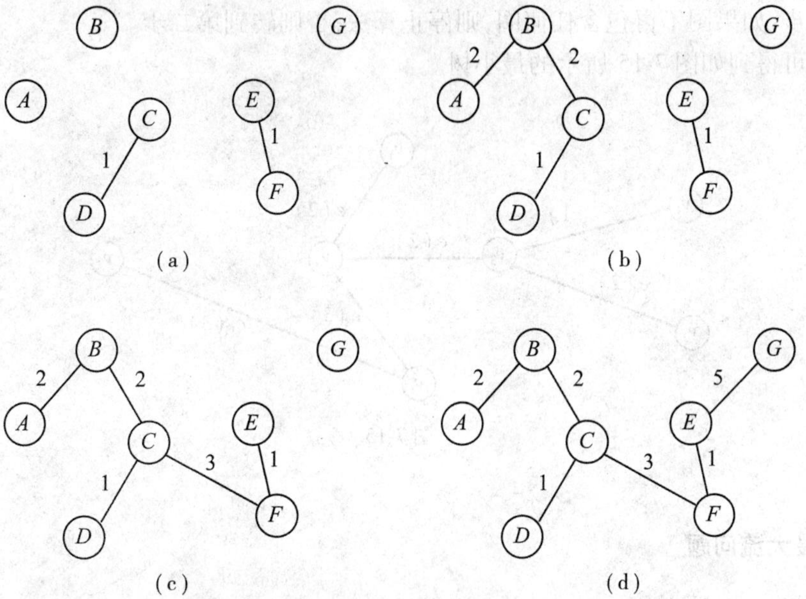

图 7-13

图 7-13(d) 即为图 7-11 的最小支撑树，其权为 14。图 7-13(d) 所代表的方案即为例 7.8 中所要确定的最优光纤网络铺设方案，其最小投资为 1400 万元。

(2) 破圈法

其基本思想是：从图 G 中找到一个圈，将此圈中权最大的边去掉。连续这个过程，直到图不再包含任何圈。此时，图便为最小树。

例 7.10　用破圈法求图 7-14 的最小树。

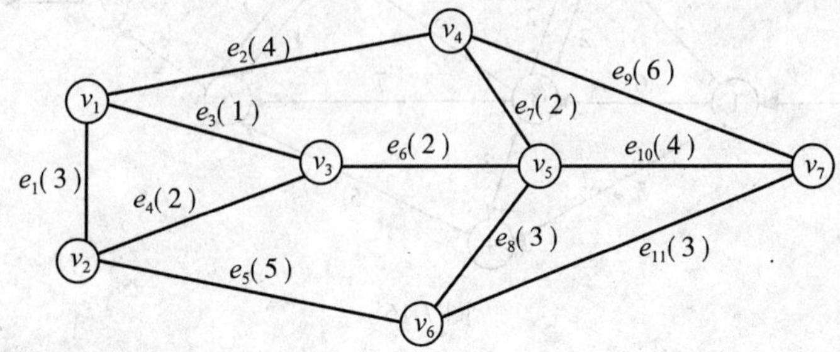

图 7-14

解:步骤如下:

第一步:将图的所有边按照权由大到小的顺序排列:

$\{e_9, e_5, e_{10}, e_2, e_{11}, e_8, e_1, e_7, e_6, e_4, e_3\}$

第二步:从上面的排列中从左到右依次选取一条边 e_i,如果它是图所包含的圈的边,则将其删掉。然后转到第三步。

第三步:如果图不再包含任何圈,则停止算法;否则转到第二步。

这样可得到如图 7-15 所示的最小树。

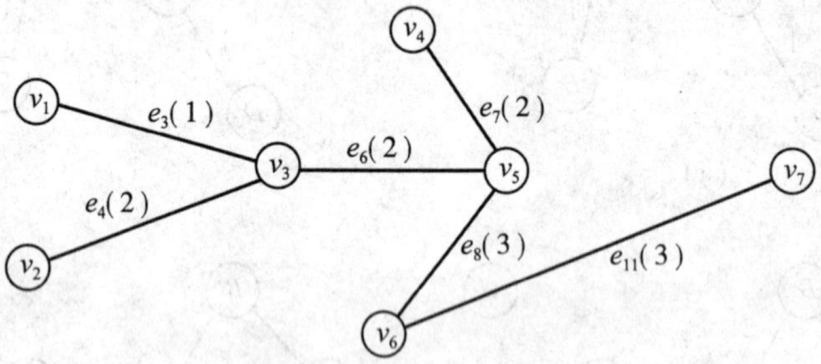

图 7-15

四、最大流问题

1. 引例

例 7.11　某城市高峰时段从南到北的车流量为每小时 15 万辆。由于一项要求临时性关闭车道以及降低时速的夏季公路保养计划,城市交通部门决定启用一个替代线路网络。该替代网络包括高速公路和街道,由于时速限制和交通方式不同,各条线路的最大流量也不同。图 7-16 描述了该替代网络,各条线路用标有方向的弧来表示,弧上的数字为该段线路的最大流量。其中有两个路段可以双向行驶。问:该替代交通网络能否满足高峰时段的车流量?

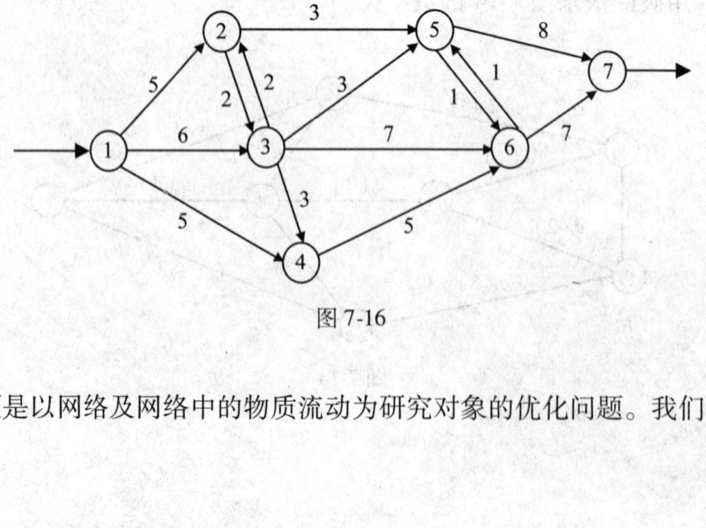

图 7-16

上述问题是以网络及网络中的物质流动为研究对象的优化问题。我们称之为最大流问题。最大流问题是一类典型的组合优化问题。它也可以看做是特殊的线性规划问题。在许多领域,它都有广泛的应用。

2. 网络流

(1) 可行流

设赋权有向图 $D=(V,A)$,D 是连通的。当 D 满足:

① 有且仅有一个顶点 S,它的入度为零,称这个点为**源点**;

② 有且仅有一个顶点 T,它的出度为零,称这个点为**汇点**;

③ 每个弧 a 的权非负,称为**弧容量**,记为 $b(a)$。

则我们称 D 为**有向网络**(简称**网络**),记为 $D=(V,A,B)$。图 7-16 就是一个有向网络。

对网络 $D=(V,A,B)$,设 x_{ij} 是通过弧 (v_i,v_j) 的流量,则满足下面三个条件的一组网络流 $\{x_{ij}\}$ 称为**可行流**。

① 对每一条弧 (v_i,v_j),都有 $0 \leqslant x_{ij} \leqslant b_{ij}$,即弧流量不能超过弧容量;

② 对除源点 S 和汇点 T 之外的所有中间点 v_i 有:$\sum x_{ij} = \sum x_{jk}$,即 j 点流入量之和等于其流出量之和;

③$F = \sum x_{sj} = \sum x_{kt}$,即起始点 S 的流出量及汇点 T 的流出量等于网络总流量,这里,F 为整个网络的总流量。

(2) 增广路

设 (v_i,v_j) 是网络 G 的一条弧,现给出一个可行流,若 $x_{ij} < b_{ij}$,则称此弧为**非饱和弧**;若 $x_{ij}=b_{ij}$,则称为**饱和弧**;若 $x_{ij}>0$,则称为**非零流弧**;若 $x_{ij}=0$,则称为**零流弧**。在图 7-17 中,弧 (v_4,v_7) 是一条饱和弧,其余的弧都是非饱和弧,而所有的弧都是非零流弧。

设 P 是从源点 v_s 到汇点 v_t 的一条路,则与路的方向一致的弧,称为**正向弧**;否则称为**反向弧**。正向弧的集合用 p^+ 表示,反向弧的集合用 p^- 表示。比如图 7-17 中,对路 $P=(v_s,v_4,v_6,v_7,v_t)$,$p^+=\{(v_s,v_4),(v_6,v_7),(v_7,v_t)\}$,$p^-=\{(v_4,v_6)\}$。

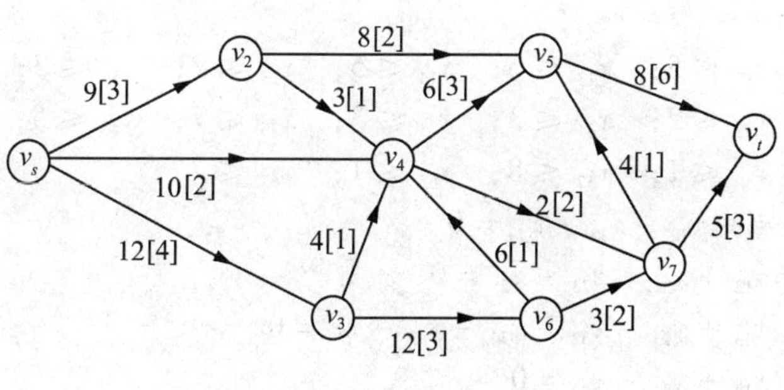

图 7-17

设 P 是从源点 v_s 到汇点 v_t 的一条路,$\boldsymbol{x}=\{x_{ij}\}$ 是一个可行流。如果路 P 上所有的正向弧都是非饱和弧(即 $x_{ij}<b_{ij}$),而所有的反向弧都是非零流弧(即 $x_{ij}>0$),则称路 P 是关于可行流 $\boldsymbol{x}$ 的一条**增广路**,记为 $\boldsymbol{x}-$增广路。图 7-17 中,路 $P=(v_s,v_4,v_6,v_7,v_t)$ 便是一

条增广路。

3. 网络最大流的求解方法

(1) 线性规划算法

设变量 x_{ij} 为从 i 到 j 的流量, F 为网络总流量。

则问题的线性规划模型为：

$$\max \quad z = F$$
$$x_{ij} \leqslant b_{ij}, \qquad (v_i, v_j) \in A$$
$$\sum x_{ij} - \sum x_{jk} = 0, \quad \forall_j$$
$$F - \sum x_{sj} = 0$$
$$\sum x_{kt} - F = 0$$
$$x_{ij} \geqslant 0, F \leqslant 0, \quad (v_i, v_j) \in A$$

例 7.12　用线性规划方法求解图 7-16 中的网络最大流。

解:设变量 x_{ij} 为从节点 i 到节点 j 的流量, F 为网络总流量,变量位置如图 7-18 所示。

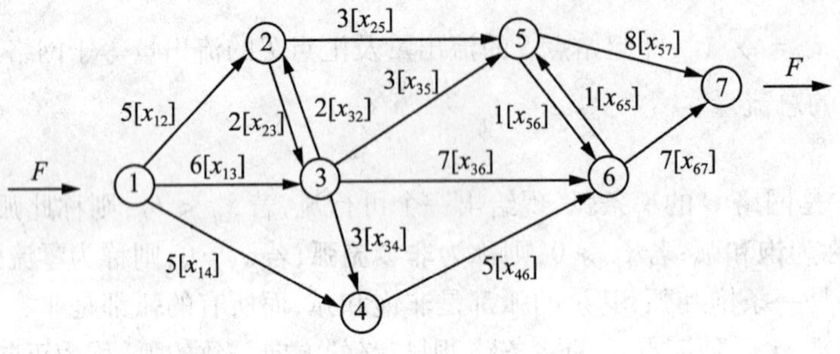

图 7-18

依据图 7-18,建立问题的线性规划模型如下：

$$\max \quad z = F$$
$$x_{12} \leqslant 5; \quad x_{13} \leqslant 6; \quad x_{14} \leqslant 5; \quad x_{23} \leqslant 2; \quad x_{25} \leqslant 3;$$
$$x_{32} \leqslant 2; \quad x_{34} \leqslant 3; \quad x_{35} \leqslant 3; \quad x_{36} \leqslant 7; \quad x_{46} \leqslant 5;$$
$$x_{56} \leqslant 1; \quad x_{57} \leqslant 8; \quad x_{65} \leqslant 1; \quad x_{67} \leqslant 7;$$
$$F - x_{12} - x_{13} - x_{14} = 0$$
$$x_{12} + x_{32} - x_{23} - x_{25} = 0$$
$$x_{13} + x_{23} - x_{32} - x_{34} - x_{35} - x_{36} = 0$$
$$x_{14} + x_{34} - x_{46} = 0$$
$$x_{25} + x_{35} + x_{65} - x_{56} - x_{57} = 0$$
$$x_{36} + x_{46} + x_{56} - x_{65} - x_{67} = 0$$
$$x_{57} + x_{67} - F = 0$$
$$x_{ij} \geqslant 0, F \geqslant 0, \forall i, j$$

问题的求解结果如下：

$F = 14$

$x_{12} = 3$；　$x_{13} = 6$；　$x_{14} = 5$；　$x_{23} = 0$；　$x_{25} = 3$；　$x_{32} = 0$；　$x_{34} = 0$；　$x_{35} = 3$；

$x_{36} = 3$；　$x_{46} = 5$；　$x_{56} = 0$；　$x_{57} = 7$；　$x_{65} = 1$；　$x_{67} = 7$；

具体的最大流如图 7-19 所示。

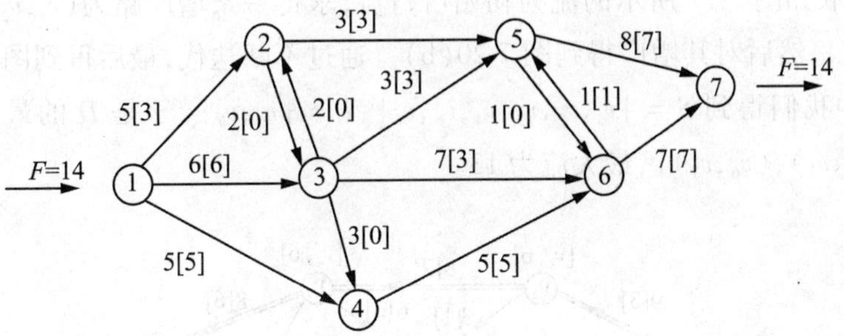

图 7-19

(2)Ford-Fulkerson 算法

定理 7.1　网络 D 的一个可行流 $\boldsymbol{x}$ 是最大流的充要条件是在 D 中不存在 $\boldsymbol{x}$ - 增广路。

依据定理7.1，Ford 和 Fulkerson 提出了一种网络最大流的算法。其基本思想是：从网络 D 的任一个可行流 $\boldsymbol{x}$ 出发，在 D 中找到一条 $\boldsymbol{x}$ - 增广路 P，并对可行流 $\boldsymbol{x}$ 进行增广，即在增广路 P 上增加流量，然后从 D 中找到一条 $\boldsymbol{x}$ - 增广路 P_1，再对 $\boldsymbol{x}$ 进行增广。就这样连续进行下去，直到在 D 中找不到 $\boldsymbol{x}$ - 增广路为止，于是便得到了 D 的最大流 $\boldsymbol{x}$。

算法的具体步骤如下：

第一步：任取 D 的一个初始的可行流。

第二步：寻找从源点 v_s 到 v_t 的 $\boldsymbol{x}$ - 增广路。我们通过标号来寻找 $\boldsymbol{x}$ - 增广路。

(1) 首先给源点 v_s 标号 $[0, \infty]$，此时 v_s 是已标号而未检查的。

(2) 如果所有标号的点已经检查，且汇点 v_t 没有标号，则停止算法（此时便得到了最大流 $\boldsymbol{x}$，取 S 为所有标号点的集合，则 $(S, \bar{S})$ 就为最小割）；否则转向(3)。

(3) 选择一个标号而未检查的顶点 v_i，对 v_i 所有未标号的邻接点 v_j，用以下规则处理：

① 如果弧 (v_i, v_j) 为正向弧，而且是非饱和弧，即 $x_{ij} < b_{ij}$ 时，则给点 v_j 标号 $[v_i, \delta(v_j)]$，其中 $\delta(v_j) = \min\{b_{ij} - x_{ij}, \delta(v_i)\}$。

② 如果弧 (v_i, v_j) 是反向弧，而且是非零流弧，即 $x_{ij} > 0$ 时，则给点 v_j 标号 $[-v_i, \delta(v_j)]$，其中 $\delta(v_j) = \min\{x_{ij}, \delta(v_i)\}$。

经过处理后，v_i 就成为检查过的点，而 v_j 就成为标号而未检查过的点。

(4) 如果汇点 v_t 已被标号，则转向第三步。否则转向(2)。

第三步：从汇点 v_t 开始，按照标号第一个元素所表明的顺序反向找到增广路 P。现对可行流 $\boldsymbol{x}$ 进行增广：从汇点 v_t 开始，反向对增广路 P 上的弧 (v_i, v_j) 的流量 x_{ij} 进行调整，调整的数量就是汇点 v_t 的标号的第二个元素 δ。调整规则如下：

$$x_{ij}=\begin{cases}x_{ij}+\delta, 当弧(v_i,v_j)是P上的正向弧\\x_{ij}-\delta, 当弧(v_i,v_j)是P上的反向弧\end{cases}$$

对 x 增广之后，抹去所有标号，转向第二步。

例 7.13　用 Ford-Fulkerson 算法求解图 7-17 所示网络的最大流。

解：我们取如图 7-17 所示的流为初始可行流，求得一条增广路为 (v_s,v_2,v_5,v_t)（如图 7-20(a) 所示），然后对其增广得到图 7-20(b)。通过不断迭代，最后得到图 7-20(c)。从图 7-20(c) 中我们得到 $S=\{v_s,v_2,v_3,v_4,v_5,v_6\}$，$T=\{v_6,v_7\}$，于是 D 的最小割 $(S,T)=\{(v_5,v_t),(v_4,v_7),(v_6,v_7)\}$，最大流为 13。

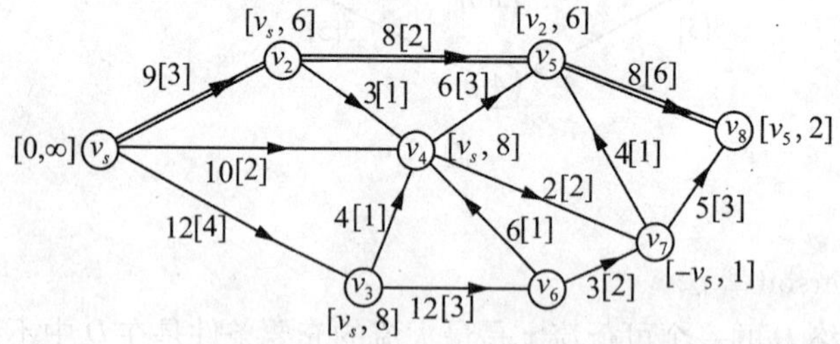

(a) 标号

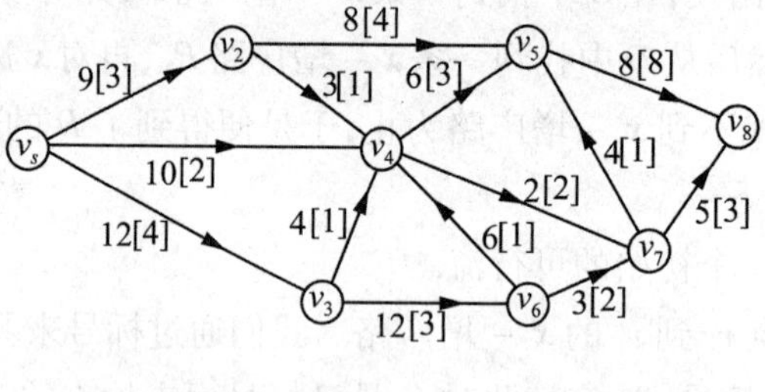

(b) 增广

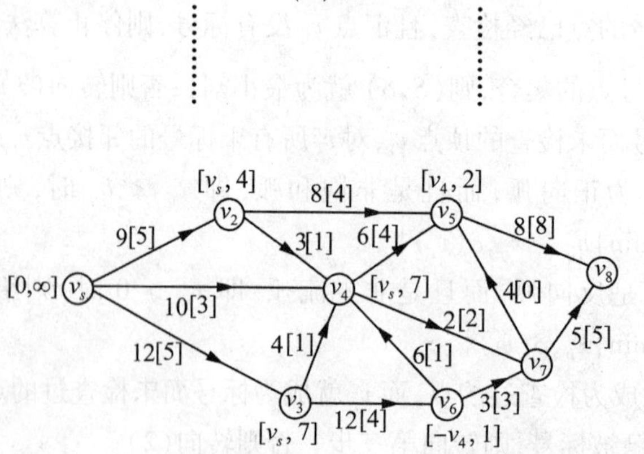

(c) 标号

图 7-20

Ford-Fulkerson 算法在寻找增广路时具有任意性，这样就造成算法的收敛速度的不确定性。其实可以在寻找增广路的迭代中加一些限制，比如对先标号的点先进行检查。这样会加快寻找增广路的速度。

4. 最小费用最大流问题

有时网络的弧不仅给出容量，还给出单位流量的费用，求一可行流，满足流量达到一个固定数使总费用最小；如果一个问题要求满足流量达到最大使总费用最小，则为最小费用最大流问题。

一般的，设网络 $D=(V,A,B)$，对其每一条弧 (v_i,v_j) 不仅给定弧容量 b_{ij}，而且给定弧的单位流量的费用 c_{ij}，**最小费用最大流问题**就是：求从源点 v_s 到汇点 v_t 的最大流 $\boldsymbol{x}$，使其满足总费用 $R(\boldsymbol{x})=\sum c_{ij}x_{ij}$ 最小。

例 7.14　图 7-21 给出了一个运输网络，各弧上标有两个数字，第一个数字为容量，第二个数字为单位流量费用；

(1) 求总流量为 20 的最小费用流；

(2) 求最大流量的最小费用流。

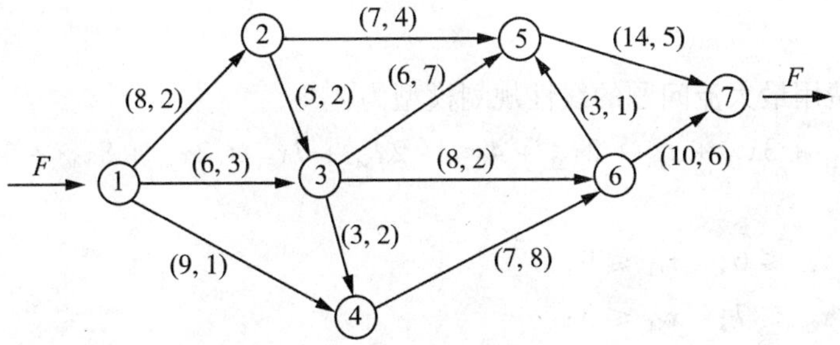

图 7-21

解：(1) 总流量为 20 时问题的线性规划模型为：

$$\min \quad 2x_{11}+3x_{13}+x_{14}+2x_{23}+4x_{25}+2x_{34}+7x_{35}+2x_{36}+8x_{46}+5x_{57}+x_{65}+6x_{67}$$

$x_{12}\leqslant 8$；　$x_{13}\leqslant 6$；　$x_{14}\leqslant 9$；

$x_{23}\leqslant 5$；　$x_{25}\leqslant 7$；　$x_{34}\leqslant 3$；

$x_{35}\leqslant 6$；　$x_{36}\leqslant 8$；　$x_{46}\leqslant 7$；

$x_{57}\leqslant 14$；　$x_{65}\leqslant 1$；　$x_{67}\leqslant 10$；

$F-x_{12}-x_{13}-x_{14}=0$

$x_{12}-x_{23}-x_{25}=0$

$x_{13}+x_{23}-x_{34}-x_{35}-x_{36}=0$

$x_{14}+x_{34}-x_{46}=0$

$x_{25}+x_{35}+x_{65}-x_{57}=0$

$x_{36}+x_{46}-x_{65}-x_{67}=0$

$x_{57} + x_{67} - F = 0$

$F = 20$

$x_{ij} \geqslant 0$

模型的求解结果如下：

$x_{12} = 8$；　$x_{13} = 6$；　$x_{14} = 6$；　$x_{23} = 1$；　$x_{25} = 7$；　$x_{34} = 0$；

$x_{35} = 2$；　$x_{36} = 5$；　$x_{46} = 6$；　$x_{57} = 10$；　$x_{65} = 1$；　$x_{67} = 10$；

最小费用为253，具体网络流如图7-22所示，[　]中数字为实际流量。

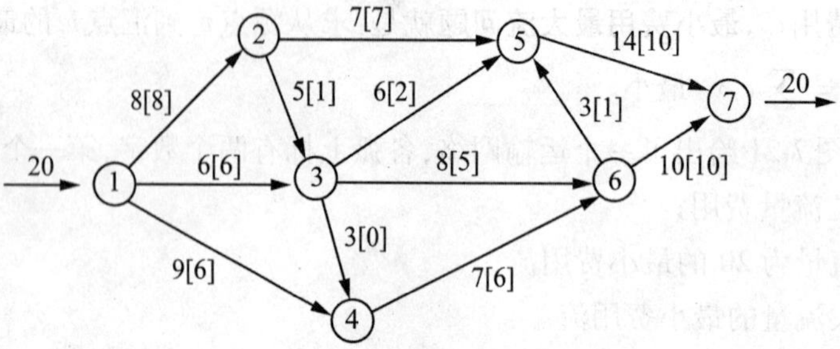

图 7-22

（2）最小费用最大流问题的线性规划模型为：

$\min z = 2x_{11} + 3x_{13} + x_{14} + 2x_{23} + 4x_{25} + 2x_{34} + 7x_{35} + 2x_{36} + 8x_{46} + 5x_{57} + x_{65} + 6x_{67} - 10000F$

$x_{12} \leqslant 8$；　$x_{13} \leqslant 6$；　$x_{14} \leqslant 9$；

$x_{23} \leqslant 5$；　$x_{25} \leqslant 7$；　$x_{34} \leqslant 3$；

$x_{35} \leqslant 6$；　$x_{36} \leqslant 8$；　$x_{46} \leqslant 7$；

$x_{57} \leqslant 14$；　$x_{65} \leqslant 1$；　$x_{67} \leqslant 10$；

$F - x_{12} - x_{13} - x_{14} = 0$

$x_{12} - x_{23} - x_{25} = 0$

$x_{13} + x_{23} - x_{34} - x_{35} - x_{36} = 0$

$x_{14} + x_{34} - x_{46} = 0$

$x_{25} + x_{35} + x_{65} - x_{57} = 0$

$x_{36} + x_{46} - x_{65} - x_{67} = 0$

$x_{57} + x_{67} - F = 0$

$x_{ij} \geqslant 0, F \geqslant 0$

模型的求解结果如下：

$x_{12} = 8$；　$x_{13} = 6$；　$x_{14} = 7$；　$x_{23} = 1$；　$x_{25} = 7$；　$x_{34} = 0$；

$x_{35} = 3$；　$x_{36} = 4$；　$x_{46} = 7$；　$x_{57} = 11$；　$x_{65} = 1$；　$x_{67} = 10$；

$F = 21$　$z = 272$

即,问题的最大流为 21,最小费用为 272,最小费用最大流如图 7-23 所示。

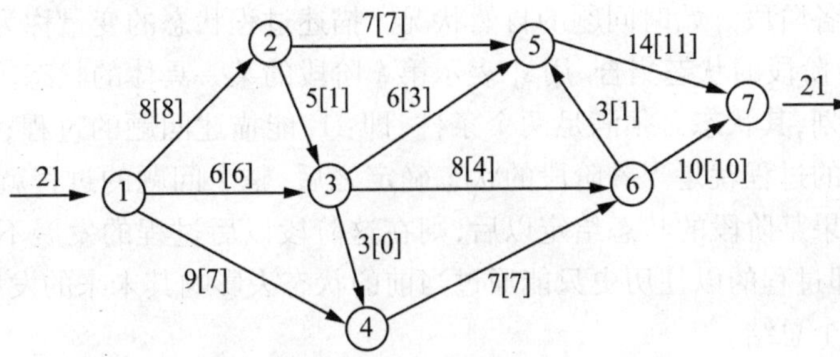

图 7-23

第三节　动态规划与经典组合优化问题

动态规划是 1951 年由美国学者 R. Bellman 等人在解决所谓多阶段决策问题时提出的一种优化方法。该方法在进行多阶段决策时,先将问题变换成一系列相互联系的单阶段问题,当解决了这一系列单阶段问题之后,在“最优性原理”的基础上,就可以解决整个多阶段决策问题。许多问题用动态规划方法解决,比其他常用方法如线性规划或非线性规划等方法更为有效。特别是对于离散的问题,当目标函数或约束条件难以用解析的方式表达时,动态规划方法就成为非常有效的工具。对于经典的组合优化问题如旅行商问题和背包问题,当问题规模不大时,动态规划也是一种较好的求解方法。

一、多阶段决策过程

在生产决策中,若某一活动过程可以分为若干相互联系的阶段,每一阶段都需要作出决策,从而使整个过程达到最好的活动效果。其中,各阶段的决策不是任意的,它依赖于当前的状态,又影响以后的发展,当各阶段决策确定之后,就构成了一个决策序列,因而就决定了整个过程的一个活动路线。这种把一个问题看做是一个前后关联具有链状结构的多阶段过程(如图 7-24 所示)就称为**多阶段决策过程**,这种问题就称为**多阶段决策问题**。

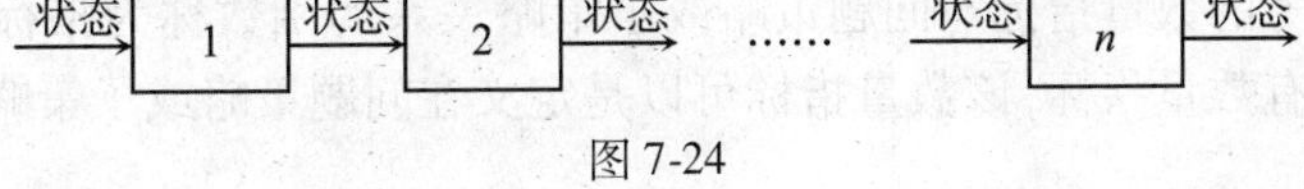

图 7-24

二、动态规划的基本概念

1. 阶段

对于多阶段决策问题,按问题的特点可将其划分为若干个相互联系的阶段,阶段就是问题所处的地段或时段。描述阶段的变量称为阶段变量,通常用 k 表示。

2. 状态

状态就是在各阶段开始时问题的自然状况。描述过程状态的变量称为状态变量。通常用 S_k 表示第 k 阶段的状态集合,用 s_k 表示第 k 阶段的某一具体的状态。

对于动态规划,其状态必须满足两个条件,即:① 能描述问题的过程;② 无后效性。所谓能描述问题的过程就是当各阶段的状态确定之后,整个问题的过程就已确定。所谓无后效性是指如果某阶段的状态给定以后,则在这阶段以后过程的发展不受这阶段以前各状态的影响,即过程的以往历史只能通过当前的状态去影响其未来的发展,当前的状态是以往历史的一个总结。

3. 决策

决策表示当过程处于某一阶段的某一状态时,为确定下一阶段的某一状态所作出的决定或者选择。描述决策的变量称为**决策变量**。通常用 $u_k(s_k)$ 表示第 k 阶段在状态为 s_k 时所作出的决策,用 $D_k(s_k)$ 表示第 k 阶段在状态为 s_k 时所有可行决策构成的决策集合,显然有 $u_k(s_k) \in D_k(s_k)$。

4. 状态转移方程

描述相邻两阶段状态与决策相互关系的方程称为**状态转移方程**。对于不同的问题,这种关系的形式是不同的,对于某一具体问题,状态转移方程的形式一般也是确定的。状态转移方程的一般形式可描述为 $s_{k+1} = T_k(s_k, u_k)$,它描述了由 k 阶段到 $k+1$ 阶段的状态转移规律,T_k 称为状态转移函数。

5. 策略

对于 n 阶段决策问题,从初始状态出发到终段状态的全过程中,每阶段的决策 $u_k(s_k)(k = 1,2,\cdots,n)$ 所构成的决策序列称为一个**整体策略**,简称**策略**。记为:

$$p_{1,n}(s_1) = \{u_1(s_1), u_2(s_2), \cdots, u_n(s_n)\}$$

另外,称下式所描述的为**后部 k 段子策略**

$$p_{k,n}(s_k) = \{u_k(s_k), u_{k+1}(s_{k+1}), \cdots, u_n(s_n)\}$$

称下式所描述的为**前部 k 段子策略**

$$p_{1,k}(s_1) = \{u_1(s_1), u_1(s_1), \cdots, u_k(s_k)\}$$

在实际问题中,可供选择的策略有一定的范围,此范围称为**允许策略集合**,用 P 表示。允许策略集合中使问题达到最优效果的策略称为**最优策略**。

6. 指标函数

描述问题优劣的数量指标与问题策略或子策略关系的函数称为**指标函数**。即,衡量问题的优劣必须有数量指标,该数量指标可以是定义在问题策略或子策略上的函数,通常用 $V_{k,n}$ 表示。即

$$V_{k,n} = V_{k,n}(p_{k,n}(s_k)), \quad k = 1,2,\cdots,n$$

对于动态规划模型来说,指标函数应满足可分离性,即可以描述成 $s_k, u_k, V_{k+1,n}$ 的函数。记为

$$V_{k,n}(p_{k,n}(s_k)) = \varphi_k[s_k, u_k, V_{k+1,n}(p_{k+1,n}(s_{k+1}))]$$

动态规划的指标函数一般有如下两种基本形式:

① 阶段指标和的形式,即过程或子过程的指标为各阶段指标的和,用公式描述如下

$$V_{k,n}(p_{k,n}(s_k)) = \sum_{j=k}^{n} v_j(s_j, u_j)$$

其中,$v_j(s_j, u_j)$ 表示 j 阶段在状态为 s_j 时作出决策 u_j 的指标,即所谓的**阶段指标**。显然,这种形式还可以描述成

$$\begin{aligned} V_{k,n}(p_{k,n}(s_k)) &= v_k(s_k, u_k) + \sum_{j=k+1}^{n} v_j(s_j, u_j) \\ &= v_k(s_k, u_k) + V_{k+1,n}(p_{k+1,n}(s_{k+1})) \end{aligned}$$

即满足指标函数的可分离性。

② 阶段指标积的形式,即过程或子过程的指标为各阶段指标的积,用公式描述如下

$$V_{k,n}(p_{k,n}(s_k)) = \prod_{j=k}^{n} v_j(s_j, u_j)$$

显然,这种形式的指标函数也满足可分离性,即

$$\begin{aligned} V_{k,n}(p_{k,n}(s_k)) &= v_k(s_k, u_k) \times \prod_{j=k+1}^{n} v_j(s_j, u_j) \\ &= v_k(s_k, u_k) \times V_{k+1,n}(p_{k+1,n}(s_{k+1})) \end{aligned}$$

由于指标函数是子策略的函数,因此当采取不同的子策略时,就会得到不同的指标函数值,且必有一个是最优的指标函数值,该值就称为**最优指标值**,通常用 $f_k(s_k)$ 表示。由于最优指标值是采取最优策略所得到的,因此最优指标值可用如下公式描述,即

$$f_k(s_k) = \underset{p_{k,n} \in P_{k,n}(s_k)}{\text{opt}} V_{k,n}(p_{k,n}(s_k)) = V_{k,n}(p^*_{k,n}(s_k))$$

其中:"opt" 是最优化(optimization)的缩写,可根据题意取 min 或 max;$P_{k,n}(s_k)$ 为第 k 阶段在状态为 s_k 时所有可行策略构成的集合;$p^*_{k,n}(s_k)$ 为第 k 阶段在状态为 s_k 时的最优策略。

三、动态规划的最优性原理

定理 7.2 (最优性定理)　对于阶段数为 n 的多阶段决策过程,设其阶段编号为 $k = 1, 2, \cdots, n$,则允许策略 $p^*_{1,n} = \{u^*_1, u^*_2, \cdots, u^*_n\}$ 是最优策略的充要条件是对任意 $k(0 < k < n)$ 和初始状态变量 $s_1 \in S_1$,有

$$V_{1,n}(s_1, p^*_{1,n}) = \underset{p_{1,k-1} \in P_{1,k-1}(s_1)}{\text{opt}} \{V_{1,k-1}(s_1, p_{1,k-1})\} + \underset{p_{k,n} \in P_{k,n}(s_k)}{\text{opt}} \{V_{k,n}(\bar{s}_k, p_{k,n})\} \quad (7\text{-}5)$$

其中,$p_{1,n} = (p_{1,k-1}, p_{k,n})$,$\bar{s}_k = T_{k-1}(s_{k-1}, u_{k-1})$ 表示由 s_1 和 $p_{1,k-1}$ 所确定的第 k 阶段的状态。

证明:(1) 必要性。设 $p^*_{1,n}$ 是最优策略,则

$$\begin{aligned} V_{1,n}(s_1, p^*_{1,n}) &= \underset{p_{1,n} \in P_{1,n}(s_1)}{\text{opt}} V_{1,n}(s_1, p_{1,n}) \\ &= \underset{p_{1,n} \in P_{1,n}(s_1)}{\text{opt}} \{V_{1,k-1}(s_1, p_{1,k-1}) + V_{k,n}(\bar{s}_k, p_{k,n})\} \end{aligned}$$

但对于从 k 至 n 阶段的子过程而言,它的总指标取决于过程的起点 $\bar{s}_k = T_{k-1}(s_{k-1}, u_{k-1})$ 和子策略 $p_{k,n}$。而这个起点 $\bar{s}_k$ 是由前一段子过程在子策略 $p_{1,k-1}$ 下确定的。因此,在策略集合 $P_{1,n}$ 上求最优解,就等价于先在子策略集合 $P_{k,n}(\bar{s}_k)$ 上求最优解,然后再求这些

最优解在子策略集合 $P_{1,k-1}(s_1)$ 上的最优解,因此上式可写成

$$V_{1,n}(s_1,p_{1,n}^*)=\underset{p_{1,k-1}\in P_{1,k-1}(s_1)}{\text{opt}}\left\{\underset{p_{k,n}\in P_{k,n}(s_k)}{\text{opt}}\left[V_{1,k-1}(s_1,p_{1,k-1})+V_{k,n}(\bar{s}_k,p_{k,n})\right]\right\}$$

即

$$V_{1,n}(s_1,p_{1,n}^*)=\underset{p_{1,k-1}\in P_{1,k-1}(s_1)}{\text{opt}}\left\{V_{1,k-1}(s_1,p_{1,k-1})\right\}+\underset{p_{k,n}\in P_{k,n}(\bar{s}_k)}{\text{opt}}\left\{V_{k,n}(\bar{s}_k,p_{k,n})\right\}$$

(2)充分性。设 $p_{1,n}=(p_{1,k-1},p_{k,n})$ 为任意策略,$\bar{s}_k$ 为由 s_1 和 $p_{1,k-1}$ 所确定的 k 阶段的状态,则有

$$V_{k,n}(\bar{s}_k,p_{k,n})<=\underset{p_{k,n}\in P_{k,n}(\bar{s}_k)}{\text{opt}}\left\{V_{k,n}(\bar{s}_k,p_{k,n})\right\}$$

其中,"<="的含义是:当 opt 表示 max 时,就表示"≤",当 opt 表示 min 时就表示"≥"。因此,由式(7-5)可得

$$\begin{aligned}V_{1,n}(s_1,p_{1,n})&=V_{1,k-1}(s_1,p_{1,k-1})+V_{k,n}(\bar{s}_k,p_{k,n})\\&<=V_{1,k-1}(s_1,p_{1,k-1})+\underset{p_{k,n}\in P_{k,n}(\bar{s}_k)}{\text{opt}}V_{k,n}(\bar{s}_k,p_{k,n})\\&<=\underset{p_{1,k-1}\in P_{1,k-1}(s_1)}{\text{opt}}\left\{V_{1,k-1}(s_1,p_{1,k-1})+\underset{p_{k,n}\in P_{k,n}(\bar{s}_k)}{\text{opt}}V_{k,n}(\bar{s}_k,p_{k,n})\right\}\\&=V_{1,n}(s_1,p_{1,n}^*)\end{aligned}$$

故只要 $p_{1,n}^*$ 使式(7-5)成立,则对于任意策略,都有

$$V_{1,n}(s_1,p_{1,n})<=V_{1,n}(s_1,p_{1,n}^*)$$

故 $p_{1,n}^*$ 是最优策略。证毕。

推论 7.1(最优性定理)　若允许策略 $p_{1,n}^*$ 是最优策略,则对任意的 k,$1<k<n$,它的子策略 $p_{k,n}^*$ 对于以 $s_k^*=T_{k-1}(s_{k-1}^*,u_{k-1}^*)$ 为起点的 k 到 n 子过程来说,必是最优解。简言之,一个最优策略的子策略总是最优的(注意:k 阶段的状态 s_k^* 是由 s_1 和 $p_{1,k-1}^*$ 所确定的)。

证明:反证法。若 $p_{k,n}^*$ 不是最优策略,则有

$$V_{k,n}(s_k^*,p_{k,n}^*)<\underset{p_{k,n}\in P_{k,n}(s_k^*)}{\text{opt}}V_{k,n}(s_k^*,p_{k,n})$$

其中,"<"的含义是:当 opt 表示 max 时,就表示"<",当 opt 表示 min 时就表示">"。因此

$$\begin{aligned}V_{1,n}(s_1,p_{1,n}^*)&=V_{1,k-1}(s_1,p_{1,k-1}^*)+V_{k,n}(s_k^*,p_{k,n}^*)\\&<V_{1,k-1}(s_1,p_{1,k-1}^*)+\underset{p_{k,n}\in P_{k,n}(s_k^*)}{\text{opt}}V_{k,n}(s_k^*,p_{k,n})\\&<\underset{p_{1,k-1}\in P_{1,k-1}(s_1)}{\text{opt}}\left\{V_{1,k-1}(s_1,p_{1,k-1})+\underset{p_{k,n}\in P_{k,n}(\bar{s}_k)}{\text{opt}}V_{k,n}(\bar{s}_k,p_{k,n})\right\}\end{aligned}$$

故与最优性定理的必要性相矛盾。证毕。

四、动态规划基本方程

根据上述动态规划原理,可得出 n 阶段决策问题的递推关系式,即动态规划基本方程。

对于指标函数为阶段指标和的形式的问题,其动态规划方程形式为:

$$\begin{cases} f_k(s_k) = \underset{u_k \in D_k(s_k)}{\text{opt}} \{v_k(s_k, u_k) + f_{k+1}(s_{k+1})\}, & k = n, n-1, \cdots, 1 \\ f_{n+1}(s_{n+1}) = 0 \end{cases}$$

对于指标函数为阶段指标积的形式的问题，其动态规划方程形式为：

$$\begin{cases} f_k(s_k) = \underset{u_k \in D_k(s_k)}{\text{opt}} \{v_k(s_k, u_k) \times f_{k+1}(s_{k+1})\}, & k = n, n-1, \cdots, 1 \\ f_{n+1}(s_{n+1}) = 1 \end{cases}$$

从上述基本概念和基本方程可归纳出动态规划的基本思想：

① 动态规划方法的关键在于正确地写出基本的递推关系式(基本方程)。要做到这一点，必须首先将问题的过程划分成若干个相互联系的阶段，正确地选择问题的状态变量和决策变量以及定义指标函数的具体形式，从而将一个大问题转化成一簇同类型的子问题，然后逐个求解。即从问题的边界条件开始，逐段递推寻优，在每一个子问题的求解中，均利用它前面的子问题的优化结果，依次进行，最后一个子问题所得到的最优解就是整个问题的最优解。

② 在多阶段决策过程中，动态规划方法是既把当前一段和未来各段分开，又把当前效益和未来效益结合起来考虑的一种最优化方法。因此，每段决策的选取是从全局来考虑的，与该段的最优选择答案一般是不同的。

③ 在求整个问题的最优策略时，由于初始状态是已知的，而每段的决策都是该段状态的函数，故最优策略所经过的各段状态便可逐次变换得到，从而确定了最优路线。

五、动态规划方法解题步骤

若要用动态规划方法求解多阶段决策问题，首先需将问题按动态规划模式的要求进行改造，以适合用动态规划方法求解。具体分为以下三大步。

1. 建立问题的动态规划模型

包括划分阶段、选择问题的状态变量与决策变量、写出状态转移方程、描述问题的指标函数、列出问题的动态规划方程。

2. 递推计算

即按第一步所描述的动态规划方程分阶段逐一计算，若问题是离散的，则每阶段的每一个状态都要计算。

3. 寻找最优策略

以第二步递推计算的结果为基础，以状态转移方程为纽带，按与递推计算相反的方向寻找最优策略。

六、动态规划方法与旅行商问题

1. 旅行商问题(TSP 问题)

旅行商问题又称货郎担问题，是一个经典的组合优化问题。其一般性的描述为：设有 n 个城市，分别用 $1, 2, \cdots, n$ 表示。D_{ij} 表示从 i 城市到 j 城市的距离，一个推销员从城市 1 出发到每个城市去一次且仅一次，然后回到原来的城市 1。问他如何选择行走路线，使总的路程最短。

2. 旅行商问题的动态规划算法

旅行商问题是一个NP难题，除非P = NP，否则不存在有效算法。早在20世纪50年代开始就有人对它展开了研究，学者们一直尝试用各种方法求解TSP问题，精确的求解方法有分支定界法、动态规划法、整数规划法等。但精确的求解方法随着问题规模的增长其计算量呈指数增长，于是学者们开始探索用近似求解方法求解TSP问题，这些近似的算法有启发式算法、遗传算法、禁忌搜索、模拟退火、神经网络、蚂蚁算法、LKH算法等，其中由Lin-Kernighan提出的区域搜索算法（简称LKH算法）被认为是当前最好的近似算法。通常情况下，当 n 不大时，动态规划不失为一种不错的精确算法。

定理7.3　TSP问题满足动态规划最优性原理。

证明：设 $s,s_1,s_2,\cdots,s_p,s$ 是从 s 出发的一条总长最短的简单回路，假设从 s 到下一个城市 s_1 的最短路已经求出，则问题转化为求从 s_1 到 s 的最短路，显然 $s_1,s_2,\cdots,s_p,s$ 一定构成一条从 s_1 到 s 的最短路径。若不然，设 $s_1,r_1,r_2,\cdots,r_p,s$ 是一条从 s_1 到 s 的最短路径且经过 $n-1$ 个不同的城市，则 $s,s_1,r_1,r_2,\cdots,r_p,s$ 将是一条从 s 出发的一条总长最短的简单回路，且比 $s,s_1,s_2,\cdots,s_p,s$ 还要短，从而导致矛盾。因此，TSP问题满足动态规划最优性原理。

TSP问题的动态规划模型如下：

规定推销员是从城市1开始的，设推销员走到 i 城市，记

$N_i=\{2,3,\cdots,i-1,i+1,\cdots,n\}$ 表示由1城市到 i 城市的中间城市集合。

S 表示到达 i 城市之前中途经过的城市的集合，显然有 $S\subseteq N_i$。

因此，问题的状态变量为 (i,S)，决策变量为一个城市走到另一个城市，并定义最优目标函数为 $f_k(i,S)$，表示从城市1开始经由 k 个中间城市组成的 S 集到 i 城市的最短路的距离，这样问题的动态规划递推关系为

$$\begin{cases} f_k(i,S)=\min\limits_{j\in S}\{f_{k-1}(j,S\setminus\{j\})+d_{ji}\} \\ k=1,2,\cdots,n-1,i=2,3,\cdots,n,S\subseteq N_i \\ f_0(i,\varphi)=d_{1i} \end{cases}$$

$P_k(i,S)$ 为最优决策函数，表示从城市1开始经过 k 个中间城市组成的 S 集到 i 城市的最短路线上紧挨着 i 城市的那个城市。

例7.15　求四个城市的旅行商问题，其距离矩阵如下。

$$\boldsymbol{D}=\begin{pmatrix} 0 & 3 & 6 & 7 \\ 5 & 0 & 2 & 3 \\ 6 & 4 & 0 & 2 \\ 3 & 7 & 5 & 0 \end{pmatrix}$$

推销员从城市1出发，经过每个城市一次且仅一次，最后回到城市1，问按怎样的路线走，总的行程距离最短？

解：由边界条件可知

$$f_0(2,\varphi)=d_{12}=3,f_0(3,\varphi)=d_{13}=6,f_0(4,\varphi)=d_{14}=7$$

当 $k=1$ 时，即从城市1开始，中间经过一个城市到达 i 城市的最短距离为：

$$f_1(2,\{3\}) = \min\{f_0(3,\varphi) + d_{32}\} = 6 + 4 = 10$$

$$f_1(2,\{4\}) = \min\{f_0(4,\varphi) + d_{42}\} = 7 + 7 = 14$$

$$f_1(3,\{2\}) = \min\{f_0(2,\varphi) + d_{23}\} = 3 + 2 = 5$$

$$f_1(3,\{4\}) = \min\{f_0(4,\varphi) + d_{43}\} = 7 + 5 = 12$$

$$f_1(4,\{2\}) = \min\{f_0(2,\varphi) + d_{24}\} = 3 + 3 = 6$$

$$f_1(4,\{3\}) = \min\{f_0(3,\varphi) + d_{34}\} = 6 + 2 = 8$$

当 $k=2$ 时,即从城市 1 开始,中间经过 2 个城市(顺序为任意)到达 i 城市的最短距离为:

$$\begin{aligned} f_2(2,\{3,4\}) &= \min\{f_1(3,\{4\}) + d_{32}, f_1(4,\{3\}) + d_{42}\} \\ &= \min\{12 + 4, 8 + 7\} = 15, \quad P_2(2,\{3,4\}) = 4 \\ f_2(3,\{2,4\}) &= \min\{f_1(2,\{4\}) + d_{23}, f_1(4,\{2\}) + d_{43}\} \\ &= \min\{14 + 2, 8 + 5\} = 13, \quad P_2(3,\{2,4\}) = 4 \\ f_2(4,\{2,3\}) &= \min\{f_1(3,\{2\}) + d_{34}, f_1(2,\{3\}) + d_{24}\} \\ &= \min\{5 + 2, 10 + 3\} = 7, \quad P_2(4,\{2,3\}) = 3 \end{aligned}$$

当 $k=3$ 时,即从城市 1 开始,中间经过 3 个城市到达 i 城市的最短距离为:

$$\begin{aligned} f_3(1,\{2,3,4\}) &= \min\{f_2(2,\{3,4\}) + d_{21}, f_2(3,\{2,4\}) + d_{31}, f_2(4,\{2,3\}) + d_{41}\} \\ &= \min\{15 + 5, 13 + 6, 7 + 3\} = 10, \quad P_3(1,\{2,3,4\}) = 4 \end{aligned}$$

从上述计算可知,推销员的最短推销路线为 1—2—3—4—1。

七、动态规划方法与背包问题

1. 背包问题及其数学模型

背包问题有着广泛的应用背景,如预算控制、项目选择、投资决策、材料切割、货物装载等。就计算的复杂性而言,背包问题是一个 NP 难题,除非 P = NP,否则不存在多项式时间算法。

最常见的背包问题是 0 - 1 背包问题,其一般性描述为:给定 n 个物品和一个背包,第 i 个物品的重量为 w_i,价值为 c_i,背包总容量为 a,现在的问题是如何从 n 个物品中选择,在背包容量存在限制的情况下,使背包装载的价值最大。

设 $x_j = 1$ 表示装载第 j 种物品,$x_j = 0$ 表示不装载第 j 种物品,则问题的数学模型为

$$\max z = \sum_{j=1}^{n} c_j x_j$$

$$\begin{cases} \sum_{j=1}^{n} w_j x_j \leqslant a \\ x_j = 0 \quad \text{或} \quad 1, j = 1,2,\cdots,n \end{cases}$$

当第 j 种物品的数量不止一个时,上述问题的数学模型为

$$\max z = \sum_{j=1}^{n} c_j x_j$$

$$\begin{cases} \sum_{j=1}^{n} w_j x_j \leqslant a \\ x_j \geqslant 0 \text{ 且为整数}, j = 1,2,\cdots,n \end{cases} \tag{7-6}$$

其中,当第 j 种物品有上限时的背包问题称为有界背包问题,无上限时称为无界背包问题。有界背包问题和无界背包问题都可以转化为 0 - 1 背包问题。

当物品装载限制不止一个时的背包问题称为多维背包问题,例如装载物品除了重量限制外还有体积限制。此时背包问题的数学模型为

$$\max z = \sum_{j=1}^{n} c_j x_j$$

$$\begin{cases} \sum_{j=1}^{n} w_j x_j \leqslant a \\ \sum_{j=1}^{n} v_j x_j \leqslant b \\ x_j \geqslant 0 \text{ 且为整数}, j = 1,2,\cdots,n \end{cases}$$

2. 背包问题的动态规划算法

常见的背包问题的经典求解方法主要有动态规划法、分支定界法、归约法和近似算法。当问题规模不大时,动态规划法不失为一种好的精确算法。

对于式(7-6)所描述的背包问题,其动态规划模型如下:

按可装入物品的种类 n 划分为 n 个阶段。

状态变量为 s_k,表示装载第 k 种物品至第 n 种物品的总重量。

决策变量为 x_k,表示装入第 k 种物品的件数,则问题的状态转移方程为

$$s_{k+1} = s_k - x_k w_k$$

允许决策集合为

$$D_k(s_k) = \{x_k \mid 0 \leqslant x_k \leqslant [s_k/w_k]\}$$

动态规划方程为

$$\begin{cases} f_k(s_k) = \max\limits_{x_k=0,1,\cdots,s_k/w_k} \{c_k x_k + f_{k+1}(s_k - w_k x_k)\} \quad k = 1,2,\cdots,n-1 \\ f_n(s_n) = \max\limits_{x_n=0,1,\cdots,s_n/w_n} \{c_n x_n\} \end{cases} \tag{7-7}$$

例 7.16　某背包问题,$n = 3, W = (3,4,5), C = (4,5,6), a = 10$。试用动态规划方法求解。

解:问题的静态规划模型为

$$\max z = 4x_1 + 5x_2 + 6x_3$$

$$\begin{cases} 3x_1 + 4x_2 + 5x_3 \leqslant 10 \\ x_j \geqslant 0 \text{ 且为整数}, j = 1,2,3 \end{cases}$$

建立该问题的动态规划模型并用式(7-7)所示的动态规划方程进行递推计算。具体如下：

当 $k=3$ 时有

$$f_3(s_3)=\max_{x_n=0,1,\cdots,s_3/5}\{6x_3\}$$

离散化有

$$f_3(0)=\max_{x_3=0/5}\{6x_3\}=0,\quad x_3^*=0$$

$$f_3(5)=\max_{x_3=5/5}\{6x_3\}=6,\quad x_3^*=1$$

$$f_3(10)=\max_{x_3=10/5}\{6x_3\}=12,\quad x_3^*=2$$

当 $k=2$ 时有

$$f_2(s_2)=\max_{x_2=0,1,\cdots,s_2/4}\{5x_2+f_3(s_2-4x_2)\}$$

离散化有

$$f_2(0)=\max_{x_2=0/4}\{5x_2+f_3(s_2-4x_2)\}=0,\quad x_2^*=0$$

$$f_2(4)=\max_{x_2=\{0,4/4\}}\{5x_2+f_3(s_2-4x_2)\}$$

$$=\max\begin{Bmatrix}0+f_3(4)\\5+f_3(0)\end{Bmatrix}=\max\begin{Bmatrix}0+0\\5+0\end{Bmatrix}=5,\quad x_2^*=1$$

$$f_2(5)=\max_{x_2=\{0,1\}}\{5x_2+f_3(s_2-4x_2)\}$$

$$=\max\begin{Bmatrix}0+f_3(5)\\5+f_3(0)\end{Bmatrix}=\max\begin{Bmatrix}0+6\\5+0\end{Bmatrix}=6,\quad x_2^*=0$$

$$f_2(8)=\max_{x_2=\{0,1,2\}}\{5x_2+f_3(s_2-4x_2)\}$$

$$=\max\begin{Bmatrix}0+f_3(8)\\5+f_3(4)\\10+f_3(0)\end{Bmatrix}=\max\begin{Bmatrix}0+6\\5+0\\10+0\end{Bmatrix}=10,\quad x_2^*=2$$

$$f_2(10)=\max_{x_2=\{0,1,2\}}\{5x_2+f_3(s_2-4x_2)\}$$

$$=\max\begin{Bmatrix}0+f_3(10)\\5+f_3(6)\\10+f_3(2)\end{Bmatrix}=\max\begin{Bmatrix}0+12\\5+6\\10+0\end{Bmatrix}=12,\quad x_2^*=0$$

当 $k=1$ 时有

$$f_1(s_1)=\max_{x_1=0,1,\cdots,s_1/4}\{4x_1+f_2(s_1-3x_1)\}$$

离散化有

$$f_1(10)=\max_{x_1=\{0,1,2,3\}}\{4x_1+f_2(s_1-3x_1)\}$$

$$= \max\begin{Bmatrix} 0 + f_2(10) \\ 4 + f_2(7) \\ 8 + f_2(4) \\ 12 + f_2(1) \end{Bmatrix} = \max\begin{Bmatrix} 0 + 12 \\ 4 + 6 \\ 8 + 5 \\ 12 + 0 \end{Bmatrix} = 13, \quad x_1^* = 2$$

因此,最优装入方案为 $x_1^* = 2, x_2^* = 1, x_3^* = 0$,最大使用价值为 13。

上述问题在用计算机求解时,状态可以 1 为单位离散。

习题七

1. 设 $S = \{x_1, x_2, \cdots, x_n\}$ 是平面上的点集,若点集中任意两点之间的距离 $d_{ij} \geq 1$,试证至多有 $3n$ 对点的距离恰好为 1。

2. 求图 7-25 中的点 v_1 到各点的最短路和最短距离。

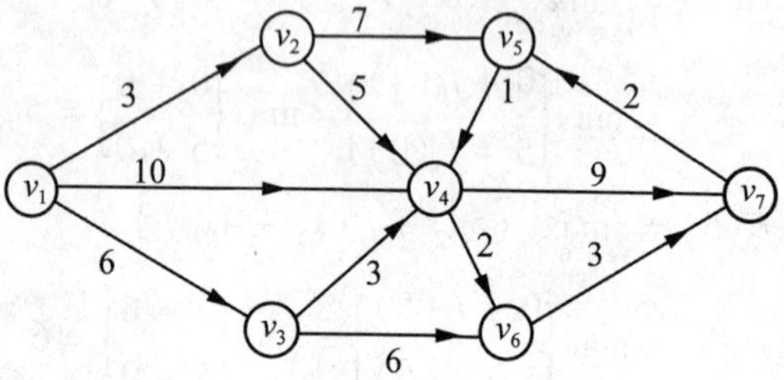

图 7-25

3. 求赋权图 7-26 中点 v_1 到点 v_{11} 的最短路及其长度。

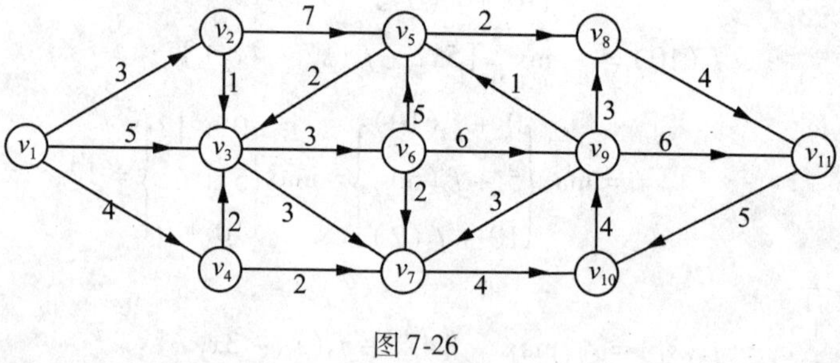

图 7-26

4. 已知某设备今后五年内的价格依次为 100,110,115,120,130 万元,购得该设备后第 1,2,3,4,5 年内的维修费用分别为 10,15,20,30,60 万元,现要求制订一个五年内的设备更新计划,使得总的费用最小。

5. 求图 7-27 的最小树。

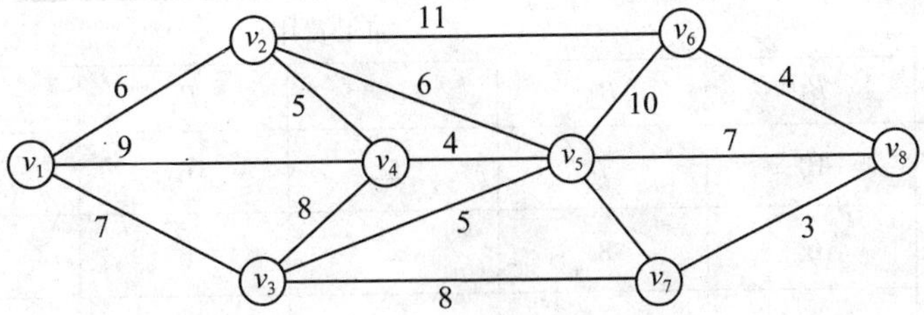

图 7-27

6. 现有 14 座城市，它们的位置和相互之间的距离如图 7-28 所示，试给出在这 14 座城市间修筑铁路的最佳路线。

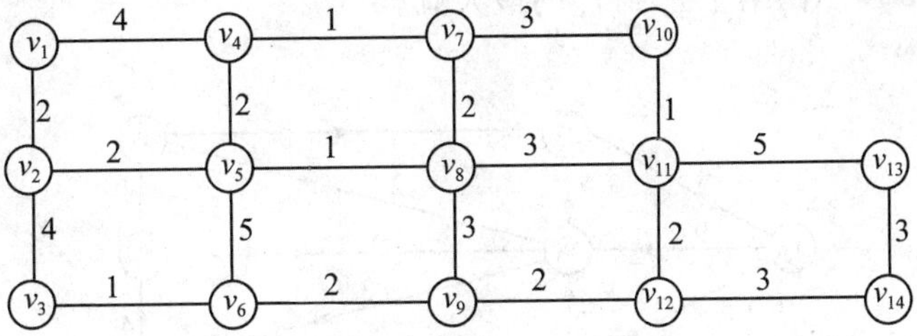

图 7-28

7. 有七个村庄，各村的距离由图 7-29 给出。现要开办一所小学，问应建在哪个村庄，使得学生上学所走的总路程最短？

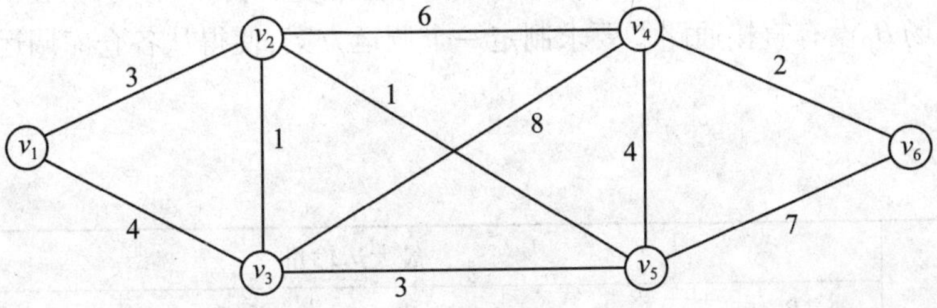

图 7-29

8. 某单位招收英语、法语、德语、俄语、日语的翻译各一人。现有五人去应聘，已知这五人中甲懂英语、德语，乙懂法语、德语，丙懂法语、俄语，丁懂俄语，戊懂德语、日语。问这五人中最多有几人受聘？招聘后各从事哪一方面的翻译工作？

9. 有五台机床加工五种零件，各机床加工相应的零件所需的费用如表 7-4 所示。表中“∞”表示机床 A_i 不能加工零件 B_j，现要求制定一个加工方案，使得总的加工费用最小。

表 7-4

机床＼零件	加工费用				
	B_1	B_2	B_3	B_4	B_5
A_1	10	7	5	6	4
A_2	6	8	∞	6	7
A_3	11	5	6	3	∞
A_4	∞	9	4	∞	∞
A_5	9	4	3	4	5

10. 求图 7-30 所示网络中 v_s 到 v_t 的最大流。

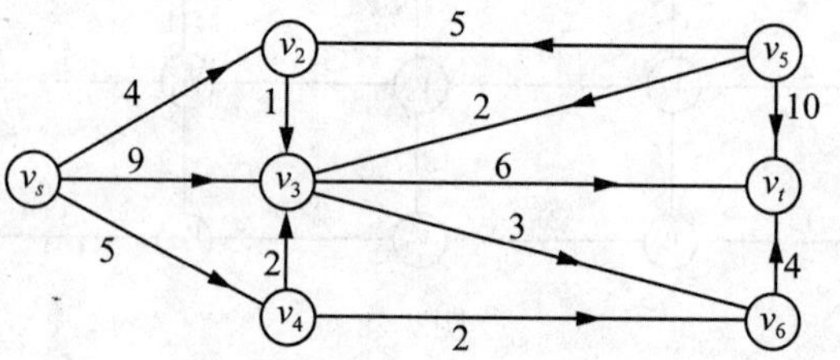

图 7-30

11. 某产品从仓库 $A_i(i=1,2,3)$ 运往市场 $B_j(j=1,2,3,4)$ 销售。已知各仓库的可供量、各市场的需求量及从仓库 A_i 至市场 B_j 的最大运输量如表 7-5 所示。表中“0”表示从仓库 A_i 至市场 B_j 没有直接通路。要求制定一个调运方案，使得从各仓库调运的产品总量最多。

表 7-5

	最大运输量				
	B_1	B_2	B_3	B_4	可供量
A_1	30	20	0	40	20
A_2	0	0	10	50	20
A_3	20	10	40	10	100
需求量	20	20	60	20	

12. 求图 7-31 所示网络的最小费用最大流。其中弧旁的括号内的数字是(c_{ij},r_{ij})。

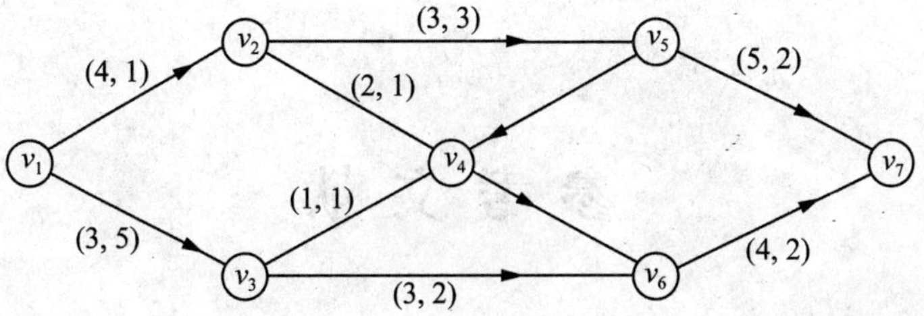

图 7-31

13. 某旅行商问题的距离矩阵如下，试用动态规划法求解该问题。

$$\boldsymbol{D}=\begin{pmatrix}0&2&1&3&4\\1&0&4&4&2\\5&4&0&2&2\\5&2&2&0&3\\4&2&4&2&0\end{pmatrix}$$

14. 某背包问题，$n=3, W=(2,4,3), C=(10,22,17), a=20$。试用动态规划方法求解。

参 考 文 献

[1] Anderson, Sweeney and Williams. *An Introduction to management Science: Quantitative Approaches to Decision Making*. West Publishing Company, 1997.

[2] Bonini, Hausman and Bierman. *Quantitative Analysis for Management*. McGraw-Hill Company, 1997.

[3] Hillier and Lieberman. *Introduction to Operations Research*. McGraw-Hill Company, 1995.

[4] Peter C. Bell. *Management Science/Operations Research a Strategic Perspective*. South-Western College Publishing, 1999.

[5] 龙子泉. 管理运筹学(第二版). 武汉：武汉大学出版社，2010.

[6]《运筹学》教材编写组. 运筹学. 北京：清华大学出版社，1990.

[7] 马良，等. 高级运筹学. 北京：机械工业出版社，2008.

[8] 沈荣芳，等. 运筹学高级教程(第二版). 北京：高等教育出版社，2008.

[9] 宋巨龙，等. 最优化方法. 西安：西安电子科技大学出版社，2012.

[10] 唐焕文，等. 实用最优化方法(第三版). 大连：大连理工大学出版社，2004.

[11] 谢金星，等. 最优化基础——模型与方法. 北京：清华大学出版社，2009.

[12] 陈宝林. 最优化理论与算法(第二版). 北京：清华大学出版社，2005.

[13] 徐玖平，等. 中级运筹学. 北京：科学出版社，2008.

[14] 赵晓波. 库存管理. 北京：清华大学出版社，2008.

[15] 安德森. 数据模型与决策(第十三版). 侯文华，等，译. 北京：机械工业出版社，2012.

[16] 田波平，等. 应用随机过程. 哈尔滨：哈尔滨工业大学出版社，2012.

[17] 孙荣恒. 随机过程及其应用. 北京：清华大学出版社，2004.

[18] 刘嘉焜，等. 应用随机过程. 北京：科学出版社，2003.

[19] William J. Cook 等. 组合优化. 李学良，等，译. 北京：高等教育出版社，2011.

[20] 胡奇英，等. 马尔可夫决策过程引论. 西安：西安电子科技大学出版社，2002.

[21] 张卓奎，等. 随机过程及其应用(第二版). 西安：西安电子科技大学出版社，2012.

[22] 刘次华. 随机过程. 武汉：华中科技大学出版社，2001.

[23] 唐应辉，等. 排队论——基础与分析技术. 北京：科学出版社，2006.

[24] 魏权龄. 运筹学通论. 北京：中国人民大学出版社，2000.

[25] 韩伯棠. 管理运筹学. 北京：高等教育出版社，2000.

[26]钱颂迪．运筹学．北京：清华大学出版社，1990．
[27]牛映武．运筹学．西安：西安交通大学出版社，1994．
[28]胡运权．运筹学习题集．北京：清华大学出版社，1995．
[29]胡运权．运筹学基础及应用．哈尔滨：哈尔滨工业大学出版社，1993．
[30]何坚勇．运筹学基础．北京：清华大学出版社，2000．

图书在版编目(CIP)数据

运筹学高级教程/龙子泉主编.—武汉：武汉大学出版社,2014.9
21 世纪经济学管理学系列教材
ISBN 978-7-307-14228-2

Ⅰ.运…　Ⅱ.龙…　Ⅲ.运筹学—研究生—教材　Ⅳ.O22

中国版本图书馆 CIP 数据核字(2014)第 195925 号

责任编辑:陈　红　　责任校对:鄢春梅　　版式设计:马　佳

出版发行:**武汉大学出版社**　(430072　武昌　珞珈山)
(电子邮件:cbs22@whu.edu.cn　网址:www.wdp.com.cn)
印刷:武汉中远印务有限公司
开本:787×1092　1/16　印张:12.5　字数:279 千字　插页:1
版次:2014 年 9 月第 1 版　2014 年 9 月第 1 次印刷
ISBN 978-7-307-14228-2　定价:25.00 元

21世纪经济学管理学系列教材

- 政治经济学概论
- 政治经济学（社会主义部分）
- 技术经济学
- 财政学
- 计量经济学
- 国际贸易学
- 管理信息系统
- 国际投资学
- 宏观经济管理学
- 跨国企业管理
- 信息管理概论
- 运筹学高级教程
- 统计学
- 经济预测与决策技术
- 会计学
- 人力资源管理
- 物流管理学
- 管理运筹学
- 经济法
- 消费者行为学
- 管理学
- 生产与运营管理
- 战略管理
- 国际企业管理
- 公共管理学
- 税法
- 组织行为学